Kurze Geschichte der Gegenwart

Bertrand Michael Buchmann

Kurze Geschichte der Gegenwart

PETER LANG

Bibliografische Information der Deutschen Nationalbibliothek
Die Deutsche Nationalbibliothek verzeichnet diese Publikation
in der Deutschen Nationalbibliografie; detaillierte bibliografische
Daten sind im Internet über http://dnb.d-nb.de abrufbar.

ISBN 978-3-631-86116-5 (Print)
E-ISBN 978-3-631-86117-2 (E-PDF)
E-ISBN 978-3-631-86118-9 (EPUB)
DOI 10.3726/b19081

© Peter Lang GmbH
Internationaler Verlag der Wissenschaften
Berlin 2021
Alle Rechte vorbehalten.

Peter Lang – Berlin · Bern · Bruxelles · New York ·
Oxford · Warszawa · Wien

Das Werk einschließlich aller seiner Teile ist urheberrechtlich
geschützt. Jede Verwertung außerhalb der engen Grenzen des
Urheberrechtsgesetzes ist ohne Zustimmung des Verlages
unzulässig und strafbar. Das gilt insbesondere für
Vervielfältigungen, Übersetzungen, Mikroverfilmungen und die
Einspeicherung und Verarbeitung in elektronischen Systemen.

Diese Publikation wurde begutachtet.

www.peterlang.com

Inhaltsverzeichnis

Vorwort 9

1 Die Drei Zeiten 11
   1.1 Die Gegenwart des Vergangenen 13
   1.2 Die Gegenwart des Gegenwärtigen 15
   1.3 Die Gegenwart des Zukünftigen 16

2 Bevölkerung 19

3 Migration 27

4 Tragfähigkeit der Erde 33

5 Naturkatastrophen 41

6 Seuchen, Epidemien, Pandemien 45

7 Menschenrechte 51

8 Machtzentren – Krisenzentren 61
   8.1 USA 62
      8.1.1 Innere Angelegenheiten 62
      8.1.2 Der Nordatlantik-Pakt 66
      8.1.3 Die transatlantischen Beziehungen 69
      8.1.4 Terror und Kriege 72

- 8.2 Volksrepublik China 76
  - 8.2.1 Ein Land, zwei Systeme 76
  - 8.2.2 Staatskapitalismus und Minderheitenrechte 78
  - 8.2.3 Machtwechsel – Kurswechsel 79
- 8.3 Russische Föderation unter Präsident Putin 81
  - 8.3.1 Innere Stabilisierung 81
  - 8.3.2 Aggressive Außenpolitik 83
- 8.4 Japan 87

9 Regionale Player 89
- 9.1 Indien 89
- 9.2 Türkei 91
  - 9.2.1 Unruhige Innenpolitik 91
  - 9.2.2 Erdoğans Machtantritt 93
  - 9.2.3 Ein neues Osmanisches Reich? 95
- 9.3 Saudi-Arabien 98
- 9.4 Iran 100

10 Arabien 105
- 10.1 Der gestohlene Arabische Frühling 110
- 10.2 Tunesien 111
- 10.3 Ägypten 111
- 10.4 Libyen 113
- 10.5 Irak 114
- 10.6 Syrien 115
- 10.7 Libanon 117
- 10.8 Vereinigte Arabische Emirate (VAE) 119

10.9	Katar	119
10.10	Der sogenannte Islamische Staat (IS)	120

11 Afrika ... 129

11.1	Afrikanische Friedensbringer – afrikanische Kriegstreiber	134
	11.1.1 Afrikanische Nobelpreisträger	134
	11.1.2 Afrikanische Kriegsverbrecher	138

12 Krisenzonen in Lateinamerika ... 143

12.1	Brasilien	144
12.2	Argentinien	145
12.3	Venezuela	146
12.4	Bolivien	147
12.5	Kolumbien	148
12.6	Kuba	149

13 Im Osten Nichts Neues: Asien ... 151

13.1	Bangladesh	151
13.2	Myanmar	153
13.3	Thailand	155
13.4	Vietnam	156
13.5	Kambodscha	156
13.6	Philippinen	157
13.7	Indonesien	157

14 Globalisierung ... 159

15 Europäische Union 167

16 Das Ende einer Epoche: Die Corona-Pandemie des Jahres 2020 177
    16.1   Pandemie 1. Welle 177
    16.2   Corona-Pandemie 2. Welle 187

Nachwort 197

Abkürzungen 199

Vorwort

Geschichte und Gegenwart schließen einander nur scheinbar aus. Denn in Wahrheit sind wir unmittelbare Zeitzeugen von dem, was später einmal als Vergangenheit gedacht werden wird. Wenn jedes „Vorher" zugleich ein „Nachher" ist, so stehen wir genau dazwischen, wir erleben das Aktuelle, erinnern uns an das kurz Vorangegangene und erwarten angstvoll, gleichmütig oder hoffnungsfroh das Zukünftige. Wir stehen also in der Mitte, wir, die Zeitgenossen des Jahres 2020. Wir sehen, dass mit der Corona-Pandemie ein Zeitalter zu Ende geht und vermuten, dass danach nichts mehr so sein wird wie zuvor.

Zeiten dramatischer Umbrüche gab es immer, auch die Gegenwart bleibt von ihnen nicht verschont. Wir verfolgen gespannt, wie autoritäre Staatschefs in China und Russland oder, eine Ebene tiefer, in der Türkei und anderswo versuchen, auf aggressive Weise in ihrem Umkreis eine antiliberale Weltordnung zu verwirklichen. Wir leiden darunter, dass die Europäische Union durch den Brexit geschwächt wurde und sind entsetzt, dass das Abendland durch eine beispiellose Gewaltwelle des islamistischen Terrors in seinen Grundfesten erschüttert wird. Ungläubig müssen wir erkennen, dass zwischen China und den USA ein neuer Kalter Krieg ausgebrochen ist und dass zwischen den USA und Europa das transatlantische Einvernehmen empfindlich gestört wurde. Zuletzt sahen wir voll bangen Interesses auf die Neuwahlen in den Vereinigten Staaten und stellen uns die Frage, welche Weichenstellungen der künftige Präsident vornehmen wird.

Die vorliegende Abhandlung soll wichtige Ereignisse, Strömungen und Tendenzen der letzten Jahre bis zum Ende des Jahres 2020 einfangen. Sie bietet in den ersten Abschnitten die Zusammenschau von allgemeinen Themen, soweit sie in der heutigen Zeit aktuell sind; dazu gehören Anmerkungen zur Bevölkerungsentwicklung, zur Klimaveränderung, zu den Naturkatastrophen oder auch zu den Menschenrechten. In den folgenden Kapiteln werden Supermächte, Regionalmächte sowie groß- und kleinräumige Probleme vom gegenwärtigen Standpunkt aus beleuchtet. Dies bedeutet keine allumfassende, sämtliche Länder der Erde berücksichtigende Schau der Dinge, sondern eine kleine Auswahl jener Staaten und Zonen, deren Entwicklung in jüngster Zeit schlagzeilenverdächtig war und die – nach Meinung des Autors – zum Verständnis des heutigen Geschehens relevant sind. Die letzten Abschnitte beschreiben die Phänomene Globalisierung, Europäische Union und, zum Abschluss, die

Corona-Pandemie. Bei ihr ist das letzte Wort noch nicht gesprochen, denn mit Ende des Jahres 2020 bricht diese Untersuchung ab.

Genauere Informationen über Staaten und Räume, welche in die weiter zurückliegende Vergangenheit reichen, erhält der Leser im 2014 erschienenen Buch des gleichnamigen Autors: „Weltpolitik seit 1945". Da sich die unmittelbar erfolgten Ereignisse noch nicht in der einschlägigen Literatur wiederfinden, war der Verfasser auf Medienberichte aus Rundfunk und Tageszeitungen angewiesen. Daneben waren sehr hilfreich die von 1962 bis 2019 jährlich erschienenen Bände des „Fischer Weltalmanach". Seine Fortsetzung übernahm „Der neue Kosmos Welt-Almanach & Atlas 2021". Ebenso informativ sind die seit 1970 in Meyers Lexikonverlag herausgegebenen Jahresübersichten „Harenberg Aktuell". Jahresinformationen für die Zeit von 1962 bis 2000 kann man dem „Meyers Jahreslexikon. Was war wichtig?" entnehmen. Ab 2001 kann man auch das vom „Spiegel" herausgegebene „dtv Jahrbuch" benützen. Andere Informationen, die nicht diesen angegebenen Quellen entnommen worden sind, werden in Fußnoten angeführt.

Die Weltsicht des Verfassers entspricht jener eines Mitteleuropäers, der in Freiheit und Demokratie aufgewachsen ist und den alle Entwicklungen, die von diesen abendländischen Werten abweichen, mit tiefem Unbehagen erfüllen. Aber er will keinesfalls richten, sondern lediglich informieren und zeigen, wie Politiker in anderen Regionen handeln und was die Menschen in anderen Regionen erleben und erleiden. Aus dem Blickwinkel der EU-Wohlstandszone erscheint vieles unverständlich, unlogisch und bisweilen menschenverachtend; aber wir müssen eben hinnehmen, dass der Mensch nicht immer „edel, hilfreich und gut" ist.

Bertrand Michael Buchmann   Wien, 31. Dezember 2020.

1 Die Drei Zeiten

Es gibt drei Zeiten: Gegenwart des Vergangenen, Gegenwart des Gegenwärtigen und Gegenwart des Zukünftigen.

Diese durchaus modern anmutende Einteilung prägte der Kirchenvater *Aurelius Augustinus* (354–430), Bischof von Hippo Regius (heute Tunesien). Seine bischöfliche Wirksamkeit erstreckte sich nicht allein auf die nordafrikanische, sondern letztlich auf die gesamte abendländische Kirche. In seinem Werk: „De civitate Dei" (Vom Gottesstaat, 426–431 verfasst)[1] verteidigt er das Christentum gegen den Vorwurf, dass der Niedergang des Römischen Reiches eine Rache der heidnischen Götter wäre. Dagegen wies er nach, dass es häufig dem Schicksal großer Staaten entspräche, sich von kleinem Ursprung zur Großmacht hinaufzuarbeiten und dann nach quälendem Abstieg und Verfall im Nichts zu enden. Beispiele dazu gibt es tatsächlich eine ganze Reihe aus der Antike, aus dem Mittelalter und aus der Neuzeit. Des Kirchenvaters geschichtsphilosophischer Ansatz sieht den Ablauf der Menschheitsentwicklung als einen sich zunehmend verschärfenden Kampf zwischen den beiden ineinander verflochtenen Reichen „civitas Dei" (Gemeinschaft der Erwählten) und „civitas terrena" (irdische Bürgerschaft der Selbstliebe) vor. Das Endziel der Geschichte wäre die Trennung der beiden Reiche im Jüngsten Gericht Gottes. Hier irrt Augustinus allerdings, ebenso wie alle nachfolgenden Geschichtsphilosophen bis hin zu *Georg Friedrich Hegel* (1770-1831)[2] und *Karl Marx* (1818-1883)[3]: Denn es gibt kein Endziel der Geschichte, die Geschichte ist nach oben zu offen, und wir können deren künftigen Ablauf nicht vorhersehen. Solches bleibt den Astrologen vorbehalten.

Das Geschichtsverständnis Augustinus' entspricht durchaus auch heutigen Vorstellungen, da er die Annahme ablehnt, dass sich Geschichte wiederhole. Er wandte sich dabei gegen die von *Polybios aus Megalopolis* (ca. 200 – ca. 120 v. Chr.) tradierte Auffassung vom zyklischen Ablauf der Verfassungen und meinte wörtlich: „Vom rechten Glauben weit entfernt wäre es, wenn wir [...]

---

1 Aurelius Augustinus: Vom Gottesstaat (De vivitate Dei). Vollständige Ausgabe. Aus dem Lateinischen übertragen von Wilhelm Thimme, eingeleitet und kommentiert von Carl Andresen. München ² 2011.
2 Deutsche Geschichtsphilosophie von Lessing bis Jaspers. Hg. Kurt Rossmann. Birsfelden-Basel o.J. S. 201 ff.
3 Ebenda S. 242 ff.

an Kreisläufe dächten, in denen sich angeblich der gleiche Inhalt der Zeiten und der zeitlichen Geschehnisse wiederhole. [...] Denn nur einmal ist Christus gestorben für unsere Sünden; auferstanden von den Toten aber stirbt er nicht noch einmal, und der Tod wird nicht mehr über ihn herrschen." Zwar lesen wir oft, dass sich die Geschichte wiederholt, aber das behaupten nur Nichthistoriker.[4] Denn Geschichte wiederholt sich nicht, lediglich bestimmte Erscheinungen wie Staatsgründung, Krieg, Handel, Wirtschaftsaufschwung usw. tauchen immer wieder auf, aber jedes Mal unter gänzlich anderen Voraussetzungen, Begleiterscheinungen und individuellen Erlebnissen. Selbst tatsächlich als Zyklen festzumachende Begebenheiten wie das Auf und Ab von wirtschaftlichen Konjunkturen oder die 14 russisch-türkischen Kriege im 18. und 19. Jahrhundert verlaufen bei genauerer Betrachtung völlig unterschiedlich. Und sie sind keinesfalls gesetzmäßig. Gemäß dem austro-britischen Wissenschaftstheoretiker und Philosophen *Sir Karl Popper* (1902–1994) müssen Gesetze oder Theorien durch mehrere Widerlegungsversuche „falsifiziert" werden, um Bestand zu haben;[5] aber dies ist für die Geschichte unmöglich, denn es lassen sich keine Experimente mit Akteuren der Vergangenheit durchführen. Wir können also nicht von gesetzlichen Abläufen, sondern bestenfalls von analogen Entwicklungen sprechen, aber auch das nur mit Vorsicht. Gewiss sind Vergleiche als historische Methode notwendig und angebracht, aber sie dienen vor allem der Herausarbeitung von Kontrasten und Widersprüchen. Wenn beispielsweise Napoleons Scheitern vor Moskau 1812 mit Hitlers Scheitern vor Moskau 1941 verglichen werden soll, so lassen sich nur sehr oberflächliche Gemeinsamkeiten wie Ort des Geschehens und Winterkälte herausfinden, während bei näherer Betrachtung ganz andere Umstände und Ergebnisse offenbar werden. Geschichte wiederholt sich nicht. Man kann auch nicht vom Untergang des Römischen Reiches auf einen nahe bevorstehenden „Untergang des Abendlandes" schließen, wie dies der Kulturphilosoph *Oswald Spengler* (1880–1936) nachzuweisen versuchte[6] – und dabei grandios irrte. Hoffentlich jedenfalls.

---

4 Vgl. dazu: Bertrand Michael Buchmann: Einführung in die Geschichte. Wien 2002.
5 Karl Popper: Logik der Forschung. Zur Erkenntnistheorie der modernen Naturwissenschaft. 1. Auflage 1934, 11. Auflage 2005.
6 Oswald Spengler: Der Untergang des Abendlandes. Umriss einer Morphologie der Weltgeschichte. München 1923 (zahlreiche Neuauflagen).

1.1 Die Gegenwart des Vergangenen

Die Vergangenheit macht ihren Einfluss auf uns geltend. Vordergründig durch Zeugnisse aus früheren Tagen wie Bauten, Schriften, Ortsbilder, Münzen, Gräber etc., aus denen der Historiker sein Geschichtsbild konstruiert – konstruiert, nicht rekonstruiert, denn rekonstruieren lässt sich die Vergangenheit nicht, sie lässt sich nur so erzählen, wie sie der Geschichtsforscher meint, erzählen zu dürfen. Denn er hat keinen Zugang zur objektiven Wahrheit, die es zwar gibt, die aber nur aus der Gesamtheit aller Erscheinungen besteht. Schon Hegel hat erkannt, dass das Wahre das Ganze ist.[7] Aber das Ganze ist für einen Menschen niemals erfassbar. In diesem Sinne hat *Heinz von Foerster* (1911–2002) sein Buch betitelt: „Wahrheit ist die Erfindung eines Lügners".[8]

Ob Quellen, Zeitzeugenberichte oder Historikererzählungen – der Einzelne nimmt sie in sich auf und verarbeitet sie individuell. Damit werden bestimmte Gedanken und Gefühle in ihm wach. Diese Gedanken und Gefühle sind real, sie existieren. Durch sie wird die Vergangenheit in uns gegenwärtig, sie können sogar unser Handeln beeinflussen, sodass wir auf diese Weise zu Teilnehmern der Vergangenheit werden. Wir sind also nicht nur Beobachter des früheren Geschehens, sondern auch an diesem beteiligt. Vielleicht wäre manches längst der Vergessenheit anheim gefallen, wäre es nicht durch die Erzählung der Historiker wieder ans Tageslicht gekommen; so entsteht das „historische Gedächtnis". Der französische Soziologe *Maurice Halbwachs* (1877–1945) unterscheidet dieses vom „kollektiven Gedächtnis", das ganz bewusst in den Alltag eingebaut wird, um eine politische Richtung oder eine nationale Identität zu fördern – oder auch nur, um eine Familientradition lebendig zu erhalten.[9] Ob dieses Geschichtsbild mündlich oder durch die öffentliche (veröffentlichte) Meinung tradiert wird, ändert nichts an der Tatsache, dass es in unser Bewusstsein eindringt, uns also zu Mitleidenden der Vergangenheit macht und unter Umständen unser Tun und Lassen steuert. Es wirkt allerdings nicht unbegrenzt lang nach, sondern erlischt nach etwa drei Generationen. Der deutsche Ägyptologe und Kulturwissenschaftler *Jan Assmann* (geb. 1938) formuliert daher ergänzend das „kulturelle Gedächtnis", das sich an festen, nicht verschiebbaren Fixpunkten wie alten Texten (Ilias), Bildern (Mona Lisa), Denkmälern (Maria

---

7   Deutsche Geschichtsphilosophie a.a.O. S.201 ff.
8   Heinz von Foerster: Wahrheit ist die Erfindung eines Lügners. Gespräche für Skeptiker. Heidelberg 1998.
9   Maurice Halbwachs: Das kollektive Gedächtnis. Frankfurt am Main 1991.

Theresia) und Riten (Weihnachten) orientiert.¹⁰ Manche dieser Fixpunkte zählen heute zum Weltkulturerbe.

Wenn die Gegenwart des Vergangenen, insbesondere das kollektive Gedächtnis, uns tatsächlich zum politischen Handeln motiviert, kann daraus schweres Unheil entstehen. Die Geschichte ist ja unendlich vielfältig, man kann aus ihr jeden Rechtszustand ebenso wie jeden Unrechtszustand ableiten; dazu genügt es, einzelne Quellen einfach zu ignorieren und andere, „dienliche" Quellen hervorzuheben und dadurch die Geschichte – eine Geisteswissenschaft! – zur Erfüllungsgehilfin eigener Interessen zu degradieren. Beispiele? Der französische „Sonnenkönig" Ludwig XIV. (1638–1715), dessen Nach-Nachfolger ja dann tatsächlich in der von ihm prophezeiten Sintflut ertrinken sollte, installierte sog. Reunionskammern, also Gerichtshöfe, deren Urteile sich auf zweifelhafte historische Quellen beriefen und kraft derer sie bestimmte Nachbarorte als dem französischen Staatsgebiet zugehörig erklärten; auf diese Weise wurde z.B. anno 1681, mitten im Frieden, die Stadt Strassburg Frankreich einverleibt. Oder: Karl Marx interpretierte in seinem „Kommunistischen Manifest" (1848) die Geschichte als einen Ablauf von Klassenkämpfen und funktionierte die Historie auf diese Weise um zur Handlungsanleitung für die Revolution (Liquidierung der Bourgeoisie, Diktatur des Proletariats). Oder: Der serbische Präsident Slobodan Milošević (1941–2006) wollte das einstige Kernland Serbiens, das Kosovo, das im Jahr 1389 von den Osmanen erobert worden war, wieder zu einem ausschließlich serbischen Siedlungsgebiet machen; nun hatte aber seinerzeit die serbische Bevölkerung das Kosovo verlassen und Albaner waren eingewandert. 600 Jahre später mit Berufung auf die Geschichte die ortsansässige albanische Bevölkerung aus ihrer Heimat vertreiben zu wollen, konnte nur in einen Krieg münden (1998/1999). Wer auch immer – und derer gab und gibt es viele – einen gegenwärtigen Zustand mit Berufung auf die Geschichte verändern wollte oder will, um einen anderen Zustand, den er historisch zu begründen vermeint, herzustellen, nimmt zwangsläufig Kriegsverbrechen oder Verbrechen gegen die Menschlichkeit in Kauf. So genannte „natürliche Grenzen" oder „Siedlungsräume der Väter" lassen sich nicht erzwingen, ohne den Menschen der Gegenwart schweres Leid zuzufügen.

---

10 Paul Assmann: Das kulturelle Gedächtnis. Schrift, Erinnerung und politische Identität in frühen Hochkulturen. München 1997.

1.2 Die Gegenwart des Gegenwärtigen

Wer bin ich? So lautet die Königsfrage des in historischen Dimensionen denkenden Menschen. Wieso bin ich, wie ich bin, wieso sind die anderen anders? Auch hier erleichtert uns die Methode des Vergleichs manche Erklärung, denn unwillkürlich komme ich bei der Herausarbeitung der Unterschiede auf die jeweilige historische Entwicklung, welche für den gegenwärtigen Zustand von Menschen, Gruppen, Staaten und Kulturen verantwortlich ist. Wenn uns auch das Andere fremd ist, wissen wir spätestens seit dem „Homomensurasatz" des Sophisten *Protagoras aus Abdera* (um 480–421), dass „der Mensch das Maß aller Dinge" ist. Ich bin also das Maß meiner Dinge, dieses Maß ist für mich die Norm; andere Menschen haben ein anderes Maß ihrer Dinge; ihre Norm ist für mich *abnorm*. Aber die Erkenntnis, dass jeder sein eigenes Maß aller Dinge ist, macht mich gegenüber dem Fremden tolerant. Jede Toleranz kennt allerdings auch ihre Grenzen.

Der Mensch hat keinen Zugang zur Wahrheit. Dies liegt einerseits daran, dass wir nie die Gesamtheit aller Erscheinungen erfassen können und andererseits an unserer unterschiedlichen Sichtweise der Dinge. Zum Ersten: Der Entdecker, der Forscher, der Geograph will ein Land beschreiben, aber die ihm zugänglichen Quellen sind naturgemäß beschränkt, weil sein Leben zu kurz ist, um „das Ganze" – im Sinne Hegels – zu erfassen. Dennoch zeichnet er ein scheinbar schlüssiges Bild des Landes, aber dieses Bild entspringt lediglich seinem eigenen Kopf – er hat das Land weder entdeckt noch erforscht, er hat es nur erfunden. Zum Zweiten: Wie interpretiert der Entdecker, Forscher oder Geograph die ihm zugänglichen Quellen? Manche meinen überspitzt, dass die Darstellung der Vergangenheit oder der Gegenwart in den Bereich der fiktionalen Literatur zu verweisen wäre. Dazu sei nochmals Hegel zitiert, wenn er erklärt: Die Philosophie deutet die Welt, die Wissenschaft analysiert sie, die Kunst aber stellt sie dar.

Und wie steht es mit der Toleranz? Wovon hängt es ab, ob wir die Steinigung einer jungen, des Ehebruchs bezichtigten Frau in Afghanistan als verabscheuungswürdiges Verbrechen oder als gerechtes Verhalten einer landesüblichen Strafjustiz betrachten? Als die Briten 1858 Indien zum Kaiserreich erhoben, räumten sie rigoros mit der grausamen Gepflogenheit der Witwenverbrennung auf: Während die Inder argumentierten, das Verbrennen von Witwen nach dem Tod ihres Mannes wäre indische Tradition, konterten die Briten lapidar: „Und unsere Tradition ist es, diejenigen, welche Witwen verbrennen, zu hängen." Der oben erwähnte Homomensurasatz macht uns Westeuropäer eben nicht in allen Bereichen tolerant, vielmehr akzeptieren wir nicht, dass bestimmte Werte (heute: Menschenrechte) völlig missachtet werden. Unser Urteil ist geprägt von unserer Herkunft, die uns sowohl die Vergangenheit als auch die Gegenwart sehr unterschiedlich interpretieren lässt. Es ist uns also nicht möglich, die gegenwärtige Welt so zu erfahren, wie sie wirklich ist.

Das Geschehen unserer Gegenwart ist uns stets gegenwärtig. Wir wissen, was in der Welt passiert, weil es uns die Medien berichten. Aber: Wir kennen das tägliche Geschehen nur insofern, als es der jeweilige Zeitungs- bzw. Fernsehredakteur für berichtenswert erachtet. Was nicht in der Zeitung steht, was die Nachrichten nicht bringen, ist für uns nicht geschehen. Dennoch ist es passiert, nur erfahren wir es nicht. Die Wirklichkeit gibt es zwar, aber wir haben keinen Zugang zu ihr.

1.3 Die Gegenwart des Zukünftigen

Nur der Mensch verfügt über das Zeitempfinden, nur er erlebt das Vergehen von Gegenwart, nur er kann die Abfolge von Vergangenheit, Gegenwart und Zukunft begreifen. Da diese drei Zeiten zusammenhängen, kann jeder zu Recht behaupten: In meiner Vergangenheit liegt meine Zukunft. Aber kann ich diese voraussehen? Kann ich aus vergangenen Strukturen und Entwicklungen einen bestimmten Verlauf konstruieren und diesen in die Zukunft extrapolieren? Die Versuchung zu diesem Unterfangen ist groß. *Thukydides* (460/54–400 v. Chr.) begründete die historische Methode der „pragmatischen Geschichtsschreibung", welche mit den beiden Begriffen zu erklären ist: „Ursachenanalyse" und „Belehrung". Die Ursachenanalyse wird noch heute angewandt, mit der Belehrung haben moderne Historiker allerdings ein Problem und überlassen diese lieber Publizisten und Journalisten. Thukydides aber wollte sein Geschichtswerk als Lehrbuch für Politiker verstanden wissen, denn er legte dar, dass man aus den Fehlern der Vergangenheit, welche typisch menschlichem Fehlverhalten entspringen, lernen sollte. Er meinte, dass sich Ereignisse nach dem Lauf der Dinge in Zukunft ebenso oder so ähnlich zutragen können. Daher nannte er sein Werk einen „Besitz für immer".[11] Diese Intention geriet im Laufe des Mittelalters in Vergessenheit. Erst eineinhalb Jahrtausende später übernahm *Niccolò Machiavelli* (1469–1528)[12] von den antiken Historikern die Erkenntnis, dass Menschen stets nach denselben Intentionen handeln, sodass man von

---

11 Thukydides: Der Peloponnesische Krieg. Griechisch – deutsch. Übersetzt von Michael Weißenberger. Sammlung Tusculum, Berlin – Boston 2017.
12 Niccolò Machiavelli: Der Fürst und kleinere Schriften. = Klassiker der Politik 8, Berlin 1923.

Verhaltensweisen der Vergangenheit auf solche der Zukunft schließen kann. Das heißt aber noch lange nicht, dass ich die Zukunft vorhersagen darf, ich darf bestenfalls warnen vor bestimmten Verhaltensmustern, die einst zum Unheil geführt haben.

Wie oben erwähnt, hat sich die Geschichtsphilosophie lange Zeit die Frage gestellt, ob nicht der Verlauf der Geschichte einem bestimmten, gesetzlichen Muster entspringt und dass daraus Zukunftsprognosen erstellt werden können. *Max Weber* (1864–1920) hat als Erster erkannt, dass alle geschichtsphilosophischen Behauptungen über Sinn und Ziel der Geschichte unwissenschaftlich sind und lediglich den persönlichen Ansichten des Historikers entspringen.[13] Die Geschichtsphilosophie hat es seither aufgegeben, sich über die Zukunft Gedanken zu machen und wendet sich der Wissenschaftstheorie zu, also der wissenschaftlichen Untermauerung der historischen Forschung und Darstellung, insbesondere dem unlösbaren Problem der „Objektivität" und dem Zugang zur „Wahrheit".

Nichtsdestoweniger denken und handeln die meisten Menschen zukunftsorientiert, wenn es ihr persönliches Geschick bzw. das ihrer Nachkommen betrifft. Es gibt aber auch Wissenschaften wie Nationalökonomie, Soziologie, Politologie und in letzter Zeit vermehrt auch Naturwissenschaften, die versuchen, die Möglichkeit zukünftiger Entwicklungen zu erklären, Alternativen aufzuzeigen und mit deren Hilfe Entscheidungsgrundlagen für Politiker oder Techniker zu erarbeiten. Experten berufen sich heute auf riesige Computerprogramme, um bei der Fortschreibung bisheriger Entwicklungstendenzen das Eintreten bestimmter Erscheinungen vorherzusagen. Das Problem dabei zeigt sich in zwei Richtungen: Einerseits sind auch die größten Rechner nicht imstande, alle Fakten zusammenzuführen, weil der Mensch gar nicht alle Fakten kennt und sie daher auch nicht einzugeben vermag. Andererseits können bestimmte, unvorhersehbare Ereignisse alle Berechnungen ad absurdum führen. Und ein solches unvorhersehbares Ereignis trat 2020 mit der Corona-Pandemie ein (siehe das letzte Kapitel dieses Buches). Grundsätzlich ist es ja nicht die Aufgabe des Historikers, Aussagen über die Zukunft zu treffen. Christopher Clark (geb. 1960) hat dies dennoch versucht bzw. er hat zwar nicht seine eigene Meinung formuliert, dafür aber eine Reihe von Podcast-Gesprächen mit Historikerkolleginnen und Kollegen zu diesem Thema geführt.[14] Seine

---

13 Vgl.: Max Weber, in: Deutsche Geschichtsphilosophie a.a.O. S. 367 ff.
14 Christopher Clark: Gefangene der Zeit. Geschichte und Zeitlichkeit von Nebukadnezar bis Donald Trump. München 2020.

Fragestellung lautete: Wie weit kann man durch Nachdenken über die Vergangenheit unsere gegenwärtige Zwangslage verarbeiten, und – unausgesprochen – auch die Zukunft meistern? Die Antworten führten zu keiner befriedigenden Lösung und waren auch zu widersprüchlich, um hier wiedergegeben zu werden. Interessante Zukunftsvorstellungen kommen aus dem Bereich der Naturwissenschaften. So beschreibt die österreichische Physikerin und Bionikerin Ille C. Gebeshuber (geb. 1969) einerseits, wie die Menschheit derzeit an die Grenzen der Belastbarkeit des Ökosystems stößt und einer globalen Katastrophe entgegensteuert, andererseits nennt sie aber auch die Chancen, wie durch technische Innovationen und verfeinerte Digitalisierung der steigende Wohlstand mit der Natur in Einklang zu bringen wäre.[15]

---

15 Ille C. Gebeshuber: Eine kurze Geschichte der Zukunft und wie wir sie weiterschreiben. Freiburg – Basel – Wien 2020.

2 Bevölkerung

Menschen agieren und interagieren. Je mehr Menschen es gibt, desto mehr Interaktionen lassen sich beobachten. Es nehmen also die gesellschaftlichen, sozialen und wirtschaftlichen Probleme zu, und es mehren sich die Konflikte. Vielleicht nicht unbedingt an Zahl, aber an Intensität. Denn, um ein Beispiel aus der Vergangenheit zu bemühen: Im antiken Griechenland herrschte fast immer Krieg, und Friedensjahre waren die Ausnahme; aber die Größenordnung war anders, weil jedes Ereignis viel weniger Menschen betraf. So mobilisierte Athen während des Peloponnesischen Krieges (431-404) kaum mehr als 8.000 Krieger, während Napoleon allein für den Russlandfeldzug 1812 eine halbe Million Soldaten ins Feld führte. Nichtsdestoweniger sind uns die Daten und Einzelereignisse des Peloponnesischen Krieges nicht viel weniger geläufig als die der Napoleonischen Kriege (1792-1815). Gewiss wird der Erlebnisquerschnitt der Menschen immer dichter, aber dreht sich das Rad der Geschichte von Jahr zu Jahr tatsächlich schneller?

Wie viele Menschen lebten einst und leben heute auf der Erde? Der gegenwärtige Stand lässt sich mit 7,6 Mrd. relativ exakt feststellen, im Hinblick auf die Vergangenheit ist man aber auf Schätzungen angewiesen. Erst seit der Neuzeit kann sich die historische Demographie[16] auf einigermaßen verlässliche Quellen stützen.

Der Anstieg der Weltbevölkerung (Schätzung):

vor 40.000 Jahren:	10.000 Menschen (Homo sapiens löst den Neandertaler ab)
7500 vor Chr.:	5 Mio. (agrarische Revolution)
5000	20 Mio.
3000	40 Mio. (älteste Hochkulturen)
Christi Geb.:	250 Mio. (Imperium Romanum: 55 Mio.; Ägypten 8 Mio.)

---

16 Karl Martin Bolte, Dieter Kappe, Josef Schmid: Bevölkerung. Statistik, Theorie, Geschichte und Politik des Bevölkerungsprozesses. Opladen ⁴ 1980. – Arthur M. Imhof: Einführung in die Historische Demographie. München 1977.

1000 nach Chr.:	275 Mio. (keine Zunahme seit Christi Geburt)
1500	450 Mio. (Europa 69, Asien 254, präkolumbian. Amerika 41)
1820	1 Mrd. (Europa 220)
1930	2 Mrd. (Europa 490)
1975	4 Mrd. (Europa 730)
1987	5 Mrd.
1999	6 Mrd.
2010	7 Mrd.
2020	7,7 Mrd.

Der demographische Wandel zeichnet sich in allen Regionen der Erde ab, zugleich findet eine demographische Umverteilung der Welt statt. Aber wer wagt es, tatsächlich gültige Prognosen zu stellen? Zu viele Variable sind in Rechnung zu stellen: das generative Verhalten der autochthonen Bevölkerung, jenes der Zuwanderer, die weltweite Migration überhaupt, Kriege und Krisen, die Weltwirtschaft und die Wirtschaftskraft der jeweiligen Bevölkerung, die Dauer der Lebensarbeitszeit, die Frauenbeschäftigung usw. Dennoch sollen im Folgenden neben einigen Beispielen der Gegenwart auch mögliche zukünftige Entwicklungen aufgezeigt werden.

Schätzungen ergeben, dass die Welt im Jahr 2050 bereits von 9,7 Mrd. und anno 2100 von 10,9 Mrd. Menschen bewohnt sein wird. Ab der zweiten Jahrhunderthälfte sollte sich allerdings das Bevölkerungswachstum verlangsamen und in manchen Weltregionen ganz zum Erliegen kommen. Europa wird bis zur Jahrhundertwende weiter schrumpfen und dann mit 653 Mio. statt der heutigen zehn Prozent nur mehr sechs Prozent der Weltbevölkerung ausmachen. Eine bestandserhaltende Fertilitätsrate von 2,1 Geburten pro Frau wird in keinem EU-Staat erreicht. Das stärkste Wachstum von derzeit 17 Prozent der Menschheit auf 40 Prozent (4,5 Mrd.) wird dann Afrika aufweisen – von dort ist auch der stärkste Migrationsdruck zu erwarten, während Asiens Bevölkerung von derzeit 60 Prozent der Weltpopulation im Jahr 2100 auf 43 Prozent (4,8 Mrd.) zurückfallen wird. Nordamerika (heute 6 Prozent) wird ein stetiges leichtes Wachstum aufweisen, Lateinamerika (heute 9 Prozent) sollte hingegen ab der Jahrhundertmitte stagnieren. Im globalen Schnitt liegt heute die Fertilität bei 2,47 Geburten pro Frau. Als Faustregel gilt: je ärmer die Gesellschaft, desto höher die Fertilität. Das gilt allerdings nicht uneingeschränkt. Die chinesische Geburtenrate ist mit 1,2 Kindern pro Frau die niedrigste der Welt, gefolgt von Griechenland mit 1,3 und Deutschland mit 1,5. Dagegen bringt die Afrikanerin südlich der Sahara durchschnittlich 4,6 Kinder zur Welt, in Niger sind es sogar 7,2 Kinder, in Somalia 6,1.Wenn auch dort die Wirtschaft wächst, so wächst die Bevölkerung noch schneller und macht jeden Fortschritt zunichte; die Menschen kommen aus der Armutsfalle nicht heraus (siehe unten).

Manche Staaten stehen vor schweren demographischen Problemen: **Japans** überalterte Population schrumpft, zugleich droht das Sozialsystem zu kollabieren, weil die zunehmende Zahl der Alten bald nicht mehr adäquat versorgt werden kann und es auch fast keine Zuwanderung gibt. Mehr als ein Viertel der Bevölkerung ist älter als 65 Jahre, der Anteil der Kinder bis 14 Jahre beträgt nur noch 12 Prozent. Das Pensionsalter liegt bei 65 Jahren, aber die wenigsten können sich den Luxus des Ruhestandes leisten, die Mehrzahl muss in schlecht bezahlten Jobs weiterarbeiten, um überleben zu können. Von den 127 Mio Einwohnern sind 22,7 Prozent Senioren über 65 Jahren (2050 werden es 40 Prozent sein), damit ist Japan nach Italien die älteste Nation der Welt. Gemäß konfuzianischer Tradition werden die etwa 40.000 Über-Hundertjährigen „Alter Adel" genannt und genießen besonderen Respekt. Aber für die Masse der unterversorgten Pensionisten ist das nur ein geringer Trost.

Russland steht heute vor der dramatischen Situation eines natürlichen Bevölkerungsschwundes: 2019 zählte das flächenmäßig größte Land der Erde 144,4 Millionen Einwohner, Tendenz fallend. 1987 betrug die Fertilität noch 2,2 Kinder pro Frau, 1999 waren es – dem sinkenden Lebensstandard geschuldet – nur mehr 1,2. Dieser Geburtenknick wird sich in Zukunft stark auswirken, man errechnete, dass die Anzahl der Frauen im gebärfähigen Alter bis zum Jahr 2035 um 28 Prozent zurückgehen wird. Dank eines gewissen Wirtschaftsaufschwungs ist zwar die Geburtenrate anno 2014 auf 1,7 Geburten pro Frau angestiegen, aber auch das ist zu wenig, um dem Schrumpfungsprozess Einhalt zu gebieten. Um 2050 soll Russlands Einwohnerzahl nur mehr 130 Millionen betragen. Eine zusätzliche Gefahr betrifft den Emigrationswunsch vieler, vor allem gut ausgebildeter Russen; dieser kann nicht durch die Einwanderung der meist nur gering qualifizierten Immigranten aus dem Kaukasus und aus Zentralasien kompensiert werden.

Chinas im Jahr 1980 eingeführte und erst 2015 beendete rigorose Familienplanung (ein Kind pro Familie für Han-Chinesen, zwei Kinder für Bauern und Minderheiten) hat nach staatlichen Angaben zwar angeblich eine Bevölkerungszunahme von 400 Millionen Menschen verhindert, aber zu einem eklatanten Frauenmangel geführt, sodass einerseits etwa 200 Millionen Männer niemals eine Frau bekommen werden und daher als Lebensziel nichts anderes als den rücksichtslosen Erwerb und Verbrauch von materiellen Gütern erkennen, andererseits junge Frauen sehr umworben sind. Selbst im kommunistischen China ließ sich die taoistische Tradition nicht ausrotten, wonach nur Männer den Verstorbenen Opfer darbringen können; werden die Opferriten eingehalten, bleiben die Ahnen gute Geister, wenn nicht, verwandeln sie sich in böse Dämonen. Die Folge der Ein-Kind-Politik war, dass weibliche Föten nach Tunlichkeit abgetrieben und vorwiegend männliche Kinder großgezogen worden waren. Aber auch die Aufhebung der Ein-Kind-Politik brachte nicht den gewünschten Effekt: Angesichts der extrem niedrigen Geburtenrate von 10,48 Geburten pro 1000 Menschen droht Chinas Bevölkerung zu vergreisen, nach 2026 wird die Bevölkerungszahl schrumpfen; 2010 waren erst 110 Millionen über 65 Jahre alt, 2026 werden es 280 Millionen sein.

Bis zur Jahrhundertmitte wird **Indien** mit 1,7 Mrd. Einwohnern die VR China als bevölkerungsreichstes Land der Erde abgelöst haben. Als der Subkontinent 1947 in die Unabhängigkeit entlassen worden war, lebten dort 340 Millionen Menschen; heute sind es 1,4 Milliarden. Zur Zeit sind 50 Prozent der Inder unter 25 Jahre alt. Die Bevölkerungsexplosion lässt sich nicht verlangsamen, weil die traditionelle Gesellschaft patriarchalisch orientiert ist und die minderberechtigten Frauen oft nicht selbst über ihren Körper verfügen können. Darüber hinaus behindern die Tausenden religiösen, ethnischen und kastenbedingten Gruppen den Fortschritt. Wohl lebt bereits ein Drittel der Inder in den städtischen Wohlstandszonen, die ländliche Bevölkerung jedoch verharrt in Armut; wenn die Alten nicht von wenigstens zwei Söhnen versorgt werden, müssen sie betteln gehen. Die demokratische Verfassung bringt Vor- und auch Nachteile: Solange die Kongresspartei dominierte und einen planwirtschaftlichen „indischen Weg des Sozialismus" kreierte, stagnierte die Wirtschaft und versank in einem hoffnungslosen Sumpf von Bürokratismus und Korruption. Erst 1990 kam mit der Abwahl der Kongresspartei die Wende; die nunmehrige Marktwirtschaft erlaubt ein enormes Wachstum des Nationalprodukts.

Auf der ganzen Welt findet eine fortschreitende Urbanisierung statt, immer mehr Menschen ziehen in die Städte; schon 2010 lebten erstmals mehr Menschen in Städten, die immer größer und hinsichtlich der Bewohner immer jünger werden, während das flache Land entvölkert wird und vergreist. Im Jahr 2050 werden 70 Prozent der Weltbevölkerung in Städten leben. Der Unterschied zwischen den wohlhabenden europäischen Städten und den Städten der Dritten Welt ist allerdings gewaltig. Denn dort erwartet die Zuwanderer lediglich das düstere Schicksal eines Slumbewohners. Trotzdem explodieren manche Städte zu Megacities, deren stetes Wachstum von keiner Verwaltung und Planung mehr beherrscht werden kann. Derzeit gibt es 33 Städte mit über 10 Millionen Einwohnern, die meisten davon in Asien. In manchen Fällen, wie in Brasiliens Rio de Janeiro oder Sao Paolo, versuchte die Regierung (Präsident Kubitschek, 1956–1961) durch die Neugründung der Hauptstadt Brasilia, die Bevölkerung von der Küste in das Landesinnere zu ziehen. Brasilia wuchs tatsächlich, aber Rio und Sao Paolo wuchsen gleichzeitig weiter. Ein ähnliches Bild bietet Lagos, die ehemalige Hauptstadt von Nigeria, dem volkreichsten Staat Afrikas: 1970 zählte die Metropole erst 1,5, 1980 bereits 4 Millionen Einwohner, heute sind es über 25 Millionen. Die total übervölkerte Stadt mit einer Bevölkerungsdichte von unglaublichen 30.000 Einwohnern pro km^2 leidet unter den tausenden täglichen Neuzuwanderern, die sich in aus Abfällen errichteten Notbehausungen zusammendrängen; für sie gibt es keine Müll- und Abwasserentsorgung, sodass Lagos zu den schmutzigsten Städten Afrikas zählt. Wenn aus Gründen des Klimawandels der Meeresspiegel ansteigen und die Stadt überflutet werden sollte, zeichnet sich eine humanitäre Katastrophe unvorstellbaren Ausmaßes ab. Die neue Hauptstadt Abuja, die analog zu Brasilia die Massen von der Küste weg in das Landesinnere ziehen soll, wird hier keine Abhilfe schaffen können. 1983 zählte sie etwa 100.000 Einwohner, heute sind es drei Millionen.

In der islamischen Welt wird sich die Bevölkerung bis zum Jahr 2050 verdoppeln und wird dann mehr Menschen zählen als Europa, die USA und Japan zusammen. Reiche Länder wie die Vereinigten Arabischen Emirate oder Saudi Arabien bringen es zwar auf ein jährliches Wachstum von 5 Prozent, das Wirtschaftswachstum kann auch die Bevölkerungsvermehrung noch auffangen (solange der Erdölvorrat nicht versiegt). Die armen Länder wie Pakistan, der Jemen oder die Palästinensergebiete sind der Bevölkerungsexplosion jedoch ökonomisch nicht gewachsen und sehen einer düsteren Zukunft entgegen: Millionen junger Männer haben keine wirtschaftliche Perspektive: Diese „bare branches" (nackte Äste) sind ungebildet und arbeitslos, sie neigen zu extremistischer Gewalt und sind empfänglich für die Ideologie von Terrororganisationen. Nicht von ihnen, sondern von der gebildeten – akademischen – Jugend ging 2011 der Arabische Frühling (siehe unten) aus, doch musste er mit Ausnahme von Tunesien in allen anderen Ländern grausam scheitern. Das unter strenger Diktatur verwaltete Ägypten nimmt eine gewisse Sonderstellung ein: Das Bevölkerungswachstum von einer Million Menschen pro Jahr kann durch eine großzügige US-Wirtschaftshilfe einigermaßen kompensiert werden.

Im klassischen Einwanderungsland **USA** erhalten jährlich über eine Million Immigranten die Staatsbürgerschaft, darüber hinaus liegt die Geburtenzahl bei 2 Kindern pro Frau, sodass sich die Einwohnerzahl von derzeit 328 Millionen auf 440 Millionen bis zum Jahr 2050 vermehren wird. Das durchschnittliche

Alter beträgt 37 Jahre, was ebenfalls eine gesunde Entwicklung verheißt. Ein gewaltiges Wirtschaftswachstum und gigantische Rohstoffvorkommen gewähren den USA als einzigem Land der Welt die volle Autarkie in Gegenwart und Zukunft. Eine gewisse Verschiebung der politischen Einstellung wird sich allerdings abzeichnen: Hält sich gegenwärtig ein Großteil der weißen Bevölkerung für Europa-affin, wird sich dies in mittlerer Zukunft in Richtung Lateinamerika-Freundlichkeit ändern; anno 2050 werden die Hispanics bereits 30 Prozent der Bevölkerung ausmachen.

Europas Bevölkerungsentwicklung unterscheidet sich in wesentlichen Punkten von allen anderen Regionen der Erde. Als Beispiel sei die **BRD** hervorgehoben: Die heutige Zahl von 83 Millionen Einwohnern wird schon 2040 auf 74 Millionen schrumpfen, von diesen werden 12 Millionen Menschen aus einem teilweise fremden Kulturkreis und mit anderen, nicht den euroamerikanischen Werten verpflichteten Einstellungen kommen. Die extrem niedrige Geburtenziffer der Deutschen mit nur 1,4 Kindern pro Frau bedingt eine Vergreisung der Bevölkerung: Im Jahr 2050 wird bereits jeder Siebente in der BRD über 80 Jahre alt sein. Da solcherart die Anzahl der Erwerbstätigen rückläufig ist, steht die künftige „Rentnerrepublik" vor gewaltigen Problemen hinsichtlich der Pensionsversicherung und Altersfürsorge. Diese können nur durch eine bessere Ausbildung und dadurch höhere Produktivität der Jungen kompensiert werden. Ob diese Rechnung aufgeht? Viele meinen, dass Zuwanderer das Überalterungsproblem lösen können, aber gerade das Gegenteil ist der Fall: Zuwanderung bedeutet rasche Überalterung, denn die meisten Migranten verfügen nicht über das in Europa übliche Bildungsniveau, sie benötigen viele Jahre, um auf dem Arbeitsmarkt anzukommen, weisen daher eine wesentlich kürzere Lebensarbeitszeit auf und zahlen entsprechend weniger in das Sozialversicherungssystem ein als die übrige Bevölkerung. In **Osteuropa** führen Abwanderung und Geburtenrückgang zu einem regelrechten demographischen Zusammenbruch: Die sechs EU-Staaten Estland, Lettland, Litauen, Kroatien, Rumänien und Bulgarien haben seit der Wende (1990) ein Fünftel ihrer Bevölkerung verloren, laut UNO-Prognose wird es bis 2080 die Hälfte sein. Das Hauptproblem dabei: Es sind die jungen, gebildeten und dynamischen Personen, die ihr Land verlassen; zurück bleiben die Alten und Kranken.

Zwei erfreuliche Trends zeichnen sich ab. Erstens: In allen Ländern der Welt steigt die Lebenserwartung, selbst in den ärmsten Staaten von Subsahara-Afrika mit ihrer enormen Bevölkerungsvermehrung. In Ländern mit niedrigem Einkommen werden die Menschen heute durchschnittlich 62,7 Jahre alt, in solchen mit hohem Einkommen 80,8 Jahre, der Weltdurchschnitt liegt bei 71,9 Jahren (die Zahlen gelten vor der Corona-Krise 2020) und soll bis 2100 noch auf 82,6 Jahre ansteigen. Schon heute sind mehr Menschen über 100 Jahre alt als je zuvor: Gemäß UNO-Schätzung betrug die Anzahl der Über-Hundertjährigen im Jahr 2000 rund 151.000 Menschen, 2019 waren es bereits 533.000. Diese gute Nachricht bedeutet also, dass der Anteil der Alten, der über 60 Jährigen, zunimmt: Liegt er in Afrika erst bei fünf Prozent, so stellen die Alten derzeit im Weltdurchschnitt 13 Prozent aller Menschen und werden 2100 ein Viertel der Weltbevölkerung ausmachen. Daraus resultieren freilich schwere soziale Verwerfungen, die aus heutiger Sicht unvermeidlich bzw. unlösbar scheinen. Denn eine sehr rasch wachsende Bevölkerung wird auch eine sehr junge sein: So beträgt das Durchschnittsalter in Nigeria oder Afghanistan 18 Jahre, in den USA 38 Jahre, in Österreich 43 Jahre und in Japan 48 Jahre. Und zweitens: Weltweit sinkt die Kindersterblichkeit (Kinder unter fünf Jahre), sie beträgt im Durchschnitt 4,3 Prozent, am höchsten ist sie in Afrika mit 7,5, am niedrigsten in Europa mit 0,5 Prozent.

3 Migration

Selektion – Mutation – Migration. Diese drei Vorgänge betreffen alle Lebewesen, also auch den Menschen. Wanderbewegungen von Völkern mit anschließender Landnahme hat es zu allen Zeiten und auf allen Kontinenten gegeben. Aus der prähistorischen Zeit sind uns die spätbronzezeitlichen Einwanderungen nach Griechenland und Italien (etwa 1250 bis 750 v. Chr.) geläufig, in historischer Zeit denken wir an die Völkerwanderung Ende des 2. bis zum 6. Jahrhundert, welche zum Untergang des Weströmischen Reiches und damit zum Ende der antiken Kulturtradition führte. Interessant wäre es, zu wissen, wie viele Menschen ein wandernder germanischer Stamm umfasst hat, aber dies lässt sich nicht eruieren. Von den Vandalen sollen anno 429 etwa 80.000 Menschen die Meerenge von Gibraltar nach Afrika übersetzt haben, unter ihnen knapp 20.000 Krieger; laut Jordanes[17] soll das gegen die Römer in der Schlacht bei Adrianopel (378) angetretene Ostgotenheer 70.000 Mann umfasst haben (Jordanes XVIII), die extrem blutige Schlacht auf den Katalaunischen Feldern (451) kostete angeblich 165.000 Kriegern – Hunnen sowie Westgoten, Franken und Burgundern – das Leben (Jordanes XLI). Solche Zahlen sind freilich nicht verbürgt.

Heutige Wanderbewegungen sind besser dokumentiert. Ihre Ursachen ähneln allerdings jenen aus der Antike: Sie waren und sind nicht nur die Folge der ungleichen Verteilung des Wohlstandes (Nord-Süd-Gefälle), sondern auch die Folge schwerwiegender innenpolitischer Erschütterungen (z.B. Krieg, Bürgerkrieg, Genozid usw.) oder klimatischer Anomalien (Dürre, Heuschreckenschwärme usw.).Wir unterscheiden die freiwillige, durch Pull-Faktoren des Ziellandes motivierte Migration von der durch Vertreibung oder Hungersnot (Push-Faktoren) erzwungenen Migration. Diese Trennung gilt sowohl für die Außen- als auch für die Binnenmigration.

Das klassische Einwanderungsland der Europäer waren bis zum Ersten Weltkrieg die USA.[18] Allein zwischen 1900 und 1914 suchten dort 9 Millionen

---

17 Jordanis Gotengeschichte nebst Auszügen aus seiner Römischen Geschichte. Übersetzt von Wilhelm Martens. = Die Geschichtsschreiber der deutschen Vorzeit II, Band 5. Leipzig ³ 1913, Kapitel XVIII und XLI.
18 Hier und folgend: Manfred Berg: Geschichte der USA. München 2013, S. 136 ff. – Bernd Stöver: United States of America. Geschichte und Kultur. Von der ersten Kolonie bis zur Gegenwart. München ² 2013.

Menschen ihre neue Heimat. Doch seit 1921 schränkten drastische Einwanderungsgesetze die Immigration deutlich ein. Die Behörden verlangten die Vorlage eines Affidavits, also die verpflichtende Erklärung von Verwandten oder Bekannten, notfalls für den Unterhalt des Immigranten aufzukommen. Als das nationalsozialistische Deutschland immer restriktiver gegen ihren jüdischen Bevölkerungsteil vorging, tagte 1938 in Évian eine Flüchtlingskonferenz, an der Delegierte aus 32 Staaten teilnahmen. Es sollten Aufnahmequoten für die bedrohten Juden vereinbart werden, doch das Ergebnis fiel denkbar dürftig aus, weil alle erklärten, den durch die Weltwirtschaftskrise bedingten wirtschaftlichen Notstand noch nicht überwunden zu haben. Die USA wollten die Einwanderungsquoten nicht erhöhen (zwischen 1933 und 1945 wurden nur 100.000 Juden aufgenommen, davon knapp 22.000 aus Österreich), Kanada gestattete die Einreise nur jenen Vermögenden, die bewiesen, dass sie eine Farm bewirtschaften könnten, die Schweiz erklärte sich zum reinen Transitland, das gar keine Juden einreisen lassen wollte, England beschränkte die Einreise in Palästina angesichts der bürgerkriegsartigen Unruhen zwischen Juden und Arabern, und die osteuropäischen Staaten nahmen keine weiteren Juden auf, weil sie am liebsten ihre eigene jüdische Bevölkerung ausgewiesen hätten.

Der Zweite Weltkrieg wurde von Hitler zum Teil mit dem Ziel entfesselt, durch Vernichtung, Vertreibung und Umsiedlung eine neue, nach ethnischen Grenzen orientierte Ordnung in Europa zu schaffen. Was Hitler begonnen hatte, wurde von Stalin unter umgekehrten Vorzeichen bis lange nach Kriegsende fortgesetzt. Infolge dessen erlebte Europa (ebenso wie Asien) die größte Völkerwanderung aller Zeiten.[19] Allein aus Ostmitteleuropa waren zwischen 1939 und 1948 etwa 46 Millionen Menschen durch Flucht, Umsiedlung oder Zwangsarbeit entwurzelt worden. Von den 12 Millionen heimatvertriebenen Deutschen waren fünf Millionen aus den östlichen Provinzen des Deutschen Reiches vor der Roten Armee geflüchtet, sieben Millionen mussten ihre angestammten Wohnsitze in der Tschechoslowakei, in Polen, Rumänien, Jugoslawien und Ungarn verlassen. (Die Zahl der Todesopfer unter den Flüchtlingen schwankt zwischen einigen Hunderttausend und zwei Millionen.)

Nach 1945 akzeptierten die USA jährlich bis zu 270.000 Einwanderer, hinzu kamen die großzügig aufgenommenen Flüchtlinge aus Ungarn 1956 (30.600 Personen), aus Kuba 1959 (400.000) und aus Vietnam 1975 (500.000). Präsident Ronald Reagan legte 1980 das Limit für immigrierende Flüchtlinge mit

---

19 Vgl.: Bertrand Michael Buchmann: Weltpolitik seit 1945. Wien – Köln – Weimar 2014, S. 17 ff.

67.000 fest, wobei das Los entscheiden sollte, welchem Immigrationsantrag stattzugeben wäre. Barack Obama akzeptierte 2016 wieder 85.000 Immigranten, Donald Trump fixierte 2018 die Obergrenze mit 45.000, davon 19.000 aus Afrika, 17.500 aus Nahost und Südasien, 5.000 aus Ostasien sowie 2.000 aus Europa und Zentralasien. 2019 wurden von den geschätzten 11 Millionen illegalen Einwanderern 267.000 ausgewiesen; die meisten waren über die mexikanische Grenze gekommen.

Inzwischen ist auch Europa, insbesondere die EU, längst zum Zielland von Flüchtlings- und Migrationsströmen geworden. Den bisherigen Höhepunkt erreichte die Flüchtlingswelle im Jahr 2015, als weltweit 65,3 Millionen Menschen ihr Wohngebiet verlassen mussten. Davon waren 40,8 Millionen Binnenflüchtlinge, die innerhalb ihrer Landesgrenzen vor bewaffneten Konflikten Schutz suchten, allen voran Kolumbien (6,9 Millionen), gefolgt von Syrien (6,6 Millionen), Irak (4,4 Millionen), Sudan (3,2 Millionen), Jemen (2,5 Millionen) und Nigeria (2,2 Millionen). An der Spitze der Herkunftsstaaten von Flüchtlingen stand Syrien mit 4,9 Millionen; Syrien war somit das Land, das mehr als ein Viertel der weltweiten Flüchtlinge und ein Fünftel der Binnenflüchtlinge aufwies. Wichtigstes Aufnahmeland für die Syrer war die Türkei (siehe unten). Andere Herkunftsstaaten von Flüchtlingen waren vor allem Afghanistan, Somalia, Südsudan und Sudan. Für Europa, das schon in den Jahren zuvor mit einer großen Zahl von Migranten konfrontiert worden war, die von Schleppern über das Mittelmeer nach Griechenland und Italien gebracht wurden, bedeutete der unerwartete Ansturm von Flüchtlingen im Jahr 2015 nachgerade einen Schock. Die Behörden waren völlig überfordert, die Staatsgrenzen standen bisweilen offen. Zahlreiche karitative Organisationen und freiwillige Helfer verhinderten zunächst das Schlimmste, bis staatliche Stellen die Versorgung sicherten und den Transit organisierten. Der legendäre Ausspruch der deutschen Bundeskanzlerin, Angela Merkel, am 31. August 2015: „Wir schaffen das!" wirkte wie ein Sog für Migranten in die Bundesrepublik.[20] Ab September begannen einzelne Staaten, die Grenzen zu schließen und die Binnengrenzen des Schengenraumes wieder zu kontrollieren. In Griechenland wurden Aufnahmezentren errichtet, und im Mittelmeer begannen Kriegsschiffe der NATO, die Menschen von in Seenot geratenen Flüchtlingsschiffen zu bergen. Insgesamt verzeichneten die 28 EU-Staaten im Jahr 2015 etwa 4,4 Millionen

---

20 Siehe den deutschen Historienfilm von 2020 unter der Regie von Stephan Wagner: „Die Getriebenen". Als Filmvorlage diente das Buch von Robin Alexander: „Die Getriebenen. Merkel und die Flüchtlingspolitik."

Flüchtlinge (Refugees) und 1,3 Millionen Asylwerber, die meisten in Deutschland. Eine gleichmäßige Verteilung dieser Menschen auf alle EU-Staaten scheiterte allerdings, da manche Regierungen vor den gesellschaftlichen und sozialen Problemen zurückschreckten. Denn das Beispiel Deutschlands zeigte auf, dass 80 Prozent der Neuankömmlinge für den deutschen Arbeitsmarkt nicht geeignet waren.

Im März 2016 schloss die EU mit der Türkei ein Abkommen, das den Migrationsandrang von Syrien über Griechenland und die Westbalkanroute nach Mitteleuropa stoppt: Gegen eine Zahlung von 6 Milliarden Euro (aus dem EU-Budget sowie von europäischen Staaten direkt) verpflichtete sich die Türkei zur Betreuung von 3,7 Millionen syrischen Flüchtlingen und deren Hinderung an der Weiterreise nach Europa. Sollten es Flüchtlinge dennoch nach Griechenland schaffen, würden sie wieder zurückgeschickt und gegen solche mit bereits anerkanntem Asylstatus ausgetauscht werden. Dadurch kann auf der einen Seite Ankara mittels Migrationspolitik die EU erpressen (was in der Folge auch geschah), andererseits sehen die in dieser Frage ohnehin uneinigen EU-Staaten keine andere Lösung, um das Flüchtlingsproblem einigermaßen von Europa fern zu halten. Anfang 2020 verschärfte sich die Situation. Es gelang immer mehr Flüchtlingen, auf eine vorgelagerte griechische Insel (Lesbos, Chios, Samos, Kos) überzusetzen, sodass die dort angelegten Flüchtlingslager heillos überfüllt wurden und sich die ortsansässigen Inselbewohner bereits zu Streiks und Ausschreitungen veranlasst sahen. Gleichzeitig waren/sind die griechischen Behörden überfordert und schaffen es nicht, Asylansuchen rasch zu bearbeiten und die Flüchtlinge bei negativem Bescheid in die Türkei zurückzuschicken. Der Türkei droht ihrerseits ein neuer Massenansturm syrischer Flüchtlinge aus der umkämpften Provinz Idlib (siehe unten), wo sich bereits eine Million Menschen auf den Weg zur Grenze machten – und dort vorerst aufgehalten werden.

Seit 1989, als die Berliner Mauer fiel, hat kein politisches Ereignis die Europäer so stark bewegt wie die Ereignisse von 2015 und 2016. Mit dem Slogan „Grenzen dicht!" konnten seither Wahlen gewonnen werden. Dies zeigt sich auch in Österreich, einem Land, in dem der Anteil von Menschen mit Migrationshintergrund bereits ein Viertel der Gesamtbevölkerung ausmacht und in dem über 16 Prozent der Einwohner nicht die österreichische Staatsbürgerschaft besitzen. In der Bundeshauptstadt Wien (1,9 Millionen Einwohner) hatten 2020 knapp 31 Prozent keine österreichische Staatsbürgerschaft, 41 Prozent waren ausländischer Herkunft und 37 Prozent wurden im Ausland geboren. Nicht weniger als 52 Prozent der Schüler – alle Schultypen zusammengerechnet – sprechen eine andere Muttersprache als Deutsch.

Hermetisch abschließen lässt sich Europa nicht. Allein in den Jahren 2017 bis 2019 kamen mehr als 130.000 syrische Asylsuchende nach Deutschland. Die Grenzschutzagentur FRONTEX („frontières extérieures") schätzt für das Jahr 2019 etwa 120.000 illegale Einreisende in die EU. Bemerkenswerter Weise zeigt sich, dass sich keineswegs die „Ärmsten der Armen" auf die lange und gefährliche Reise quer durch Afrika oder Asien machen, sondern vor allem Menschen mit einem gewissen „Wohlstand", andernfalls sie die hohen Kosten für die Schlepper nicht aufzubringen vermögen. Die Schlepperbanden sind quer über die Kontinente hinweg hervorragend organisiert: Migrationswillige werden ab ihrem Herkunftsland etappenweise von Schlepper zu Schlepper weitergereicht und müssen für jeden Reiseabschnitt extra zahlen – andernfalls werden sie zurückgelassen – in der Sahara bedeutet dies den sicheren Tod. In den von Kriminellen kontrollierten Sammelcamps in Libyen sind die Migranten solange willkürlicher Gewalt ausgesetzt, bis sie sich freikaufen können, um in eines der überfüllten Schlauchboote zur Fahrt über das Mittelmeer gepfercht zu werden. Geraten sie in Seenot, werden sie von europäischen Kriegsschiffen, von der Küstenwache oder von Schiffen der NGOs in Sicherheit gebracht (ungewollt betreiben diese dann das Geschäft der Schlepper). Allein für die gefährliche Überfuhr verlangen die Schlepper 2000 bis 4000 €, die Weiterreise nach Norditalien kostet nochmals 2000 €, alles in allem zahlt man für die illegale Wanderung von Afrika nach Mitteleuropa bis zu 10.000 €. Aus Entwicklungsländern mit einem Bruttoinlandsprodukt pro Kopf von weniger als 2.000 $ kommen daher keine Flüchtlinge, eher aus Ländern, die sich dem Status eines Schwellenlandes annähern. Afrikanische Flüchtlinge, die es nach Europa geschafft und Arbeit gefunden haben, müssen einen Großteil der Einkünfte ihrer Sippe überweisen, denn deren Mitglieder haben gemeinsam die Auswanderung finanziert. Daher hat sich ein ausgeklügeltes Netzwerk entwickelt, um ihnen vorbei an allen Banken und Devisenbestimmungen die Gelder zukommen zu lassen. An diesem Geldtransfer schneiden allerdings so viele Personen mit, dass die Empfänger nur die Hälfte der abgeschickten Summen erhalten. Aber der Devisenfluss von den Ziel- zu den Herkunftsländern der Flüchtlinge ist ein Hauptgrund, dass viele Staaten abgewiesene Migranten und Asylsuchende nicht mehr zurücknehmen. Denn insgesamt schicken jene geschätzten 270 Millionen Personen, die in der Fremde leben und arbeiten, jährlich Hunderte Milliarden Dollar in ihre Heimat; sie sichern damit die Existenz von über einer Milliarde Menschen.

Die Flüchtlingsproblematik hält an[21]: Waren es im Jahr 2010 weltweit 41 Millionen Binnen- und Außenflüchtlinge, so kletterte die Zahl 2017 auf 69

---

21 Die Zahlen entstammen dem Bericht des UN-Flüchtlingshochkommissariats (UNHCR); Auszüge davon in: Die Presse, 19. Juni 2020 S. 5.

und 2019 auf noch nie da gewesene 79,5 Millionen. Besonders hoch war die Anzahl der Binnenvertriebenen, namentlich in der Demokratischen Republik Kongo, in der Sahelzone, im Jemen und in Syrien. Von den Außenvertriebenen kamen zwei Drittel aus nur fünf Herkunftsstaaten: Syrien, Venezuela, Afghanistan, Südsudan und Myanmar. Die wichtigsten Gastländer waren die Türkei, Kolumbien, Pakistan, Uganda und Deutschland. 2020 verabschiedeten insgesamt 192 Staaten den globalen UNO-Migrationspakt von Marrakesch.[22] Österreich trat dem Pakt nicht bei, weil sich die Regierung um den möglichen Verlust der staatlichen Souveränität sorgte und weil außerdem die Migration noch befördert und in den Herkunftsländern die Auflösung staatlicher Organisationen herbeigeführt werde. In den Zielländern, wie Österreich eines ist, sind gesellschaftliche Probleme wie Polarisierung, Umverteilungskonflikte und Intoleranz zu befürchten, wobei Intoleranz auch unter den Migranten nicht auszuschließen ist, wenn diese anderen Religionsgemeinschaften und anderen Kulturen mit einer anderen Werteordnung entstammen, sich also in Parallelgesellschaften organisieren.

Die Corona-Krise 2020 (siehe unten) bedeutete für Flüchtlinge in den überfüllten Flüchtlingslagern erhöhte Gefahren. Zugleich entspannte sich in Europa kurzfristig der Migrationsdruck, da es bei den vollständig abgeschlossenen Grenzen kein Durchkommen mehr gab. Für jene Menschen in den Entwicklungsländern jedoch, die von den Geldüberweisungen der Migranten leben, kam der Geldtransfer Corona-bedingt zum Erliegen; sie werden zurück unter die Armutsschwelle geworfen.

---

22 Ilya Zarrouk: Der globale Migrationspakt von Marrakesch. Gefahrenpotential und Polarisierungsmaschine. In: ÖMZ 2, 2020 S. 212–217.

4 Tragfähigkeit der Erde

Steuert die Erde auf eine Überbevölkerung zu, sodass der Hunger überhand nehmen wird? Es wirken die oben angestellten Prognosen insofern beruhigend, als sich die Weltbevölkerung bis zum Jahr 2100 auf 11 Milliarden eingependelt haben wird. Können alle diese Menschen ernährt werden? Es kommt jedenfalls darauf an, wie mit der vorhandenen Fläche umgegangen wird und ob es gelingt, etwa aus den Meeren neue Nahrungsquellen zu erschließen oder künstliche Nahrungsmittel durch Synthese zu entwickeln. Im Jahr 2019 litten geschätzte 820 Millionen Menschen an Hunger und Unterernährung (demgegenüber sind 2,2 Mrd. übergewichtig oder fettleibig).

Hunger ist immer eine Frage des Wohlstandes. Die Ursache für das Welternährungsproblem liegt in der Armut und nicht in den Schwächen der Landwirtschaft. Trivial ausgedrückt: Wer reich ist, prasst in der Arktis, wer arm ist, hungert im Orangenhain. Allerdings müssen die reichen Länder mit steigendem Migrationsdruck aus den armen Ländern rechnen. Und vor allem: Allein durch ein höheres Angebot an Nahrungsmitteln lassen sich die Weltprobleme nicht lösen. Grundsätzlich ließen sich sowohl die landwirtschaftliche Nutzfläche als auch deren Produktivität um ein Vielfaches steigern. Doch lauern gerade dabei große Gefahren, denen die Menschheit nicht allzu leicht ausweichen kann. Diese Gefahren liegen einerseits am Klimawandel, dessen Zeugen wir nun unmittelbar geworden sind, andererseits in der Übernutzung bzw. Auslaugung des Bodens durch die Agrarindustrie, welche ihrerseits für ein Viertel der Treibhausemissionen verantwortlich ist. Der stetig steigende Konsum von Fleisch und pflanzlichen Ölen gibt in den Schwellen- und Entwicklungsländern wiederholten Anlass, Regenwälder abzuholzen, um an deren Stelle Plantagen (Ölpalmen, Kautschuk usw.), Acker- oder Weideland anzulegen. Hinzu kommt insbesondere in den Industrieländern die Versiegelung der Böden durch Verbauung. Die Waldfläche wird in Österreich zwar nicht verringert (dafür sorgt der Flächenwidmungsplan), in anderen Regionen, insbesondere in Amazonien, Zentralafrika und Südostasien hingegen schon. Mit dem Verlust von Regenwald fehlt ein Gegengewicht zu den steigenden Kohlendioxid-Emissionen (CO_2) von Industrie, Verkehr und Haushalt, denn die Bäume binden dieses Treibhausgas für ihre Photosynthese. Ein doppelt negativer Effekt entsteht, wenn der Regenwald zu Gunsten von Rinderweiden gerodet wird, weil gerade die Rinder (sowie Schafe und Ziegen) Methan (CH_4) ausstoßen, das 34 Mal mehr Wärmestrahlung zurück auf die Erde reflektiert als CO_2 und daher als zweitgrößte Ursache für die vom Menschen verursachte Erderwärmung gilt. Methangas wird auch beim Tierdünger und beim Reisanbau emittiert. Das Lachgas (N_2O) mit einem 298 fachen CO_2 Äquivalent ist noch viel schädlicher; es entsteht als Ausfallprodukt von Stickstoff und Tierdünger und gelangt durch Auswaschung in die Natur. Auf der anderen Seite geht durch falsche Bodennutzung viel wertvolles Ackerland verloren: Ausgelaugte Böden trocknen aus und degenerieren zu Wüsten; auch unkontrollierte künstliche Bewässerung kann einerseits zur Versalzung des Bodens, andererseits zum Vertrocknen von Gewässern (vgl. Aralsee) führen und die Wüstenbildung beschleunigen.

Im Jahr 1968 wurde der „Club of Rome" gegründet, um die Weltproblematik zu untersuchen sowie Zukunftsgefahren und Möglichkeiten zu deren Abwehr aufzuzeichnen. In diesem Rahmen veröffentlichte *Dennis Meadows* (geb. 1942) anno 1972 seinen ersten Bestseller: „Die Grenzen des Wachstums".[23] Darin reduzierte er in einem Computerprogramm die Welt auf Hauptvariable wie Industrialisierung, Bevölkerungswachstum, Nahrungsmittelproduktion, Rohstoffverbrauch und Umweltverschmutzung, dann extrapolierte er diese aus den vergangenen sieben Jahrzehnten gewonnenen Werte auf die folgenden Jahrzehnte und kam mittels Simulationsrechnungen zu dem Schluss, dass die Menschheit einem Kollaps nicht ausweichen kann, wenn sie von grenzenlosem Machbarkeitswahn beseelt an die Unbegrenztheit der Ressourcen glaubt. Meadows ging also von der seit den 1960er-Jahren formulierten „Raumschifftheorie", aus, wonach der Erde wie einem Raumschiff nur eine begrenzte Menge an Rohstoffen zur Verfügung steht; gehen diese zu Ende, würde das System zusammenbrechen. Die Raumschiff-Ökonomik unterscheidet erneuerbare Ressourcen (z.B. Holz) von erschöpfbaren Ressourcen (z.B. Erdöl) und fordert den Wechsel der bisher gehandhabten „Durchflussökonomie" zur „Kreislaufökonomie", welche die Abfälle wiederverwertet. Die Bedeutung des Recycling bleibt zwar unwidersprochen, hingegen regte sich der Widerspruch bei der Definition von erschöpfbaren Ressourcen. Etliche Wissenschafter wiesen nach, dass man sich schon oft vor einer bestimmten Obergrenze gefürchtet hat, dass es diese allerdings nicht wirklich gibt. In der Vergangenheit hat man immer wieder davor gewarnt, dass der Ressourcenverbrauch an einen Plafond stoßen werde, doch haben sich diese Prognosen stets als unbegründet erwiesen: Die klassischen Nationalökonomen sahen wie *Robert Thomas Malthus* (1766–1834) in der vermeintlichen Diskrepanz von geometrisch wachsender Bevölkerung

---

[23] Dennis Meadows, Donella H.Meadows, Jørgen Randers, William W. Behrens: Die Grenzen des Wachstums. Übertragen von Hans Dieter Heck. Stuttgart 1972.

bei nur arithmetisch wachsender Nahrungsmittelproduktion die Grenzen des Wachstums.[24] Am Vorabend der Industriellen Revolution befürchtete *Georg Wilhelm Friedrich Hegel* (1770–1831), dass das knapp werdende bürgerliche Kapital zur Massenarmut des „Pöbels" führen müsse; *Karl Marx* (1818–1883) griff in seinem „Kommunistischen Manifest" 1848 Hegels Kapitalismuskritik auf und prognostizierte die Weltrevolution.[25] Ab der zweiten Hälfte des 20. Jahrhunderts wurden Prognosen angestellt, wann die einzelnen Rohstoffe zur Neige gehen würden, doch die geschätzte Lebensdauer wurde immer weiter in die Zukunft verschoben, einerseits, weil immer neue Rohstofflager entdeckt werden, andererseits, weil sich die Abbaumethoden laufend verbessern. Grundsätzlich ist aber auch zu sagen, dass knapp werdende Rohstoffe teuer werden und die Menschheit dazu zwingen, Alternativen zu suchen bzw. zu entwickeln. Ein Gutes hatte die Raumschifftheorie aber jedenfalls: Sie leitete ein allmähliches Umdenken ein. Denn seither können auch Politiker und Ökonomen die offensichtlichen Umweltprobleme nicht mehr ignorieren, wobei ein mehrmaliger Paradigmenwechsel stattfand: Anfangs stellte man das Ernährungsproblem in den Mittelpunkt der Betrachtung, dann wurde das Rohstoffproblem fokussiert, ein abermaliger Paradigmenwechsel konzentrierte sich auf die Umweltverschmutzung, während heute der Klimawandel die meiste Aufmerksamkeit auf sich zieht.

Neue Weltmodelle mit verfeinerten Methoden wurden angestellt. 1974 kamen die Autoren *Mihailo Mesarovic* und *Eduard Pestel*[26] zu dem Schluss, dass die Erde nicht homogen behandelt werden kann, sondern in zehn Regionen zu unterteilen sei. Diese Regionen werden – bei gleich bleibendem Ressourcenverbrauch – jeweils zu verschiedenen Zeiten, aus verschiedenen Gründen und mit verschiedenen Folgen und Abläufen kollabieren, sofern sich die Menschheit nicht zu gemeinsamem Handeln durchringt und das Wachstum an die jeweilige Situation angepasst. 1991 formulierten *Alexander King* und *Bertrand Schneider* im Rahmen des Club of Rome „Wir befinden uns heute in dem Frühstadium einer Gesellschaft, die so anders sein wird wie die nach der Industriellen Revolution."[27] Wir stehen also mitten im Strudel der ersten globalen Revolution, wissen aber nicht, wie wir uns verhalten sollen und was uns bedrohen wird.

---

24 Robert Thomas Malthus: Das Bevölkerungsgesetz. München 1977.
25 Siehe auch: Deutsche Geschichtsphilosophie a.a.O.
26 Mihajlo D. Mesarovic, Edward Pestel: Menschheit am Wendepunkt. Der zweite Bericht an den Club of Rome zur Weltlage. Rohwolt 1974.
27 Die erste Globale Revolution. Ein Bericht des Rates des Club of Rome. 1992.

Denn – nach King-Schneider – war die Menschheit schon im ausgehenden 20. Jahrhundert überfordert mit neuen Technologien (Mikroelektronik, Biotechnologie), mit der Bevölkerungsexplosion, mit der wachsenden Kluft zwischen dem reichen Norden und dem armen Süden, mit der Umweltzerstörung, einem drohenden Klimawandel, mit der Sicherung der Nahrungs- und Energieversorgung und mit dem damals neu aufbrechenden Konfliktpotential seit dem Zusammenbruch des Kommunismus 1989–1991. Wohl ist der Mensch Auslöser der Weltproblematik, kann aber nichts steuern. Gefragt sind verantwortungsvolle Politiker ohne ideologische Scheuklappen und vor allem die UNO: Dass etwas erreicht werden kann, beweist der erfolgreiche Kampf für das weltweite Verbot von FCKW (Fluorchlorkohlenwasserstoff): Dieses Treibhausgas wurde als hauptverantwortlich für den Abbau der lebensnotwendigen Ozonschicht in der Stratosphäre erkannt. 1987 wurde das Montreal Protokoll zum weltweiten Ende der FCKW-Produktion verabschiedet, 1990 und 1992 fand dieses in den Protokollen von London und Kopenhagen seine Erweiterung, sodass sich seither die FCKW-Emission tatsächlich verringert.

Zwanzig Jahre nach seinem ersten publizistischen Welterfolg legte Dennis Meadows öffentlichkeitswirksam dar, dass seine einstigen Befürchtungen von der Wirklichkeit bereits eingeholt und übertroffen worden wären, insbesondere hinsichtlich der Bevölkerungsexplosion, des weltweiten Hungers und der Umweltverschmutzung. Der von ihm befürchtete Raubbau an Ressourcen wäre also weiter vorangeschritten.[28] Ohne seine Warnungen und die Warnungen ähnlich motivierter Autoren hätten sich die Vereinten Nationen kaum dazu aufgerafft, im Jahr 1992 in Rio de Janeiro eine internationale Umweltkonferenz („Earth Summit") zu veranstalten und völkerrechtlich verbindliche Abkommen für eine zukünftige Umweltpolitik zu beschließen. Seither finden jährliche UN-Klimakonferenzen („Conference of the Parties" COPs) statt. 1997 wurde bei der COP 3 in Kyoto das „Kyoto-Protokoll" beschlossen, das den Staaten verbindliche Höchstmengen bei der Ausstoßung von Treibhausgasen und deren prozentuelle Verringerung in vorgegebenem Zeitrahmen vorschrieb. Nähere Bestimmungen über die Berechnung der Emissionen und über den Emissionshandel wurden 2001 bei der COP 7 in Marrakesch erzielt. Doch nach und nach zeigte sich, dass die hochgesteckten Erwartungen angesichts der verschiedenen Interessen von Entwicklungsländern, China und den USA nicht erreichbar sind. So scheiterten 2009 die Verhandlungen der COP 15 in Kopenhagen. Zwar

---

28 Dennis Meadows, Donella H.Meadows, Jørgen Randers, William W. Behrens: Die neuen Grenzen des Wachstums. Übertragen von Hans Dieter Heck. Stuttgart 1992.

versprach beispielsweise Brasilien, bis zum Jahr 2020 die Abholzung des tropischen Regenwaldes auf jährlich 3000 km² zu reduzieren, in Wahrheit aber ging allein 2020 eine nahezu vierfache Fläche an Regenwald verloren. Ein rechtlich nicht bindendes Abschlussdokument erklärte lediglich den Klimawandel zur größten Herausforderung unserer Zeit und empfahl die Reduktion der Treibhausgase, um die Erwärmung nicht über 2⁰ C ansteigen zu lassen. Der Pariser Weltklimavertrag von 2015 verpflichtete alle teilnehmenden Staaten auf diesen Wert; doch 2017 traten die USA (Präsident Donald Trump) von diesem Vertrag zurück, obwohl gerade die USA als größte Volkswirtschaft und zweitgrößte CO_2 Emittentin der Erde besonders gefordert sind; Trumps Nachfolger, Joe Biden, versprach, 2021 dem Vertrag wieder beizutreten. Im Dezember 2020 legte der EU-Ratspräsident (Charles Michel) die Latte für ein ehrgeiziges Klimaziel sehr hoch, als er die 27 EU-Staaten aufforderte, bis 2030 den Ausstoß von Treibhausgasen um 55 Prozent und damit auf den Wert des Basisjahres 1990 zu senken; Länder wie Polen oder Tschechien, die noch stark von fossiler Energie abhängig sind, dürften dem kaum zustimmen. Polen drohte sogleich mit einem Veto bzw. damit, sich die gewünschten Klimaziele von der EU teuer abkaufen zu lassen. Ganz abgesehen von den europäischen Klimadiskussionen darf China seinen CO_2 Ausstoß bis 2030 sogar noch erhöhen und forciert nach wie vor den Ausbau kalorischer Kraftwerke; Elektroautos werden in China – überspitzt gesagt – mit Kohle betrieben.

Ein ökologischer Fußabdruck der digitalisierten Welt zeigt, dass die Verringerung des Treibhausgasausstoßes nicht so einfach sein dürfte: Für jede Sekunde Surfen auf Google müssten 23 Bäume gepflanzt werden, das Streamen von Online-Videos ist für 300 Millionen Tonnen CO_2 pro Jahr verantwortlich, sie machen immerhin ein Prozent aller globalen Emissionen aus, der weltweite Flugverkehr emittiert dagegen lediglich 2,5 Prozent. Ein Betrieb mit 100 Mitarbeitern verursacht jährlich 13,6 t CO_2 allein durch den e-Mailverkehr, das entspricht 13 Flügen von Paris nach New York und zurück. Wäre das Internet ein Land, so wäre es der fünftgrößte Stromverbraucher der Erde.[29] Das Jahr 2019 war jenes mit dem bisher höchsten CO_2 Ausstoß; durch Verbrennung fossiler Brennstoffe gelangten 37 Milliarden Tonnen in die Atmosphäre. Wirtschaftskrisen wie jene des Jahres 2008/09 und vor allem die Corona-Krise 2020 (siehe unten) ließen die Treibhausemissionen zurückgehen, aber solche Effekte waren nur kurzfristig. Im Rahmen des ökologischen Fußabdrucks wird auch der Welterschöpfungstag („Earth Overshoot Day") ermittelt:[30] Ab diesem

---

29 Aus: Die Presse, 17. März 2020 S. 27.
30 https://utopia.de/ratgeber/earth-overshoot-day ; Zugriff am 1. Dezember 2020.

Tag – für 2019 war dies der 29. Juli, 2020 mit Corona bedingter Verspätung der 22. August – verbrauchen wir mehr natürliche Ressourcen, als die Erde reproduzieren kann: Der Ausstoß von CO_2 übertrifft die Fähigkeit von Wäldern und Meeren, dieses Treibhausgas zu absorbieren, die Fischfangquote kann mit dem natürlichen Nachwuchs nicht mehr mithalten, desgleichen werden mehr Bäume gefällt als nachwachsen können, und es wird auch mehr Wasser verbraucht, als von der Natur bereitgestellt wird. Es hat also den Anschein, dass sich die Menschheit mit zunehmender Beschleunigung auf eine massive Krise hinbewegt.

Die bedrohliche Klimaerwärmung, deren Zeugen wir möglicherweise jetzt schon sind, ist also in das Zentrum des globalen Interesses gerückt; die meisten Wissenschafter sind der Ansicht, dass deren Verursacher der Mensch ist. Gegner dieser Theorie wenden ein, dass es Klimaschwankungen schon immer gegeben hat, sie waren die Folge von astronomischen Vorgängen (Schwingung der Erdachse = Präzession; Veränderung der Neigung der Erdachse = Obliquität; Abweichung der Erdumlaufbahn) und terrestrischen Erscheinungen (Vegetation, Vulkanismus usw.). Allerdings vollzogen sie sich bisher so langsam, dass sie der Mensch aktuell nicht wahrgenommen hatte und sich daher mühelos an die geänderten Umweltbedingungen anpassen konnte.[31] Vor 74.000 Jahren verursachte der Ausbruch des Vulkans Toba auf Sumatra eine Klimakatastrophe weltweiten Ausmaßes, der viele Lebewesen, wohl auch Menschen, zum Opfer gefallen sind. Vor etwa 65.000 Jahren begann die letzte Eiszeit („Würm-Eiszeit") mit Durchschnittstemperaturen, die um 10 Grad unter den heutigen lagen. Der Neandertaler-Mensch überlebte diese Kälteperiode in Europa, bis vor ca. 40.000 Jahren der Homo Sapiens einwanderte (danach starb der Neandertaler aus). Vor 10.000 Jahren endete die Eiszeit relativ rasch, die Temperaturen erreichten Werte wie in der Gegenwart. In der Wärmeperiode des „Atlantikums", die vor etwa 8.000 Jahren einsetzte und vor 4.000 Jahren endete, stiegen die Temperaturen um etwa 2 Grad an; in diese Phase fällt die „Neolithische Revolution". Im sog. „Hallstatt-Minimum", etwa 500 vor Christus bis um Christi Geburt, lagen die Temperaturen um 1 bis 2 Grad unter den heutigen. Während der römischen Kaiserzeit, also von Christi Geburt an die folgenden 400 Jahre, herrschten wieder Temperaturen wie in der Gegenwart, im „Pessimum der Völkerwanderungszeit" sanken die Werte abermals.

---

31 Wolfgang Behringer: Kulturgeschichte des Klimas. Von der Eiszeit bis zur globalen Erwärmung. München 2007. – Klimawandel in der Geschichte Europas. Zur Entwicklung und zum Potential der Historischen Klimatologie. In: ÖZG 12, 2002 H.2.

Jordanes berichtet von einem Kriegszug der Goten um das Jahr 470: „... als die Winterkälte bevorstand und die Donau wie gewöhnlich fest zugefroren war – denn dieser Fluss gefriert so fest, dass er, hart wie Stein, ein ganzes Heer zu Fuß trägt und Wagen und Schlitten und alle möglichen Fuhrwerke, sodass man der Kähne nicht bedarf..."[32]. Die Zeit von etwa 535 bis 660 wird sogar als „kleine Eiszeit" bezeichnet. Ab etwa 1.000 begann das „mittelalterliche Klimaoptimum": Die Wikinger besiedelten Island und Grönland, im Alpen-Donauraum begann die große hochmittelalterliche Rodungs- und Siedlungsperiode, auch wichen die Alpengletscher zurück und erlaubten eine Blüte des Goldbergbaus in den Hohen Tauern. Im Spätmittelalter wurde es wieder kühler, höher gelegene Felder wurden aufgegeben und etliche Siedlungen verödeten. Diese Klimaveränderung und die daraus hervorgegangenen Missernten mochten mit ein Grund für Bauernaufstände und Hexenverfolgungen (Wetterzauber) gewesen sein, welche den Übergang vom Mittelalter zur Neuzeit begleiteten. Auch starben die Wikinger in Grönland aus. Nach der Zeitenwende wurde es noch kühler, es begann eine neuerliche „kleine Eiszeit" von 1580 bis 1850, als die Almen wieder vom Eis überfahren wurden (z.B. „Übergossene Alm" auf dem Hochkönig); mehrmals war der Bodensee zugefroren. Vulkanausbrüche wie 1783/84 in Island oder 1816 in Indonesien (Tambora) verursachten verheerende Wetterkapriolen mit Missernten und Teuerung, speziell in Europa. Seit 1850 stieg die Durchschnittstemperatur allmählich an, die Gletscher wichen zurück. Ab 1980/90 begann ein auffallender Temperaturanstieg, der bis in die Gegenwart andauert und möglicherweise durch menschliches Zutun noch verstärkt wird. Speziell in Österreich ist es in den letzten 100 Jahren um etwa 2,3 Grad wärmer geworden, der stärkste Anstieg erfolgte in den letzten 40 Jahren.

Sollte die Klimaerwärmung weiter fortschreiten, ergeben sich düstere Prognosen für die Menschheit. Befunde der Europäischen Umweltagentur anno 2020 legen nahe, dass sich als Folgen des Treibhauseffekts Naturkatastrophen wie Dürren, Überschwemmungen und Waldbrände häufen werden. Bis zum Jahr 2100 erwartet man bei gleich bleibenden Emissionen von Treibhausgasen etwa 35 Prozent mehr Niederschläge im Herbst und im Winter. Die Gefahr von sommerlichen Waldbränden wird im immer schon gefährdeten Südeuropa, in Zukunft aber auch im westlichen Mitteleuropa, stark zunehmen. An den Küsten des Mittelmeeres und des mittleren Atlantiks wird der Anstieg des Meeresspiegels tief gelegene Siedlungen bedrohen. Südeuropa wird von häufigen Dürren heimgesucht werden, Nordeuropa wird unter mehr Starkregen und

---

32 Jordanis Gotengeschichte a.a.O. S. 94.

Überflutungen zu leiden haben. Eine Studie der ETH Zürich von 2019 zeigt an, dass eine weltweite Aufforstung die Klimaerwärmung aufhalten könnte: Es müssten „nur" alle jene Flächen, die nicht für Landwirtschaft und Siedlung genützt werden, bewaldet werden, dann ließe sich der CO_2 Gehalt der Atmosphäre auf das Niveau von etwa 1920 reduzieren. Aber diese Fläche entspräche freilich jener der USA. In Europa, Asien und Nordamerika nimmt die Waldfläche tatsächlich wieder zu, aber in viel zu geringem Ausmaß; dagegen machen die Waldverluste in den afrikanischen und südamerikanischen Tropen seit 2010 nahezu die Fläche Spaniens aus.

5 Naturkatastrophen

Die zunehmende Dichte der Wohnbevölkerung macht die Menschheit einerseits anfälliger für Naturgewalten, andererseits sorgen bessere Baustandards und Schutzmaßnahmen dafür, dass trotz einer Zunahme an Katastrophen immer weniger Menschenleben zu beklagen sind. 90 Prozent aller Schäden erfolgen wetterbedingt, sei es durch Stürme und Überschwemmungen, sei es durch Extremtemperaturen. Taifune richten in Japan und China wiederholt schwere Schäden an, der Süden der USA wird im Jahresdurchschnitt von 12 Hurrikanen heimgesucht, verheerende Zyklone treten auch in Südasien und Afrika auf. Hitzewellen und Trockenheit führen zu großflächigen Waldbränden, insbesondere in Kalifornien und Australien. Vom Oktober 2019 bis zum März 2020 wütete das längstdauernde Buschfeuer in der Geschichte Australiens; 34 Menschen kamen ums Leben, 5900 Gebäude wurden vernichtet, 170.000km² brannten; wegen starker Rauchentwicklung mussten sogar die Schulen Sidneys geschlossen werden. Während sich die Pflanzenwelt rasch regeneriert, muss die Tierwelt durch den Verlust von drei Milliarden Lebewesen (größer als Insekten) einen lang anhaltenden Schaden verkraften.

Die teuerste und folgenreichste Hurrikan-Saison der US-Geschichte ereignete sich im Jahr 2005 mit 27 Wirbelstürmen zwischen Mai und Oktober. Am 29. August 2005 verwüstete der Hurrikan Katrina die Südstaatenmetropole New Orleans (480.000 Einwohner). Als mehrere Deiche brachen, wurden 80 Prozent der unter dem Meeresspiegel gelegenen Stadt bis zu sieben Meter überflutet. Trotz der Sturmwarnung hatten zehn Prozent der Einwohner die Stadt nicht verlassen, sie retteten sich in höher gelegene Bezirke, bis sie evakuiert werden konnten; 20.000 Obdachlose hatten sich in das riesige Sportstadion Superdome, einst ein Wahrzeichen der Stadt, geflüchtet. Sehr bald begannen Plünderungen, sodass sogar das Kriegsrecht verhängt werden musste. Insgesamt zählte man 1079 Todesopfer. Zum Schutz vor künftigen ähnlichen Katastrophen wurden etliche Kilometer Flutmauern in einer Höhe von bis zu acht Metern errichtet. Im September desselben Jahres verwüstete der Sturm Rita die Küste von Texas und Louisiana, im Oktober zog der Hurrikan Wilma über Florida. Jeder der drei genannten Wirbelstürme erreichte eine Geschwindigkeit von 280 km/h. Für den Wiederaufbau von New Orleans und die gesamte sturmgeschädigte Region wurden 200 Milliarden US $ veranschlagt.

Eine Naturgewalt, welche seit je her die Menschheit quälte, ist die Heuschreckenplage.[33] Sie entsteht, wenn es in Trockenräumen regnet und dadurch die Heuschreckenpopulation explodiert. Der Wind treibt die Schwärme über tausende Kilometer, sie können bis zu 150 Kilometer pro Tag zurücklegen. Wo sie sich niederlassen, werden die Ernten vernichtet. Ein Schwarm von 80 Millionen Tieren frisst pro Tag den Nahrungsbedarf von 35.000 Menschen; er bedeckt eine Fläche von einem km^2, manche Schwärme erstrecken sich sogar bis zu 500 km^2. Alte Chroniken aus China, Indien, Arabien und anderen Regionen berichten immer wieder von dieser Heimsuchung, so zählt die ganze Länder verheerende Wanderheuschrecke zu den zehn ägyptischen und den sieben apokalyptischen Plagen. Heuschrecken machten auch vor Europa nicht halt: Im Katastrophenjahr 1338 fraßen Wanderheuschrecken die habsburgischen Länder kahl. Aus der jüngsten Vergangenheit wird berichtet, dass vom 27. Juni bis 3. Juli 1930 Heuschreckenschwärme weite Teile Österreichs verheerten; sogar der Eisenbahnverkehr der Pottendorfer Linie wurde gestört (weil sich die Räder der Lokomotive unter den zermalmten Tieren durchdrehten). In Afrika ereigneten sich schwere Heuschreckenplagen 1995 und insbesondere 2020: Die Schwärme entstanden in Ostafrika, zogen nach Kenia und anschließend über das Rote Meer auf die Arabische Halbinsel und bedrohten den Iran und zuletzt Pakistan.

Die Historische Seismologie[34] berichtet von katastrophalen Erdbeben der Vergangenheit. In der Spätantike hört man vom viel beschriebenen Beben des Jahres 365, im Hochmittelalter vom Beben in der Lombardei anno 1117, im Spätmittelalter von den großen Schäden in Basel und in der Algarve 1356. Ein vernichtendes Erdbeben zerstörte am Allerheiligentag des Jahres 1755 die Stadt Lissabon und kostete über 60.000 Menschenleben (im Wiener Stephansdom schwankten damals die Luster). Die an der berüchtigten Erdbebenlinie („San-Andreas-Linie") liegende Stadt San Francisco wurde in den frühen Morgenstunden des 18. April 1906 zu vier Fünfteln zerstört – zum Glück kamen „nur" 490 Personen ums Leben, aber von den 400.000 Einwohnern wurden 250.000 obdachlos. Wesentlich härter traf es am 28. Dezember 1908 die Insel Sizilien: Die Erdstöße forderten 83.000 Menschenleben, allein in der am

---

33 Martina Lehner: „Und das Unglück ist von Gott gemacht…" Geschichte der Naturkatastrophen in Österreich. Wien 1995, S. 41 ff.
34 Über Probleme und Methoden der historischen Seismologie siehe die beiden Aufsätze von Jean Vogt und Maria Mafalda de Noronha Wagner in: Frühneuzeit Info 1, 1990, Heft 1 und 2, S. 17–27.

schwersten betroffenen Stadt Messina starben 30.000 Menschen. Das stärkste je gemessene Erdbeben ereignete sich am 22. Mai 1960 in Chile. Gemäß der vom Seismologen Charles Francis Richter (1900–1985) entwickelten „Richter-Skala" erreichte es den Wert 9,5; eine elf Meter hohe Flutwelle begrub 5700 Küstenbewohner unter sich. In der jüngeren Vergangenheit kostete eine der schlimmsten Erdbebenkatastrophen am 12. Jänner 2010 auf der Karibikinsel Haiti 250.000 Menschenleben und 300.000 Verletzte; der ohnehin bitterarme Staat brach vollkommen zusammen. Österreich wird im Allgemeinen von großen Erdstößen verschont, es gab aber sehr wohl Katastrophenbeben in historischer Zeit. Das folgenschwerste ereignete sich am 25. Jänner 1348 in Kärnten (Villach), als der Dobratsch abbrach und der Bergsturz 17 Dörfer unter sich begrub. Der an der erdbebengefährdeten Thermenlinie gelegenen Wiener Raum erlebte immer wieder größere Erdbeben: Die Chronik nennt jenes vom 29. Oktober 1267 und vor allem die bisher heftigste derartige Katastrophe vom 16. September 1590: Damals wurden weite Teile Mitteleuropas erschüttert, von Sachsen bis Slowenien und von Schwaben bis Ungarn. Das Epizentrum lag nahe Neulengbach. In Wien gab es zahlreiche Tote und Verletzte, an den Gebäuden entstand schwerer Schaden, fast allen größeren Kirchen wurden schwer in Mitleidenschaft gezogen, zumal zahlreiche Kirchentürme einstürzten.

Vor dem 26. Dezember 2004 war der Begriff „Tsunami" (japanisch: „große Welle im Hafen") nicht vielen Europäern geläufig, bis die Schlagzeilen von einer gewaltigen Flutwelle berichteten, welche die Küsten Süd- und Südostasiens verheert, 300.000 Menschenleben gekostet sowie eine Million Menschen obdachlos gemacht hatte; betroffen waren auch zahlreiche Touristen (allein Deutschland zählte 502 Tote und 56 Vermisste Urlauber). Auslöser war ein Seebeben von der Stärke 9 auf der Richter-Skala, wie es in der bisherigen Messgeschichte erst fünfmal vorgekommen ist. Seine seismische Energie entsprach einer Sprengkraft von 780.000 Hiroshima-Bomben. Das Epizentrum lag 300 km vor der Nordwestküste Sumatras. Nach wenigen Minuten erreichte die Welle Thailand, eine halbe Stunde später traf sie auf Myanmar, nach zwei Stunden kam sie in Indien und Sri Lanka und nach dreieinhalb Stunden auf den Malediven an; dann durchzog sie das Arabische Meer. Unter Federführung der Vereinten Nationen wurde ein milliardenschweres humanitäres Hilfsprogramm in die Wege geleitet, das aber in den Bürgerkriegsgebieten Indonesiens und Sri Lankas nur unter Schwierigkeiten umgesetzt werden konnte.

Schlagzeilen machte in jüngster Zeit auch das Katastrophenbeben in Japan am 11. März 2011: Die Energie des Bebens von der Stärke 9 verursachte einen Tsunami, der beim Aufprall an der Küste eine Höhe von 14 Metern erreichte und 16.000 Menschenleben kostete. Durch die Welle wurde auch das Kernkraftwerk

Fukoshima, das noch Sekunden zuvor dem Beben standgehalten hatte, zerstört; wegen der Kernschmelze mussten 80.000 Menschen evakuiert werden, 20 km im Umkreis bleiben radioaktiv verseucht. Die bis 2004 größte Tsunami-Katastrophe löste am 27. August 1883 die Explosion des Vulkans Krakatau in der Sundastraße aus; ihre Welle erreichte an den Küsten Sumatras und Javas eine Höhe von bis zu 40 Metern und war sogar noch in London bemerkbar; 36.000 Menschen starben. Die Asche wurde bis auf 80 km empor geschleudert, verteilte sich über die ganze Erde und verdunkelte drei Jahre lang die Sonne. In der Mitte des zweiten vorchristlichen Jahrtausends dürfte der verheerende Vulkanausbruch auf der Kykladeninsel Thera, heute Santorin, zur Zerstörung der minoischen Kultur auf Kreta beigetragen haben.

Seit den 1960er-Jahren gibt es ein Tsunami-Frühwarnsystem für 26 Anrainerstaaten des Pazifiks; der Alarm für die Küstenregionen wird ausgelöst, wenn im Meer angebrachte Sensoren bedrohliche Erdbewegungen am Meeresgrund feststellen und an das „Pacific Tsunami Warning Center" auf Hawaii melden. Nach der Katastrophe vom Dezember 2004 wurden auch mehrere Frühwarnsysteme für die Anrainerstaaten des Indischen Ozeans installiert.

6 Seuchen, Epidemien, Pandemien

Trotz aller Fortschritte in der Medizin ist auch das späte 20. und das beginnende 21. Jahrhundert nicht vor Seuchen, Epidemien oder, wie die jüngste Corona-Krise gezeigt hat, auch vor Pandemien nicht gefeit.[35] Katastrophen wie die große Pest der Jahre nach 1348, die etwa ein Drittel der europäischen Bevölkerung hinwegraffte, gibt es zwar nicht mehr, aber die sog. *Spanische Grippe* (Influenzavirus Subtyp A/H1N1)[36] übertrifft bei geschätzten 500 Millionen Infizierten und 20 bis 50 Millionen Toten die Zahl der Gefallenen des Ersten Weltkrieges (10 Millionen) um das Mehrfache. Den höchsten Zoll bezahlte damals Indien mit 17 bis 20 Millionen Grippetoten, in den USA erlagen 675.000 und im Deutschen Reich 300.000 Menschen der Pandemie. Die junge Republik Österreich beklagte 1918/19 etwa 21.000 Opfer. Die Krankheitssymptome entsprachen jenen der „normalen" Grippe, nur betrug die Letalität 5 bis 10 Prozent der Infizierten; der Tod trat am 8. oder 9. Krankheitstag ein. Besonders betroffen waren junge Menschen zwischen dem 15. und 40. Lebensjahr. Überlebende litten noch Wochen nach der Genesung an chronischer Erschöpfung, bisweilen an lebenslangen neurologischen Funktionsstörungen. Die Spanische Grippe trat erstmals Jänner 1918 im Bezirk Haskell County, US-Bundesstaat Kansas, auf. Nach der Kriegserklärung der USA an Deutschland am 6. 4. 1917 folgten auch aus Haskell County die Rekruten dem Einberufungsbefehl, und zwar in das 500 km entfernte Camp Funston, und infizierten dort etliche ihrer Kameraden. Truppentransporter brachten fortan Millionen Soldaten und mit ihnen das Virus auf den europäischen Kriegsschauplatz. Nicht nur Franzosen und Belgier, sondern auch Briten und mit ihnen kämpfende Soldaten aus den Kolonien steckten sich an, desgleichen auch Spanier und Portugiesen, die von den Franzosen als Arbeitskräfte für den Stellungsbau angeheuert worden waren. Bei den kriegführenden Mächten herrschte Nachrichtensperre über die Pandemie, im neutralen Spanien aber wurde ausführlich über sie berichtet, zumal im Mai 1918 König Alfons XIII. selbst an ihr erkrankte, sodass sich alsbald der Name „Spanische Grippe" einbürgerte. In drei Wellen verbreitete sich die

---

35 Kael-Heinz Leven: Die Geschichte der Infektionskrankheiten von der Antike bis ins 20. Jahrhundert. Freiburg im Breisgau 1997. – Vgl. auch die Liste von Epidemien und Pandemien. In:
36 Laura Spinney und Sabine Hübner: 1918. Die Welt im Fieber. Wie die Spanische Grippe die Gesellschaft veränderte. München 2018.

Seuche rasend schnell nicht nur über Europa, wo ihr die ohnehin durch den Krieg schon geschwächte Bevölkerung schutzlos ausgeliefert war, sondern über den ganzen Globus. Die erste Welle im Frühjahr 1918 wies noch eine geringere Sterblichkeit auf. Schon im Mai 1918 übersprang das Virus die Front zu den Mittelmächten, vielleicht durch Wind, der es in die gegnerischen Schützengräben beförderte, vor allem aber durch Kriegsgefangene und durch Plünderer, welche gefallenen alliierten Soldaten zu nahe kamen. Zuletzt gelangte das Virus auch in die neutralen Staaten wie die Schweiz. Die zweite Welle im Herbst 1918 und die dritte Welle ab Frühjahr 1919 wiesen jeweils eine besonders hohe Mortalität auf. So unmittelbar, wie sie aufgetreten war, verschwand die Spanische Grippe 1920 wieder.

An die alljährlich in der kalten Jahreszeit auftretende Virusgrippe *Influenza* haben wir uns insofern gewöhnt, als sie in Europa schon endemisch geworden ist. Die Krankheit bricht innerhalb weniger Stunden aus, ein Erkrankter hütet ein bis zwei Wochen das Bett, bleibt also isoliert und verhindert so weitere Ansteckungen; außerdem gibt es bereits Impfungen, nur machen nicht allzu viele Menschen davon Gebrauch, obwohl jährlich 5 bis 20 Prozent der Bevölkerung infiziert wird und die Zahl der Todesfälle oft an die Millionengrenze herankommt. 2004/05 erkrankten allein in Deutschland über sechs Millionen Menschen, 20.000 starben; das Influenzavirus B/Yam und A/H1N1 forderte 2017/18 weltweit 290.000 bis 650.000 Todesopfer (in Deutschland 25.000). In Österreich erkranken jährlich 300.000 bis 1,5 Millionen Menschen an der Grippe, 1000 bis 3000 sterben daran; die Sterblichkeitsrate liegt bei 0,1 Prozent. Anlässlich der besonders heftigen Grippewelle 2016/17 gab es in Österreich insgesamt 4436 Opfer der Influenza, 2017/18 starben 2851, die Grippesaison 2018/19 forderte 1373 Menschenleben, im Winter 2019/20 allerdings „nur" 834 – vielleicht halfen bereits die gegen das Corona-Virus (siehe unten) getroffenen Maßnahmen. Acht Prozent der Bevölkerung hatte sich impfen lassen.

Mehrere Millionen Tote verursachte 1957/58 die *Asiatische Grippe* (Influenzavirus A/H2N2), ebenso 1968–1970 die *Hongkong Grippe* (Influenzavirus A/H3N2); an der *Russischen Grippe* (Influenzavirus A(H1N1) starben 1977/78 weltweit rund 700.000 Menschen (davon 2516 in Österreich); sie betraf vorwiegend Junge unter 20. Als erste Pandemie des 21. Jahrhunderts kam 2002/03 das bis dahin unbekannte *Sars-CoV* (Severe Acute Respiratory Syndrom = Schweres Akutes Respiratorisches Syndrom) auf. Sie breitete sich von Südchina (Guangdong) über Vietnam und Hongkong rasch über alle Kontinente aus. Nach einer zwei- bis siebentägigen Inkubationszeit traten Husten, Fieber, Muskelschmerzen und Atemnot auf, die Sterblichkeit lag bei 9,6 Prozent der Infizierten, die Übertragung erfolgte durch Tröpfchen- oder Schmiereninfektion.

Insgesamt verzeichnete die WHO ca. 8000 Erkrankungen und 774 Todesfälle. Noch Monate oder gar Jahre nach der Infektion litten die Wiedergenesenen an Erschöpfung, Antriebslosigkeit, Angstzuständen, Lähmungserscheinungen und Depression.

Im Jahr 1981 tauchte in den USA erstmals das *HIV/Aids* (Human Immunodeficiency Virus) auf und entfaltete die schwerste Pandemie der letzten Jahrzehnte mit bisher mindestens 36 Millionen Todesopfern. Vermutlich ist das HIV Virus schon zu Beginn des 20. Jahrhunderts in Zentralafrika von Affen auf den Menschen übergesprungen. Von dort breitete es sich über die ganze Welt aus. Nachträgliche Blutproben an Verstorbenen weisen 1959 das erste afrikanische, 1978 das erste deutsche Opfer aus. Bis heute ist Subsahara-Afrika das Epizentrum der Seuche. Sie ist unheilbar und greift das Immunsystem an, sodass sie besondere Anfälligkeiten für Infektionskrankheiten und Krebs verursacht. Eine antiretrovirale Therapie kann heute die Symptome unterdrücken und das Leben verlängern.

Von Shanghai ausgehend verbreiteten Zugvögel zwischen 2004 und 2016 die *Vogelgrippe* bzw. *Geflügelpest* (Influenza A-Virus H5N1) über Asien, Europa und Afrika: In ganz Nord- und Ost-China mussten alle Geflügelmärkte geschlossen, tausende Tiere gekeult und entsorgt werden. 2006 erreichte das Virus Mitteleuropa. In einer Geflügelfarm in Westsachsen mussten 16.000 Puten, Gänse und Hühner getötet werden. Insgesamt gab es etwa 800 Erkrankungen und 450 Tote, die sich durch engen Kontakt mit infiziertem Geflügel angesteckt hatten. Wesentlich mehr Opfer forderte die erstmals in Mexico aufgetauchte *Schweinegrippe* (Influenzavirus A/H1N1 2009) in den Jahren 2009/10 mit weltweit geschätzten 285.000 Toten. Seit 2012 kennt die Weltöffentlichkeit *MERS* (Middle East Respiratory Syndrome Coronavirus), ein weiteres, wesentlich gefährlicheres Virus der Corona-Familie mit einer erschreckenden Letalität von 34,3 Prozent. Viele Infizierte weisen keine Symptome auf, manche trifft es jedoch mit einer schweren Infektion der Atemwege, die zur Lungenentzündung und zu oft tödlichem Nierenversagen führt. Die Inkubationszeit dauert meist eine Woche, die Übertragung erfolgt vermutlich von Fledermäusen über Kamele auf den Menschen, aber auch von Mensch zu Mensch durch Tröpfchen- oder Schmiereninfektion. Heute vermutet man, dass MERS erstmals in Saudi Arabien aufgetreten ist, die Verbreitung beschränkt sich aber nicht nur auf die Arabische Halbinsel, sondern erstreckt sich auch nach Südkorea. Bisher gibt es keine Therapiemöglichkeit, die geschätzte Anzahl der Toten liegt bei 2500.

Von der bis dato unbekannten Seuche *EBOLA* wurde Westafrika erstmals 1976 heimgesucht (benannt nach dem Fluss Ebola in der Demokratischen Republik Kongo); seither ist diese hochansteckende Krankheit mit einer

Sterberate von 30 bis 90 Prozent (je nach Virusstamm) dort endemisch und brach bis 2020 elfmal aus, in den Jahren 2014 bis 2016 verzeichnete man in der Demokratischen Republik Kongo bei 29.000 Infizierten über 11.000 Tote, 2018 noch 2200 Tote. Eine weitere Verbreitung kann nur bei sofortiger Isolation des Betroffenen vermieden werden. 2020 erfolgte ein neuerlicher Ausbruch. Das *Zika-Virus* wuchs 2015/16 in den Tropen Südamerikas zur Epidemie an steckte von dort aus auch Menschen in den tropischen Klimaten anderer Kontinente an; es führt bei Neugeborenen zur Mikrozephalie.

Obwohl bereits im 19. Jahrhundert erste Fälle von *Kinderlähmung (Poliomyelitis)* auftauchten, verbreitete sich diese Seuche weltweit erst ab 1930, und das in mehreren Krankheitswellen. 1947 war der Höhepunkt erreicht. Damals wurden allein in Österreich 3508 Fälle gemeldet, die Todesrate betrug acht Prozent.[37] Für diese hochansteckende Infektionskrankheit, hervorgerufen von Enteroviren, gibt es keine Behandlungsmöglichkeit, lediglich die Symptome lassen sich mildern. Dabei verlaufen 95 Prozent der Fälle ganz ohne oder nur mit grippeähnlichen Symptomen, schwere Krankheitsverläufe können aber zu Lähmungen und eben auch zum Tod führen; manchmal bricht die Krankheit auch erst nach Jahren oder Jahrzehnten aus. Da sie vermehrt Kinder und Jugendliche erfasste, wurde sie „Kinderlähmung" genannt. Landbewohner waren stärker als Stadtbewohner betroffen, vielleicht, weil es in Städten eine Grundimmunisierung gab. Die Übertragung erfolgt durch Schmieren- oder Tröpfcheninfektion, also einerseits durch hochinfektiösen Stuhl und mangelnde Hygiene, andererseits durch Niesen oder Husten. Man befürchtete auch die Übertragung von Fliegen, die sich auf Obst oder Gemüse niederlassen; daher wurde das gründliche Waschen der Früchte vor dem Verzehr empfohlen. In der zweiten Hälfte des 20. Jahrhunderts wurde die Poliomyelitis durch breit gefächerten Einsatz von Impfstoffen zurückgedrängt. Den Anfang machten einige Ostblockstaaten, Österreich war 1961 das erste westliche Land, das eine verpflichtende Massenimpfung einführte. In Mitteleuropa galt die Poliomyelitis ab 1990 als ausgerottet, in den USA 1994, Europa als Ganzes war 2002 poliofrei, Afrika immerhin seit 2020. In Asien kommt es jedoch immer wieder zu Ausbrüchen, namentlich in Afghanistan und Pakistan. Weltweit ausgerottet hingegen sind seit dem Jahr 1979 die *Pocken (Blattern, Variola)*, eine hochansteckende, zu 20 Prozent tödlich verlaufende Virusinfektion, die in Europa seit dem 6. Jahrhundert bekannt ist. In Konstantinopel verwendete man bereits eine Schutzimpfung durch die Lymphe eines Pockenkranken (Variolation), seit

---

37 Siehe den Beitrag von Hanna Ronzheimer in Öl-Wissenschaft vom 15. Juni 2008.

Anfang des 18. Jahrhunderts übernahmen auch europäische Ärzte diese – nicht ganz ungefährliche – Methode. Maria Theresia (1740–1780) zwang nicht nur ihre eigenen Kinder und den gesamten Hofstaat, sich impfen zu lassen, sondern veranlasste in ihrem Reich auch die Pfarrer, von der Kanzel herab der Bevölkerung die Pockenimpfung zu empfehlen. Den eigentlichen Impfschutz entdeckte 1796 der Wundarzt Edward Jenner, als er die Lymphe von an Kuhpocken erkrankten Tieren den Menschen injizierte (Vakzination). Nach und nach wurde in den meisten Staaten der Impfzwang eingeführt.

Über die Corona-Pandemie siehe das letzte Kapitel dieses Buches.

7 Menschenrechte

Es war ein langer und vielfach verschlungener Weg, bis sich die Ideen von Menschenwürde und Menschenrechten zuerst in den Köpfen der geistigen Eliten formten, allmählich in die Öffentlichkeit drangen und endlich in die Realität umgesetzt wurden.[38] Dieser Weg begann bei den antiken Sophisten und Stoikern, wurde vom Christentum aufgenommen, setzte sich in der mittelalterlichen Scholastik und im frühneuzeitlichen Humanismus fort und führte in die Aufklärung. Da die Aufklärung einzig und allein im abendländischen Kulturkreis stattfand, konnten sich die Menschenrechte auch nur dort entfalten, obwohl sie, wie vor allem das 20. Jahrhundert beweist, auch daselbst immer wieder von Rückschlägen bedroht waren.

Aber worin besteht der Menschen Recht? Je nach Zeit und Kultur erhält man unterschiedliche Antworten. Wer auch immer sich darüber Gedanken gemacht hat, leitete die Menschenrechte vom Naturrecht ab. Woher kommt hingegen das Naturrecht? Je nach Weltanschauung wird es von Gott bzw. von der Gottheit abgeleitet, oder es gründet sich auf das Gebot der Vernunft. Doch dabei ergeben sich höchst widersprüchliche Ansichten: In der antiken, mittelalterlichen und neuzeitlichen Gesellschaft sah man es als natürlich an, dass die Menschen von Geburt an *ungleich* und nur durch den Tod und vor Gott gleich sind. Erst seit der Aufklärung wird die *Gleichheit* der Menschen gefordert: Gleichheit von Geburt an und ohne Adelsprivilegien und daher auch Gleichheit vor dem Gesetz. Das *Herrscherrecht* wurde bis ins 19. Jahrhundert von der Gnade Gottes abgeleitet, sodass es Gottes Wille wäre, wenn der Herrscher seine Untertanen absolut regierte; ein aufgeklärter Absolutismus wäre dabei kein Widerspruch, weil man meinte, dass nur ein absolut regierender Herrscher den Ideen der Aufklärung zur Verwirklichung verhelfen könnte. Aber gegen den Absolutismus richtete sich das *Widerstandsrecht*, sei es durch eine privilegierte Gruppe (Ständerecht), sei es durch die gesamte Bevölkerung, welche auf die *Volkssouveränität* pochte. Lässt sich vom Naturrecht der im Abendland propagierte *Individualismus* ableiten, also der Schutz des Einzelnen, sein Recht auf persönliche Freiheit, auf Selbstverwirklichung und nicht zuletzt auf seine Menschenwürde? Oder ist vielmehr der *Kollektivismus* natürlich, weil er den Schutz der Gesellschaft durch die Pflichterfüllung ihrer Mitglieder einmahnt? Menschenrechte

---

38 Siehe: Bertrand Michael Buchmann: Die Entwicklung der Menschenrechte. Textbeispiele von der Antike bis zur Gegenwart. Wien 2018.

kennzeichnen das Verhältnis des Individuums zum Staat und zu jedem Dritten, aber sie lassen sich sehr unterschiedlich interpretieren. Allein der Begriff „Freiheit" führt zu mehrdeutigen Auslegungen: Bedeutet Freiheit das Recht des Einzelnen, seinen Glauben, seinen Beruf, seinen Wohnsitz selbst zu bestimmen? Versteht man unter „Freiheit" das Selbstbestimmungsrecht einer bestimmten sozialen Gruppe, eines Volkes bzw. einer Nation? Bedeutet „Freiheit" Schutz des persönlichen Eigentums oder gar Schutz *vor* dem Eigentum Dritter?

Das „Naturrecht" sollte eigentlich unverändert und stets gleich bleiben, weil sich ja weder der Wille Gottes noch die Gebote der Vernunft ändern können, während das vom Menschen kodifizierte „positive Recht" steten Veränderungen unterliegt. Immerhin geben selbst die einfachsten positiven Gesetze den Menschen gewisse Verhaltensnormen und gewähren dem Einzelnen eine gewisse Sicherheit. Allein das Eigentumsrecht oder das Klagerecht sind Menschenrechte. Die zu Beginn des 19. Jahrhunderts kodifizierten Privatrechte (z.B. ABGB 1811) verhelfen dem Staatsbürger bereits zu einer Fülle von Menschenrechten. Eine Stufe höher stehen die in den Verfassungsrang erhobenen Grund- und Freiheitsrechte. An ihrem Anfang standen die Abwehrrechte: Sie schützten den Einzelnen oder eine bestimmte soziale Gruppe *vor* den Staatsgewalten und begrenzten die Herrschermacht (z.B. „Magna Charta Libertatum" anno 1215); seit der „Virginia Declaration of Rights" von 1776 und der Déclaration des droits de l'homme et du citoyen" von 1789 werden die Rechte des Einzelnen *durch* den Staat gewährt; seit der Mitte des 20. Jahrhunderts *begründen und steuern* die Grund- und Freiheitsrechte den heutigen Rechtsstaat. Auf der obersten Ebene werden die Menschenrechte *internationalisiert* und in völkerrechtlichen Verträgen als einklagbare Rechte von der Staatengemeinschaft garantiert.

An dieser Stelle sei ein kurzer Überblick über den gesamten Umfang der Menschenrechte aus heutiger Sicht gegeben:

Menschenrechte der ersten Generation (Abwehrrechte):

1) *Bereich der persönlichen Freiheit:* Recht auf Leben; Menschenwürde; Freiheit von Sklaverei, Leibeigenschaft und Zwangsarbeit; Auswanderungsfreiheit; freie Wahl des Wohnsitzes; Freizügigkeit innerhalb des Staates.
2) *Strafprozessuale Grundrechte:* rechtliches Gehör; habeas corpus (keine Haft ohne richterlichen Befehl), nulla poena sine lege (keine Strafe ohne vorangegangenes Gesetz); Verbot der Folter; nicht in allen Ländern: Verbot der Todesstrafe.
3) *Bereich des Privaten und Intimen:* Unverletzlichkeit des Hausrechts; besonderer Schutz der Familie; keine staatlichen Eingriffe in innerfamiliäre Belange.

4) *Glaubens-, Gewissens- und Religionsfreiheit.*
5) *Bereich der Öffentlichkeit:* Meinungs- und Pressefreiheit; Vereinigungsfreiheit; Versammlungsfreiheit.
6) *Wirtschaftlicher Bereich:* freies Eigentum; Recht, ein Vermögen zu erwerben, zu besitzen, zu gebrauchen und zu veräußern; Freiheit der Berufswahl und Berufsausübung; Gewerbe- und Handelsfreiheit. Recht auf Gründung von Gewerkschaften.
7) *Gleichheit und Gleichberechtigung:* Gleichheit vor dem Gesetz, keine Vorrechte durch die Geburt; Diskriminierungsverbot; Gleichberechtigung von Mann und Frau.
8) *Politische Rechte:* allgemeines, freies, gleiches, aktives und passives Wahlrecht für Männer und Frauen.

Menschenrechte der zweiten Generation (Teilhaberrechte):
Recht auf Bildung; Recht auf Arbeit, Recht auf Wohnung; Recht auf angemessene Entlohnung und angemessenen Lebensstandard; Recht auf Nahrung; Recht auf medizinische Versorgung und allgemeine Fürsorge bei Arbeitsunfähigkeit; Mutterschutz; Recht auf Teilnahme am kulturellen Leben.

Menschenrechte der dritten Generation (Gruppenrechte):
Recht auf saubere Umwelt; Recht auf Frieden; Selbstbestimmungsrecht der Völker (d.h.: Recht eines Volkes, seine Regierung selbst zu bestimmen).

Die ersten Menschenrechtsgesetze waren nicht nur unvollständig, sondern auch nicht ganz ehrlich gemeint; so schweigt die Virginia Declaration von 1776 zur Sklaverei, zur Rechtlosigkeit der Indianer und zur fehlenden Gleichberechtigung der Frauen.[39] Auch die Déclaration des Droites von 1789 und die nachfolgenden Verfassungsgesetze tasten die minderen Rechte der Frauen nicht an, obwohl schon die ersten Grundrechtserklärungen stürmische, wenn auch vergebliche Forderungen von Frauen entfacht hatten, damit ihnen dieselben bürgerlichen und politischen Rechte wie den Männern gewährt werde. Bekanntestes Beispiel bietet das tragische Schicksal von Olympe de Gouges, die 1791 eine „Menschen- und Bürgerrechtserklärung für die Frauen" verfasst hatte und dafür guillotiniert wurde; legendär war ihr Ausruf: „Wenn die Frauen das Recht auf das Schafott haben, müssen sie auch das Recht auf die Tribüne haben!"[40]

---

39 Vgl.: Bertrand Michael Buchmann: Frauenrechte – Frauenbilder. In: ÖGL 64, 2020 H.1, S. 47–71.
40 Friederike Hassauer: Tribüne und Schafott. Olympe de Gouges und die Erklärung der Frauenrechte. In: Iris Bubenik-Bauer, Ute Schaltz-Laurenze (Hgg.): Frauen in der Aufklärung. Frankfurt am Main 1995, S. 25–42.

Sämtliche Zivil- und Verfassungsgesetze des 19. Jahrhunderts enthalten zwar den Passus der Gleichheit vor dem Gesetz aller Staatsbürger, sie tasten aber die patriarchalische Gesellschaft nicht an und formulieren auch keine expliziten Frauenrechte. Gleichheit konnte es aber nur geben, sobald Frauen auch zu den Wahlen zugelassen waren: Als Erstes führte Wyoming 1869 das Frauenwahlrecht ein (ab 1890 US-Bundesstaat), 1893 folgte Neuseeland, dann Finnland 1906 und Norwegen 1907. Anlässlich des ersten internationalen Frauentages am 19. März 1911 demonstrierten in Wien etwa 20.000 Frauen (und auch Männer) für die Gleichberechtigung und für das Frauenwahlrecht. Ähnliche Kundgebungen gab es in Deutschland, in der Schweiz, in Dänemark und in den USA. Aber erst nach Ende des Ersten Weltkrieges wurden die Frauenrechte verfassungsmäßig verankert. Internationalisiert wurden sie durch die Satzung des Völkerbundes vom 10. Jänner 1920, welche gemäß der Pariser Vorortverträge von den einstigen Mittelmächten bzw. von deren Nachfolgestaaten als Verfassungsgesetz angenommen werden musste; in Artikel 23/a steht die Verpflichtung, *„angemessene und menschliche Arbeitsbedingungen für Männer, Frauen und Kinder zu schaffen [...]"*. Das aktive und passive Wahlrecht für Frauen wurde in Österreich erstmals bei den Wahlen zur konstituierenden Nationalversammlung am 16. Februar 1919 verwirklicht, das Bundes-Verfassungsgesetz vom 1. Oktober 1920 legt die Rechtsgleichheit der Geschlechter ebenso fest wie die Weimarer Verfassung des Deutschen Reichs vom 11. August 1919.

Die deutsche Verfassung mit ihrem umfangreichen Menschenrechtskatalog wurde schon 1933 von Hitler ausgehebelt, die österreichische Bundesverfassung 1934 durch die sog. Maiverfassung ersetzt; diese enthielt zwar auch Menschenrechtsbestimmungen, aber jeweils mit dem Gesetzesvorbehalt: „Ausnahmen bestimmt das Gesetz", sodass sie vielfach wertlos waren. Und die erstmalige Internationalisierung einiger Menschenrechte durch die Satzung des Völkerbundes verlor ihre Wirksamkeit, als 1933 Deutschland, 1935 Italien und 1942 noch 20 weitere Staaten aus dem Völkerbund austraten – und die USA noch gar nicht eingetreten waren.

Massivste Menschenrechtsverletzungen in der Sowjetunion unter Stalin wurden von den Alliierten ausgeblendet, dass aber auch unfassbare Menschenrechtsverletzungen im Dritten Reich möglich waren, veranlasste die Siegermächte des Zweiten Weltkrieges dazu, den Schutz der Menschenrechte als Völkerrecht zur Pflicht zu erheben. Die Menschenrechte sollten fortan nicht mehr von den einzelnen Staaten dekretiert werden, vielmehr sollte die Staatengemeinschaft über deren Einhaltung wachen. Weltfrieden, Menschenwürde und Selbstbestimmungsrecht der Völker bilden die Grundlage für die Charta der Vereinten Nationen vom 26. Juni 1945. Franklin Delano Roosevelt

(US-Präsident von 1932–1945) war die treibende Kraft für deren Verwirklichung, er konnte aber den Gründungstag der UNO nicht mehr erleben. Die Satzung der Vereinten Nationen enthielt von Anfang an einen Schönheitsfehler: Zwar darf jeder Staat einen Vertreter in die einmal pro Jahr tagende *Generalversammlung bzw. Vollversammlung* entsenden, wo Untersuchungen angestellt und Empfehlungen abgegeben werden. Die wichtigen Entscheidungen fallen aber im *Sicherheitsrat*. Dieser verfügt über die Kompetenz einer für alle Mitglieder verbindlichen Beschlussfassung; er besteht aus fünf mit Vetorecht ausgestatteten ständigen und aus zehn für nur jeweils zwei Jahre gewählten Mitgliedern. Die ständigen Mitglieder stellen die USA, die Sowjetunion (heute Russland als deren Rechtsnachfolger), Großbritannien, Frankreich und China (bis 1971 Nationalchina, seither Volksrepublik China). Ihre Zusammensetzung spiegelt also das Bündnis der Alliierten im Zweiten Weltkrieg wider, ist aber heute nicht mehr zeitgemäß, denn weder das bevölkerungsreiche Indien noch die starken Wirtschaftsmächte Deutschland und Japan sind einbezogen.

Die von den Vereinten Nationen verabschiedete Allgemeine Erklärung der Menschenrechte (AEMR) vom Dezember 1948 erfüllt noch nicht ganz den bis dato schon erreichten Standard von Menschenrechten der ersten und zweiten Generation; ihr wohnte anfangs noch keine rechtliche Verbindlichkeit inne, zumal sich die kommunistischen Staaten, Saudi Arabien und Südafrika der Stimme enthielten. Präziser und ausführlicher sind die beiden völkerrechtlichen Bestimmungen des Jahres 1966 gehalten: Internationaler Pakt über bürgerliche und politische Rechte sowie Internationaler Pakt über wirtschaftliche, soziale und kulturelle Rechte. Letzterer umfasst die Menschenrechte der zweiten und dritten Generation, die allerdings kaum einklagbar sind, aber jenen Standard vorgeben, den die Staaten nach und nach erreichen sollten. 1974 wurde die UN-Menschenrechtskonvention (CHR = Commission of Human Rights) ins Leben gerufen, deren Aufgabe darin bestand, die Einhaltung der nunmehr völkerrechtlich verbindlichen Menschenrechte zu überwachen; ihre Mitglieder wurden auf jeweils drei Jahre gewählt. Da sich aber just Staaten mit den schwersten Menschenrechtsverletzungen gegenseitig vorbildliches Verhalten attestierten, erwies sich diese Kommission als sinnlos und wurde 2006 aufgelöst. Der an ihrer statt neu gegründete UN-Menschenrechtsrat (UNHRC = Human Rights Council) bleibt aber genauso parteilich und ist daher äußerst umstritten; 2018 kündigten die USA ihre Mitgliedschaft auf.

Die im Laufe der Jahre verabschiedeten zahlreichen nachträglichen Ergänzungen, Verträge, Fakultativprotokolle und Zusatzabkommen präzisieren die Bestimmungen der UN-Menschenrechtscharta, machen diese allerdings ob ihrer Menge etwas unübersichtlich. Tatsächlich wirkungsmächtig war das

Römische Statut des Internationalen Strafgerichtshofs vom Juli 1998, das die Verbrechen des Völkermordes, Verbrechen gegen die Menschlichkeit und Kriegsverbrechen ahndet (vgl. unten Kapitel 11.1.2).

Auch die vom Europarat 1950 beschlossene Europäische Konvention zum Schutz der Menschenrechte (EMRK) ermöglicht ihre Einklagbarkeit beim Europäischen Gerichtshof für Menschenrechte (EGMR) mit Sitz in Strassburg. Hier können Staaten, nichtstaatliche Organisationen, Personengruppen und Einzelpersonen vorstellig werden. (2015 stellte Russland per Gesetz Urteile des russischen Verfassungsgerichts höher als Urteile internationaler Gerichte, also auch des EGMR.) Die Europäische Sozialcharta sichert auch Menschenrechte der 2. Generation. Die Charta der Grundrechte der Europäischen Union vom Dezember 2000 präzisiert die EMRK und trat mit dem Vertrag von Lissabon im Dezember 2009 in Kraft. Sie hat für alle damaligen EU-Mitglieder (ausgenommen Polen und Großbritannien) rechtsverbindlichen Charakter. Die vom Europarat und von der EU eigens herausgegebenen rechtswirksamen Menschenrechtskataloge widersprechen keinesfalls den Menschenrechtsbestimmungen der Vereinten Nationen, nur sind diese speziell auf die europäischen Verhältnisse abgestimmt.

Die Menschenrechte sind ein Produkt der europäischen Aufklärung und der historischen Erfahrungen in der westlichen Welt. Auch wenn sie für die gesamte Menschheit, also für alle UN-Mitgliedstaaten, gelten und durch die Vereinten Nationen überwacht werden, wächst ihnen in vielen Regionen der Erde Misstrauen entgegen. Oft werden sie als Zeugnis westlicher Arroganz, ja als westlicher ideologischer Kolonialismus angeprangert, der geeignet ist, traditionelle Werte zu zerstören. Aus marxistischer Sicht verschleiern die Menschenrechte nur den Imperialismus und die kapitalistische Ausbeutung der Dritten Welt durch die Erste Welt. Zwar lehnt kein Staat der Erde die UN-Menschenrechtsbestimmungen explizit ab, doch werden diese in der politischen Realität vielfach missachtet oder bis zur Unkenntlichkeit uminterpretiert. Eine Studie der in Hamburg ansässigen Bertelsmann-Stiftung[41] untersuchte 2020 insgesamt 137 Entwicklungs- und Transformationsländer und wertete nur 74 als Demokratien, 63 hingegen als Autokratien; weltweit schwindet der Anteil von rechtsstaatlich regierten Ländern, wobei die Corona-Krise (siehe unten) dieser Entwicklung Vorschub leistet. Dies ist auch bei bisher stabilen Demokratien wie Brasilien und Indien zu beobachten; in Europa bereiten Ungarn und Polen Sorgen, die Türkei ist gänzlich zu einer Autokratie verkommen. Positiv

---

41 Siehe aktuelle Studie der Bertelsmann-Stiftung 2020.

entwickelten sich hingegen Ecuador, Armenien, Malaysia und Äthiopien. Die NGO „Reporter ohne Grenzen" untersucht alljährlich (so auch 2020) die Pressefreiheit, die ja auch ein Gradmesser für die Menschenrechte ist; von 180 untersuchten Staaten schnitten Nordkorea, Eritrea, Turkmenistan und China am schlechtesten ab.

Die Menschheit gliedert sich grob in mehrere Kulturkreise, die staaten- und auch sprachenübergreifend von der jeweiligen Tradition und Religion geprägt werden. Der abendländische Kulturkreis gründet sich auf zwei Vorgängerkulturen: Die als „Großmutterkultur" bezeichnete altgriechische Kultur lehrt uns einerseits den Individualismus im Sinne des Homomensurasatzes von *Protagoras aus Abdera* (um 480–421): „Der Mensch ist das Maß aller Dinge"; andererseits hören wir von *Aristoteles* (384–322), dass der Mensch ein staatenbildendes Wesen (ζῷον πολιτικόν) ist und gegenüber der Allgemeinheit bestimmte Pflichten wahrzunehmen habe (Kollektivismus). Die „Mutterkultur" des Abendlandes ist die römische Kultur, die uns mit dem positiven Recht vertraut macht sowie das Christentum und mit ihm die christliche Ethik verbreitete. Unsere abendländische Kultur, Enkelin der griechischen und Tochter der römischen Kultur, entstand vor etwa eintausend Jahren. *Thomas von Aquin* (1224/5–1274), ein Vertreter der mittelalterlichen Scholastik, prägte den Begriff „Menschenwürde" (dignitas humana) und leitete ihn von der biblischen „Gottesebenbildlichkeit" des Menschen ab (imago-dei-Lehre). In der Frühneuzeit führten Humanismus und Renaissance zur Wiederbelebung antiken Denkens: Abendländische Denker übernahmen den griechischen Individualismus, abendländische Fürsten nutzten das Römische Recht zur Festigung ihrer Macht, Reformatoren mahnten die Pflichten des Menschen gegenüber der Allgemeinheit ein und forderten eine Trennung von Kirche und Staat. Im 18. Jahrhundert formten die Philosophen aus der antiken, mittelalterlichen und neuzeitlichen Tradition die Ideen der Aufklärung und leiteten damit das Zeitalter der revolutionären Neuzeit und mit ihr die Kodifizierung der Menschenrechte ein. Dieser Vorgang ist einzigartig in der Welt, daher sind Aufklärung und Menschenrechte unmittelbar mit dem abendländischen Kulturkreis verbunden. Wir bezeichnen sie als größte geistige Errungenschaft der Menschheit. Andere Kulturkreise sehen das freilich nicht so, ihnen sind die Menschenrechte von Grund auf fremd.

Im hinduistischen Kulturkreis ist jeder Mensch gleich bedeutend mit der gesamten lebenden Umwelt, also mit Pflanzen und Tieren. Der Glaube an das Gesetz der Wiedergeburt lässt weder Menschenrechte noch staatliche Sozialmaßnahmen als relevant erscheinen, wichtiger ist vielmehr, sich zu Lebzeiten durch gute Werke (z.B. Almosen geben) ein gutes Karma zu verschaffen, um im nächsten Leben ein besseres Dasein zu erlangen. Im von der Lehre des *Konfuzius* (551–479 v.Chr.) geprägten ostasiatischen Kulturkreis gilt ein streng hierarchisches Weltbild, das den Menschenrechten nachgerade widerspricht: Der hierarchisch höher Stehende hat andere Rechte und Pflichten als der tiefer Stehende, von dem Gehorsam und Pflichterfüllung erwartet werden. Die Hierarchie reicht vom Himmel zum Herrscher, von diesem zum Volk und von diesem absteigend vom Familienvater zu den übrigen Familienmitgliedern. Singapurs einstiger Präsident *Lee Kuan Yew* (regierte von 1965 bis 2011) entwickelte aus diesem Weltbild den asiatischen Wertekanon, der sich auf die Normen des Konfuzius beruft: Die Beachtung der Autorität und die Wahrung der Tradition garantieren Ordnung, Harmonie, Stabilität, Tugend und Pflichtbewusstsein. Dem strikten Kollektivismus wird gegenüber dem westlichen Individualismus der unbedingte Vorzug eingeräumt, denn dieser würde unter dem Deckmantel der Menschenrechte die Individualinteressen und in ihrem Zusammenhang Faulheit, Missachtung der Autorität, minderwertige Bildung und Kriminalität generieren.

Im islamischen Kulturkreis herrscht ein theozentrisches Weltbild, in dem nur die Gottesrechte, nicht aber die Menschenrechte relevant sind. Das Individuum verliert seine Bedeutung, zumal sein Schicksal (kismet) ohnehin vorbestimmt ist. Das kann zum Fatalismus führen oder zum „Dschihad", das ist die „höchste Anstrengung auf dem Weg zu Gott", welche bis zur Selbstaufopferung in einem „heiligen Krieg" gipfeln kann. Der Koran fordert als göttliche Offenbarung absoluten Gehorsam und Einhaltung bestimmter Pflichten; gemeinsam mit der Scharia, dem „göttlichen Recht", vollzieht er die Einheit von Religion und Politik. Heute versteht sich der politische Islam als Alternativmodell zum „dekadenten Westen", daher erhoben die islamischen Staaten auch Einspruch zur AEMR, zumal diese in Artikel 18 die Religionsfreiheit und auch das Recht auf Glaubenswechsel zusichert. Andere Widersprüche sehen sie in der Gleichberechtigung von Mann und Frau sowie in der allgemeinen Rechtsgleichheit (Artikel 2 und 7), wo doch „Gläubigen" mehr Rechte als den „Ungläubigen" zustehen sollen, und nicht zuletzt in der Unzulässigkeit von Körperstrafen (Artikel 5). Im Jahr 1981 wurde eine international allerdings nicht anerkannte „*Allgemeine Islamische Menschenrechtserklärung*" veröffentlicht, welche die wichtigsten Menschenrechte wie Freiheit, Gleichheit und Menschenwürde auf den Koran gründet und einerseits alle Rechtsformulierungen mit Koranzitaten belegt und interpretiert, diese aber andererseits dem Scharia-Vorbehalt unterwirft. Gleichheit vor dem Gesetz bedeutet demgemäß Gleichheit vor der Scharia. Größere Bedeutung erlangte 1990 die „*Kairoer Erklärung über Menschenrechte im Islam*": Für alle Artikel der AEMR gilt der Scharia-Vorbehalt, sie stehen grundsätzlich im Dienste des Islam. Auch Menschenrechte der zweiten und dritten Generation werden erfasst, allerdings auch das Kriegsrecht. 1994 verabschiedete die Arabische Liga die *„Arabische Charta der Menschenrechte"*, welche streng laizistisch ausgerichtet ist und im Wesentlichen der AEMR entspricht; Islam und Scharia finden darin keine Erwähnung. Allerdings wurde diese Charta bisher nicht ratifiziert, und es steht angesichts der islamischen Restauration in der arabischen Gesellschaft auch nicht zu erwarten, dass sie je ratifiziert werden könnte.

Der subsahara-schwarzafrikanische Kulturkreis basiert auf einer rein agrarischen Gesellschaft, deren Normen sich auch in Großstädten noch behaupten. Oft zeigt sich in der politischen Realität der negative Einfluss der alten Häuptlingstradition, die es dem Machthaber erlaubt, sich zum Eigentümer aller Menschen und aller Ressourcen seines Herrschaftsbereiches aufzuschwingen: Früher konnte der Häuptling „seine" Männer und Frauen als Sklaven verkaufen, heute findet er nichts dabei, sich und seinen Clan schamlos am Volksvermögen zu bereichern („Kleptokratie"). Auf Ebene der übrigen Bevölkerung regeln ungeschriebene, traditionelle Rechte das Zusammenleben der Menschen; das Recht auf Leben bedeutet auch die Sorge um die Kinder, da sie die künftigen Mitglieder der Gesellschaft sind; es gibt keine gleichen Rechte für alle, vielmehr verleiht die Gesellschaft die Rechte in abgestufter Form; die Rechte des Individuums gelten nur innerhalb des Dorfes oder des Clans; es gibt kein individuelles Besitzrecht, vielmehr verwaltet der Einzelne seinen Besitz im Namen der Gemeinschaft; die Großfamilie stiftet die Ehe und sorgt sich um die Kindererziehung; Konflikte werden nicht durch Gesetze geregelt, sondern innerhalb des Clans durch Mediation und Konsensfindung. Heute gilt in den afrikanischen Staaten die AEMR, aber den Individualrechten sind die Gemeinschaftsrechte gleichgestellt, welche dem Einzelnen viel mehr Pflichten auferlegen. So steht es auch in der 1986 in Kraft getretenen *„Banjul Charter on Human and Peoples Rights"*.

Im lateinamerikanischen Kulturkreis gilt heute unhinterfragt die AEMR, nur wird diese in der Realität vielfach missachtet. Weder werden den Indigenen die ihnen zustehenden Menschenrechte gewährt, noch lässt die Wirtschaftsform des „Rentenkapitalismus" Menschenrechte für die übrige Bevölkerung zu. Rentenkapitalismus bedeutet, dass der Großgrundbesitzer seine Latifundien von mittellosen Landarbeitern bewirtschaften lässt und die Erträge (die Bodenrente) in der Stadt konsumiert. Allfällige Landreformen werden nur zu oft gewaltsam verhindert. Die Befreiungstheologie versucht hier, Änderungen im Sinne einer gerechteren, den christlichen Werten verpflichteten Gesellschaftsordnung durchzusetzen, steht aber vielfach noch auf verlorenem Boden.

8 Machtzentren – Krisenzentren

Obwohl im internationalen Recht alle Staaten zueinander gleichrangig sind, ist die weltweite Machtverteilung höchst ungleich. Diese Ungleichheit beweist beispielsweise die Zusammensetzung des UN-Sicherheitsrates mit den fünf ständigen, mit dem Vetorecht für alle UN-Beschlüsse ausgestatten Mitgliedern; diese dokumentieren noch heute, mehr als zwei Generationen nach Ende des Zweiten Weltkrieges, die Bedeutung der damaligen Siegermächte (USA, Sowjetunion, Großbritannien, Frankreich, China).

Ein Blick in die Vergangenheit zeigt einen mehrmaligen Wandel der Machtverteilung. Nach den napoleonischen Kriegen (1792–1815) festigte der Wiener Kongress (1815) für den Kontinent eine *multipolare Welt* mit fünf Großmächten: dem „konservativen Ostblock" Österreich und Russland und dem „liberalen Westblock" England, Preußen, Frankreich. Trotz mancher Machtverschiebungen (z.B. Einigung Italiens 1861, nationale Einigung Deutschlands 1871, Unabhängigkeit der Balkanstaaten) blieb diese Ordnung bis zum Ersten Weltkrieg bestehen. Gemäß der Pariser Friedensordnung von 1919 verschob sich das weltweite Machtgleichgewicht auf die vier Siegernationen USA, Großbritannien, Frankreich und Italien, bis der Zweite Weltkrieg neue Tatsachen schuf. Die einstigen Großmächte England und Frankreich (und zwischenzeitlich Deutschland und Japan) konnten ihren Großmachtstatus nicht mehr halten, sodass eine *bipolare Welt* übrig blieb, geprägt durch die beiden Supermächte USA und UdSSR. Deren Gegensätze waren fundamental, denn nunmehr standen die liberalen Demokratien mit ihren marktwirtschaftlich geprägten Ökonomien den realsozialistischen Volksdemokratien mit einer zentral gelenkten Planwirtschaft gegenüber. Im „Kalten Krieg" kam es zwar nicht zu einer direkten militärischen Konfrontation zwischen den Supermächten, wohl aber zwischen deren Verbündeten in sog. Stellvertreterkriegen; so wie der Weltkrieg wurde der Kalte Krieg mit allen diplomatischen, gesellschaftlichen, ökonomischen und militärischen Mitteln (unterhalb der Atomschwelle) geführt. 1989 brach der europäische Kommunismus zusammen, 1991 zerfiel die Sowjetunion. Die USA blieben als einzige Hypermacht übrig, sodass das Jahrzehnt der *monopolaren Welt* intensiv von den Interessen der USA geprägt wurde. Starke Regionalmächte wie die Europäische Union waren und sind nicht imstande, ihre Interessen global zu vertreten. Vielmehr konnten internationale Probleme nur dann gelöst werden, wenn die USA aktiv wurden. Allerdings zeigte es sich, dass die Vereinigten Staaten ihre Macht überdehnt hatten, sie konnten zwar Kriege gewinnen, nicht immer aber den Frieden sichern. Ab Beginn des neuen Jahrtausends drängen China, das wieder stark aufgerüstete Russland und – weit abgeschlagen – auch Indien nach vorne. Die EU bleibt nur ein wirtschaftlicher Riese, ist jedoch ein militärischer Zwerg in dieser neuen Machtverteilung einer *multipolaren Welt*. Denn Europa ist uneinheitlich, jeder Staat betreibt seine eigene Außenpolitik und seine individuelle Rüstung. Mangels Einigkeit kann der Alte Kontinent daher auch keine Weltmacht sein. Die Handlungsinitiative bei der Bestrafung sog. „Schurkenstaaten" und beim Kampf gegen den islamistischen Terror behielten noch die USA, im Mittleren Osten riss jedoch Russland die Initiative an sich, im Pazifikraum versucht seit einem Jahrzehnt China, vollendete Tatsachen zu schaffen.

Deutlich ist jedenfalls eines geworden: Die Weltpolitik hängt vielfach vom persönlichen Willen der politischen Akteure ab. Einzelne Staatsmänner wie Wladimir Putin, Xi Jinping oder Donald Trump bestimmen oft den Verlauf der Geschichte im globalen Rahmen, auf regionaler Ebene gelingt es auch Politkern vom Schlage eines Recep Tayip Erdoğan, das Geschehen in ihrem Sinne zu beeinflussen – ob aber global oder auch nur regional: Wer Machtpolitik betreiben will, benötigt den militärischen Hintergrund als entsprechendes Druckmittel – und die stillschweigende (oder erzwungene) Zustimmung der eigenen Bevölkerung. In beidem sind die USA unschlagbar. Sie sind ein demokratischer Monolith, die Außenpolitik muss lediglich der eigenen Bevölkerung einigermaßen plausibel erklärt werden. Von den weltweiten Militärausgaben (die Zahlen stammen aus 2018) von 1739 Mrd. $ bestreiten die USA 610 Mrd. $, sie nehmen daher mit Abstand den ersten Platz ein. An zweiter Stelle kommt China mit 228 Mrd., den dritten Rang belegt überraschend das bevölkerungsarme und erdölreiche Saudi Arabien (69,4 Mrd.). Es folgen Russland (66,3 Mrd.), Indien (63,9 Mrd.), Frankreich (57,8 Mrd.), Großbritannien (47,2 Mrd.), Japan (45,4 Mrd.) und die BRD mit 44,3 Mrd. $.

8.1 USA

9,8 Millionen km^2, 328 Millionen Einwohner

8.1.1 Innere Angelegenheiten

In der Subprime Crisis 2007/08 haben die USA vorgezeigt, wie man mittels gigantischer Geldspritzen die heimische Wirtschaft vor dem Zusammenbruch retten kann.⁴² Die enorme öffentliche Verschuldung von über 100 Prozent des BIP (BIP 2017: 19,4 Billionen $) nahm man dafür in Kauf. Unter Präsident *Donald Trump* (2017–2021) vergrößerte sich der Schuldenstand der USA weiter. Seine Steuer- und Bürokratiereform beschleunigte allerdings auch das Wachstum und verringerte die Arbeitslosigkeit. Der sich durch Devisenspekulationen zum Milliardär hochgearbeitete Präsident bezeichnete sich selbst als „König der Schulden". Angesichts der Corona-Krise bewahrheitete sich diese Einschätzung in dramatischer Weise: Noch Ende März 2020 beschloss er mit 2,2 Billionen $ das bisher größte Hilfspaket, doch war dieses schon nach wenigen Wochen verbraucht. Mit Zustimmung des Kongresses wurden weitere 800 Milliarden flüssig gemacht. Ende Dezember 2020 genehmigte der Kongress nochmals 900 Milliarden Dollar (734 Milliarden €) – bei einem Gesamtbudget von 1,4 Billionen Dollar. Trump zeigte deutlich, dass er einem unlimitierten „deficit spending" nicht im Wege stehen würde.

Am 3. November 2020 fieberte die Welt den amerikanischen Präsidentschaftswahlen entgegen. Die Wahlbeteiligung war mit 66,9 Prozent ungewöhnlich hoch, die Prognosen der Meinungsforscher, die dem demokratischen Herausforderer Joe Biden, ehemaliger Vizepräsident unter Barack Obama (2009–2017), eine haushohe Mehrheit voraussagten, lagen völlig falsch. Denn es wurde ein Kopf an Kopf Rennen, das, wie zu befürchten, während der tagelangen Auszählung in eine Schlammschlacht mündete, wie sie sonst nur in Entwicklungsländern zu erwarten ist. Letztlich siegte der bald 78-jährige *Joe Biden*. Nachdem Trump alle Rechtsmittel für eine Annullierung der Wahl ausgeschöpft hatte, erklärten die 538 Wahlmänner (und Frauen) am 14. Dezember Joe Biden zum Wahlsieger. Trump spielte in der Folge ein gefährliches Spiel, indem er seinen Anhängern vorgaukelte, ihm sei der Sieg gestohlen worden, ja er wiegelte sie zu Demonstrationen förmlich auf, sodass Befürchtungen laut wurden, es könnte gewaltsame Zusammenstöße geben. Angewidert blickte die westliche Welt auf ein derart unwürdiges Schauspiel in einer der ältesten Demokratien, während die Häme von autoritären Regierungen keine Grenzen kannte. Vom 46. Präsidenten der USA erhofft die westliche Welt eine verlässlichere Politik, Europa erhofft sich wieder bessere transatlantische Beziehungen als Gegengewicht zum autokratischen China; hingegen bedauern Israel, einige die arabischen Staaten, Russland und andere autoritäre Regierungen die Wahlniederlage Trumps.

---

42 Rainer Sommer: Die Subprime-Krise und ihre Folgen. Von faulen US-Krediten bis zur Kernschmelze des internationalen Finanzsystems. = Teleopolis, Hannover ² 2009.

Trump war in Europa wenig beliebt, weil er die transatlantische Zusammenarbeit in Frage stellte und viel unternahm, um die EU zu schwächen. Auch nahm man ihm seine sprunghafte, anscheinend wenig reflektierte Außenpolitik und sein polterndes Gehabe, das mehr seinem Bauchgefühl als einer Logik folgte, übel. Israel hingegen sah in Präsident Trump seinen besten Freund, weil dieser Jerusalem als Hauptstadt anerkannt hatte (an Stelle der international legitimierten Hauptstadt Tel Aviv), weil er Israels Besitz der seit 1967 besetzten Golanhöhen sowie die Expansionspläne auf Kosten der Palästinenser im Westjordanland guthieß (aus Letzteren wurde aber vorerst nichts). Und nicht zuletzt, weil Trump Israels Friedensschluss mit den Vereinigten Arabischen Emiraten, Bahrein und dem Sudan angebahnt hatte. Die Amerikaner sahen ihn vielfach anders: Sie verziehen ihm sein Totalversagen angesichts der Corona-Pandemie, als die zuvor boomende US-Wirtschaft die größte Krise und höchste Arbeitslosigkeit seit Jahrzehnten erdulden musste. Trotzdem lobten die Amerikaner Trumps Kompetenz in Wirtschaftsangelegenheiten, denn in den ersten drei Jahren seiner Regierung stiegen die Börsenkurse und die Medianeinkommen; sie lobten seine Steuersenkung, das Eindämmen der Einwanderung, und nicht zuletzt priesen sie ihn dafür, dass er keinen Krieg begonnen hatte; auch die Eröffnung eines „Kalten Krieges" gegen China wurde eher positiv aufgenommen (von den Europäern übrigens auch).

Aber die Kluft in der amerikanischen Gesellschaft, wie sie auch schon vor Trumps Amtsantritt sichtbar war, hat sich unter seiner Präsidentschaft noch mehr vertieft. Der (republikanische) Präsident tat jedenfalls nichts, um die verfeindeten Lager von Demokraten und Republikanern miteinander zu versöhnen. An der Westküste, an den großen Seen und im städtereichen Osten dominieren die Demokraten, im Süden und im Landesinneren die Republikaner; jedes Lager lebt in seiner eigenen Welt und bekämpft den politischen Gegner verbittert. Was Trump heftig angekreidet wird und wofür er im Prinzip nichts kann, ist das Manko an innerer Sicherheit. Ein ungerechtfertigter Polizeieingriff in Minneapolis Ende Mai 2020 führte zum Tod des Afroamerikaners George Floyd, weil ihm ein weißer Polizist sein Knie in den Hals drückte und den Verzweiflungsruf: „Ich kann nicht atmen" ignorierte. Die daraufhin ausbrechenden landesweiten Unruhen waren die schwersten seit dem Attentat auf Martin Luther King (1968) und beweisen, dass zwar eine rechtliche Gleichstellung aller US-Bürger unbeschadet ihrer Hautfarbe besteht, dass aber die gesellschaftliche Gleichbehandlung noch lange nicht verwirklicht ist, auch eineinhalb Jahrhunderte nach der Sklavenbefreiung (1865) und ein halbes Jahrhundert nach dem Sieg der Bürgerrechtsbewegung (1964): Denn die Serie tödlicher Polizeigewalt zieht sich wie ein roter Faden durch die jüngste Geschichte der

USA, desgleichen auch die Rassenunruhen als deren Folge. Diese resultieren nicht zuletzt aus der Tatsache, dass mehr als ein Viertel der Afroamerikaner unter der Armutsgrenze lebt, dass Afroamerikaner und andere Minderheiten schneller als Weiße in die Arbeitslosigkeit fallen, in schlechteren Wohnverhältnissen leben und daher auch stärker von der Corona-Pandemie betroffen sind. Bemerkenswert ist einerseits die Reaktion Trumps, der nicht versuchte, Schwarz und Weiß zu versöhnen, sondern vielmehr mit der Forderung nach „Law and Order" noch Öl ins Feuer goss; bemerkenswert sind andererseits die Reaktionen des Auslands: Gerade jene Staaten, welche die Menschenrechte mit Füßen treten und vor überschießender Polizeigewalt gegen Demonstranten und „unbotmäßigen" Journalisten nie zurückschrecken, verurteilen mit hämischer Freude das Aufgebot der amerikanischen Exekutive zur Eindämmung der nicht enden wollenden Ausschreitungen: Zu solchen Staaten zählen China, Russland, der Iran, Syrien und die Türkei. Die westliche Welt reagierte auf ihre Weise mit Großdemonstrationen „gegen Rassismus und Polizeigewalt" in vielen Hauptstädten, so auch in Wien, wo sich unter dem international verbreiteten Motto: „Black Lives Matter" sage und schreibe 50.000 Demonstranten einfanden (5. Juni 2020). Anlässlich der einem Staatsbegräbnis ähnelnden Beisetzung von George Floyd meinte der demokratische Präsidentschaftskandidat Joe Biden, dass dessen Tod „einen der größten Wendepunkte in der Geschichte der Bürgerrechtsbewegung" kennzeichne.

Die demographische Entwicklung der USA weist eine gesunde Geburtenbilanz auf, die ein kontinuierliches Wachstum der Bevölkerung garantiert. Nur verschiebt sich nach und nach die Zusammensetzung der ethnischen Gruppen: Von den derzeit ca. 310 Mio. Einwohnern werden 70 % den Weißen, 12 % den Schwarzen, 3 % den Asiaten, knapp 1 % den Native Americans und 14 % den Hispanics zugerechnet. Während der Anteil der Afroamerikaner konstant bleibt, nimmt angesichts der starken Zuwanderung aus Lateinamerika und Asien der Anteil von Asiaten und Latinos sprunghaft zu: Für das Jahr 2060 rechnet man mit 29 % Latinos und 15 % Asiaten, wohingegen der Anteil der Weißen nur mehr 43 % betragen dürfte. Und mit Letzteren schwindet nicht nur das traditionelle Interesse der US-Eliten an Europa, vielmehr wird auch der anglo-protestantische Wertekanon, der seit den puritanischen „pilgrim fathers" (1620 Überfahrt der „Mayflower") gilt, verwässert werden („Arbeit = Gottesdienst"). Eine ähnliche Verschiebung wird auch in Europa stattfinden: Auf Grund des Geburtenrückgangs der traditionellen europäischen Bevölkerung und der starken Migration wird der Anteil der islamischen Nichteuropäer zunehmen. Zwei parallele Kulturen sind im Entstehen, deren eine noch an den alten westlichen Werten und an der transatlantischen Zusammenarbeit interessiert ist, deren andere aber keinerlei Sympathien für die USA hegt.

8.1.2 Der Nordatlantik-Pakt

Die im April 1949 gegründete NATO (North Atlantic Treaty Organisation) bildete über Jahrzehnte hinweg das wichtigste Forum europäisch-transatlantischer Zusammenarbeit.[43] Ihr Ziel sollte die Verteidigung der westlichen Wertegemeinschaft sein. Der erste NATO-Generalsekretär, Lord Hastings Lionel Ismay (1952–1957), formulierte dieses Ziel knapp: „Keep Russians out, keep Americans in, keep Germans down", also: Verteidigung Europas vor einer allfälligen sowjetischen Aggression, Sicherung der amerikanischen Führungsrolle auf dem Kontinent und Verhinderung eines neuerlichen Aufstiegs Deutschlands zur militärischen Großmacht. Die NATO war/ist das erfolgreichste militärische Bündnis aller Zeiten, denn in den schon mehr als sieben Jahrzehnten ihres Bestehens wagte es kein Staat, auch nur eines ihrer Mitglieder anzugreifen. Im Laufe der Zeit änderten sich mehrmals ihre Einsatzgrundsätze: Bis 1967 galt angesichts der Überlegenheit an Kernwaffen die *Doktrin der „massiven Vergeltung"*, als aber in den 1960er-Jahren das atomare Gleichgewicht zwischen den USA und der UdSSR hergestellt war („Gleichgewicht des Schreckens"), entwickelte die NATO eine *Doktrin der „flexiblen Reaktion"* („flexible response"). An dem Dilemma des transatlantischen Bündnisses hat sich seit damals nichts geändert: Europa wollte/will starke amerikanische Streitkräfte auf dem Kontinent stationiert wissen, die USA hingegen fordern starke europäische Streitkräfte, um langfristig die eigenen Truppen reduzieren bzw. abziehen zu können. Die Aufrüstung der UdSSR mit Mittelstreckenraketen und der Einmarsch der Roten Armee in Afghanistan 1979 veranlassten die USA in den Jahren 1981 bis 1986 zum größten Aufrüstungsprogramm, das es in Friedenszeiten je gegeben hat. Die von Ronald Reagan (1981–1989) erwartete Implosion der Sowjetunion, die rüstungstechnisch nicht mehr gleichziehen konnte, fand dann tatsächlich 1991 statt. Inzwischen war der Kalte Krieg zu Ende gegangen. Angesichts der veränderten politischen Lage beschlossen 1990 bei einem Londoner Gipfeltreffen die einschlägigen Staats- und Regierungschefs einen Systemwandel in der NATO: Statt Abschreckung solle sich das Bündnis hinfort der *Friedenserhaltung, der Krisenvorsorge und dem Krisenmanagement* widmen. Ein gewaltiges Abrüstungsprogramm machte es der NATO

---

43 Wilfried Agreiter: NATO-Erweiterung und Reform. Konsequenzen für die Transatlantischen Beziehungen. Geisteswiss. Diplomarbeit Univ. Wien, 2003.

nun möglich, 40.000 Großwaffensysteme zu vernichten und eine halbe Million Soldaten abzuziehen. Allein in der BRD wurden 4166 Kampfpanzer und 6152 Schützenpanzer verschrottet.

Angesichts des Jugoslawienkrieges ergab sich für die NATO ein neues Aufgabenfeld, bei dem nicht nur die Friedenssicherung, sondern die *Friedenserzwingung* im Vordergrund stand, und zwar „out of area", also außerhalb des Bündnisgebietes: 1993 griff sie zum ersten Mal in ihrer Geschichte bewaffnet in Kampfhandlungen ein, indem sie ein Flugverbot über Bosnien-Herzegowina durchsetzte und dabei sogar vier serbische Flugzeuge abschoss, weil diese das Flugverbot ignorierten.[44] Angesichts des von Serben verübten Massakers von Srebrenica griff 1995 die Nato (mit Billigung der UNO) massiv in die Kämpfe ein und zerstörte die serbische militärische Infrastruktur. NATO-Bodentruppen sicherten den Frieden in Bosnien. Und 1999 führte das Nordatlantik-Bündnis seinen allererst en Angriffskrieg, indem es serbische Truppen im Kosovo und auch Ziele in Serbien bombardierte – diesmal freilich ohne UNO-Mandat. Diese drei Einsätze brachten den gewünschten Erfolg, die NATO konnte den Frieden „erzwingen". Für die Europäische Union brachte der Jugoslawienkrieg jedoch eine nüchterne Erfahrung: Ihre Diplomatie blieb angesichts der divergierenden Positionen der EU-Staaten wirkungslos, ihre „Gemeinsame Außen- und Sicherheitspolitik (GASP gemäß Vertrag von Maastricht 1992) hatte völlig versagt: Ohne NATO und insbesondere ohne die USA blieb/bleibt die europäische Staatengemeinschaft hilflos.

Der russische Systemwechsel machte 1997 eine strategische Partnerschaft zwischen Russland und der NATO möglich. Russlands Präsident Boris Jelzin (1992–1999) stimmte daher der NATO-Osterweiterung zu; eigentlich wurde dem Kreml 1990 angesichts der Wiedervereinigung Deutschlands zugesagt, dass sich die NATO nicht weiter nach Osten ausdehnen würde, aber dieses Versprechen gab man dem damaligen Staatschef der UdSSR, Michail Gorbatschow (1985–1991), nur mündlich. Sein Nachfolger Jelzin war dem Verhandlungsgeschick des US-Präsidenten Bill Clinton (1993–2001) nicht gewachsen und begnügte sich mit der Gegenleistung, in den illustren Kreis der G7 (Gruppe der sieben größten Industrienationen; seit 1975) aufgenommen zu werden. Russland schien nun ein Partner der europäischen Sicherheitsordnung zu sein, wie sie einst US-Präsident Franklin D. Roosevelt (1933–1945) auf der Konferenz von Jalta (Februar 1945) erhofft hatte, eine Hoffnung, die Stalin (1922–1953) schon 1946 bitter enttäuschte. Mit dem Amtsantritt von Wladimir Putin (seit

---

44 Über den Jugoslawienkrieg siehe: Buchmann, Weltpolitik a.a.O. S. 257–263.

1999) änderte sich die europäische Schönwetterlage wieder: Schon 2002 zog sich Russland aus dem ABM-Abkommen über die Begrenzung von Raketenabwehrsystemen zurück. Die Spannungen begannen 2007, weil die USA ein Raketenabwehrsystem planten, das den Angriff von sog. „Schurkenstaaten" (bes. Iran) abwehren sollte, das aber auch russisches Territorium abdecken würde. Zugleich machte Putin klar, dass er eine neuerliche Osterweiterung der NATO nicht hinnehmen würde; dies betraf insbesondere Georgien, wo Russland in einem kurzen Krieg im August 2008 den Separatisten in Abchasien und Südossetien zur Unabhängigkeit verhalf. Nichtsdestoweniger schlossen Russland und die USA 2010 den „New-Start-Vertrag", demgemäß die beiden Nukleararsenale auf jeweils 800 Trägersysteme und 1550 einsatzbereite Atomsprengköpfe reduziert wurden. (2021 läuft der Vertrag aus, sofern er nicht rechtzeitig verlängert wird). Der Ukraine-Konflikt 2014 befreite die NATO endgültig von ihrer Sinnkrise, die sie nach Ende des Kalten Krieges befallen hatte: Als 2014 Putin die Halbinsel Krim annektieren und mit Hilfe von Separatisten und „Freiwilligen" die Ostukraine besetzen ließ, wurde Russland von der EU, den USA und Kanada mit Sanktionen belegt und aus dem Kreis der G7 (G8) geworfen. Eine neue diplomatische Eiszeit zwischen Europa und Russland begann. Vor allem rüsteten die 22 NATO-Staaten wieder auf, Präsident Obama billigte eine stärkere US-Militärpräsenz in Osteuropa zur „Rückversicherung" der baltischen Allianzmitglieder. 2015 begann die Aufstellung jenes Raketenschutzschildes, welches ab 2018 das gesamte Gebiet der NATO in Europa von Mittelstreckenraketen schützen soll. Obwohl gegen das gewaltige russische Raketenpotential nichts auszurichten wäre, protestierte Putin heftig – wohl eher aus Prinzip denn aus sachlichen Gründen. Und die öffentliche Meinung in Europa gab ihm sogar Recht. Versuche des ehemaligen US-Präsidenten Obama, die NATO-Russland-Beziehungen auf neue Beine zu stellen, scheiterten angesichts der aggressiven russischen Außenpolitik. 2019 kündigte Putin den Vertrag über die Abschaffung bodengestützter atomarer Kurz- und Mittelstreckenraketen (INF-Abkommen) aus dem Jahr 1987 mit der Begründung, dass China nicht einbezogen war und sich auch nicht einbeziehen lässt. Anlässlich einer EU-Außenministertagung in Brüssel im Dezember 2019 meinte der litauische Außenminister, Linas Linkevičius: *„Wer könnte schon etwas gegen bessere Beziehungen mit Russland haben? Aber um welchen Preis – und wer sollte etwas tun? Wir haben die Krim nicht annektiert. Wir haben nicht ein Viertel des Staatsgebietes von Georgien besetzt. Wir haben nicht den Giftanschlag in Salisbury* [am ehemaligen russ. Agenten Sergej Skripal] *verübt. Was* *also sollten wir verbessern?*"[45] Das NATO-Russland-Verhältnis ist derzeit denkbar schlecht; es gibt keine strategische Partnerschaft mehr, keine gemeinsamen Interessen oder gemeinsame Projekte. Aber das NATO-EU-Verhältnis leidet auch, seit US-Präsident Trump mit dem Slogan: „America first" erklärte, er wolle nicht länger den Zahlmeister des Militärbündnisses spielen und auf dem NATO-Gipfel 2018 die 29 Mitgliedstaaten, insbesondere die europäischen, aufforderte, ihre Militärausgaben bis 2024 auf 2 % ihres Bruttonationalprodukts anzuheben. Solches erreichten bis dato lediglich die USA (3,6 %), Griechenland, Großbritannien, Polen und Estland, während Deutschland lediglich 1,2 % aufbringt. 2020 kündigte Trump an, Deutschland für seinen mangelnden Verteidigungswillen „bestrafen" zu wollen und im September 2020 von den bisher 34.500 in der BRD stationierten US-Soldaten 9500 abzuziehen und einen Teil von ihnen nach Polen zu verlegen. (Während des Kalten Krieges zählte das US-Truppenkontingent in der BRD noch 274.000 Mann.) Spätestens jetzt wird offenkundig, dass die USA nicht länger gewillt sind, die Hauptlast zur Verteidigung Europas zu tragen. Insbesondere gegen Deutschland hegen die USA einen gewissen Groll, weil es zwar sicherheitspolitischer Trittbrettfahrer ist, aber mit seinen Exportprodukten den amerikanischen Markt überschwemmt und eigene Handelsüberschüsse aufbaut.

Zum 70. Geburtstag der NATO im Dezember 2019 lautete die gemeinsame Abschlusserklärung: „*Wir erkennen an, dass Chinas wachsender Einfluss und seine internationale Politik sowohl eine Gelegenheit als auch eine Herausforderung darstellen, denen wir uns in der Allianz gemeinsam stellen müssen.*" Denn China ist jetzt das Land, das nach den USA am meisten für die Verteidigung ausgibt und von sich behauptet, bis 2035 die USA als erste Wirtschaftsmacht der Erde auf den zweiten Platz zu verdrängen. Ganz deutlich zeigt sich, dass die NATO ihren Focus nicht mehr auf Europa, sondern auf Ostasien legt. Aber die baltischen Staaten oder Polen und Rumänien sehen das aggressive Russland als größte Gefahr an.

8.1.3 Die transatlantischen Beziehungen

sind heute nicht mehr das, was sie einmal waren.[46] Erst nach Ende des Kalten Krieges erkannte Europa, dass der Kalte Krieg die Unterschiede zwischen den

---

45 Aus: Die Presse, 19. Dezember 2019.
46 Erich Hochleithner (Hg.): Europa und Amerika – eine Beziehung im Wandel. Europa und Amerika – A changing Relationship. = Beiträge zur Sicherheitspolitik 5. Maria Enzersdorf 2003. – Martina Kaller, Franz Jakob (Hgg.): Transatlantic Trade and

Partnern überdeckt hatte. Die *wirtschaftspolitischen* Divergenzen erkennt man am Gegensatz von einem liberalen US-Wirtschaftsmodell und der in Europa gängigen sozialen Marktwirtschaft. Beide Regionen betreiben einen restriktiven Handelsprotektionismus, der von Europa durch die Ablehnung bestimmter amerikanischer Agrartechniken (z.B. Einsatz von Hormonen, genmanipulierte Pflanzen und Tiere, Pestizide) noch akzentuiert wird. USA und EU sind aber wirtschaftlich von einander abhängig (die USA freilich auch von China), die EU ist der größte Investor in den USA – überspitzt ausgedrückt heißt dies, dass die meisten Investitionen in Amerika durch europäische Sparleistungen finanziert werden. Wobei die USA den Vorteil besitzen, ein wirtschaftspolitischer Monolith zu sein, während sich Europas Wirtschaftspolitik angesichts der traditionellen Uneinigkeit der Staaten eher chaotisch gibt. Nichtsdestoweniger wünschen sich beide ein funktionierendes marktwirtschaftliches Welthandelssystem.

Hinsichtlich der *Geopolitik* herrschen massive Gegensätze zwischen der Alten und der Neuen Welt: Europa hat nach den Erfahrungen zweier Weltkriege und eines ungeahnten Wirtschaftsaufschwunges das Interesse an eigener Hochrüstung und am Einsatz militärischer Mittel zur Durchsetzung politischer Ziele verloren. Daher setzt Europa auf die „*Soft Security*", also auf Diplomatie, internationale Verfahren, internationale Gerichtshöfe und rechtlich bindende Verträge. Die USA hingegen bevorzugen eine „*Hard Security*": Sie lassen sich nur ungern durch Diplomatie und Verträge und auch nicht durch UNO-Beschlüsse und Völkerrecht behindern und setzen zur Wahrung eigener Interessen auf militärische Interventionen. Es ist bezeichnend, dass die USA den Internationalen Strafgerichtshof nicht anerkennen, weil dieser ihre Souveränität einschränken könnte – nicht ganz unverständlich angesichts des Einsatzes von US-Soldaten in über hundert Staaten. Insbesondere Präsident Trump teilt die Aversion vieler US-Bürger gegenüber der UNO und anderen multilateralen Abkommen; so verweigerte er 2017 die Unterschrift zum Pariser Klimaabkommen, kündigte die Mitgliedschaft bei der UNESCO und setzte 2020 den Mitgliedsbeitrag zur WHO aus (weil er sich angesichts der Coronakrise keiner Kritik unterziehen wollte). Im Gegensatz dazu können sich die USA erlauben, im Alleingang Gesetze von weltweiter Wirksamkeit zu beschließen, wie 2019 die Verhängung eines Wirtschaftsembargos gegenüber dem Iran: Jede Bank, jede Firma, die sich nicht an dieses Embargo hält, verliert die Möglichkeit, in den USA Geschäftsverbindungen zu unterhalten. Kein anderer Staat könnte sich solches erlauben, vergebens versuchte die EU, diese Bestimmung zu unterlaufen, offenbarte aber nur ihre Hilflosigkeit. Nur als Trump Ende 2019 ankündigte, die 1230 km lange Gas-Pipeline durch die Ostsee von Russland nach Deutschland (Nord Stream 2) verhindern zu wollen und Sanktionen gegen Firmen androhte, welche Schiffe für die Verlegung der Pipeline bereitstellen, konterte die EU empört: „Die europäische Energiepolitik wird in Europa entschieden, nicht in den USA!" Ein Gesetzesentwurf des Senats im Juni 2020 bekräftigte noch Trumps Sanktionen – und erzielte einen zumindest temporären Erfolg, denn tatsächlich stoppte kurzfristig der Ausbau, weil Schweizer Verlegeschiffe vor einem Konflikt mit den USA zurückschreckten und abfuhren. Im September 2020 waren zwar 90 Prozent der Arbeiten vollendet, aber nun gab es Probleme von der entgegen gesetzten Seite: Allen Ernstes dachte Deutschland laut darüber nach, als Reaktion auf den Giftanschlag an den russischen Oppositionspolitiker Nawalny (siehe unten) den Ausbau vorerst einzustellen. Präsident Trump wollte sich schon ins Fäustchen lachen und brachte den Disput auf den Punkt: „Warum zahlt Deutschland Russland Milliarden für Energie, und dann sollen wir Deutschland vor Russland schützen? Das funktioniert nicht!" Unausgesprochen brachte er damit den Flüssiggasexport der USA ins Spiel, dem durch Nord Stream 2 eine übermächtige Konkurrenz erwächst. Aber sein Protest nutzte ihm letztlich nichts: Am Ende seiner Amtszeit, im Dezember 2020, wurden die Bauarbeiten durch den russischen Erdölkonzern Gazprom wieder aufgenommen. Nun ist nicht anzunehmen, dass sich unter Präsident Biden die Haltung der USA zur Gaspipeline ändert, denn die geopolitischen Interessen der Demokraten unterscheiden sich nicht von jenen der Republikaner. Stellt sich nur die Frage, warum die USA seinerzeit nichts gegen die 2011 eröffnete Nord Stream 1, die Parallel zu Nord Stream 2 verläuft, unternommen haben. Damals fürchtete Washington eben noch nicht die Konkurrenz von billigem russischem Erdgas, weil die eigene US Exportkapazität noch nicht ausreichte.

Transatlantische Beziehungen? Zum *ersten transatlantischen* Bruch war es 2003 anlässlich des US-Einmarsches im Irak gekommen,[47] der *zweite transatlantische Bruch* erfolgte, als Trump den Iran-Atomdeal aufkündigte und neue Sanktionen gegen den Iran verhängte (siehe oben). Aber die Entfremdung begann schon im Jahr zuvor, gleich mit dem Regierungsantritt von Donald

---

47 David M. Andrews: The Atlantic Alliance Under Stress. US-European Relation After Iraq. Cambridge 2005.

Trump (2017). Auf einmal wurde deutlich, dass die USA ihre Interessen in der Welt anders gewichten als früher: Sie haben ihr Augenmerk auf EU-Europa verloren und wenden sich dafür der Volksrepublik China zu – die erwarteten Auseinandersetzungen mit dem Reich der Mitte dürften spannend werden. Europa kann dem Handelskonflikt der beiden größten Volkswirtschaften relativ gelassen zusehen, denn hier profitiert man davon, dass die USA ungewollt auch europäische Interessen vertreten: Zwar betreffen die gegen das Reich der Mitte 2018 eingeführten Strafzölle auch europäische Exporte in die USA, aber sie sollten China immerhin zwingen, endlich ihre ungerechten Handelsbedingungen den international üblichen Usancen anzupassen. Wobei „Gerechtigkeit" nicht nur in Wirtschaftsfragen ein sehr subjektiver Begriff ist: Weil sich die USA nicht dem unabhängigen Schiedsgericht der World Trade Organization (WTO) beugen wollen, legte Trump diese seit 1994 bestehende und 164 Staaten umfassende Organisation 2019 lahm, indem er sich weigerte, neue Richter für die Streitschlichtungskommission zu ernennen (nachdem die Amtszeit der bisherigen Richter abgelaufen war). Dabei nahmen gerade anlässlich der Corona-Krise die Handelskonflikte zu, weil die Handelsströme unterbrochen waren.

8.1.4 Terror und Kriege

Die USA waren schon mehrmals von Terroranschlägen betroffen: Der übermächtige Staat, Sinnbild der von radikalisierten Moslems verteufelten westlichen Zivilisation und Protagonist des westlichen Wertesystems, kann seitens allfälliger Terroristen zwar militärisch nicht getroffen werden, dennoch hat er auch „weiche Stellen", an denen er verwundbar ist. So hat der libysche Geheimdienst im April 1986 einen Bombenanschlag auf eine von amerikanischen Soldaten besuchte Berliner Diskothek verübt, worauf US-Präsident Ronald Reagan (1981–1989) die Städte Bengasi und Tripolis bombardieren ließ. Der libysche Terror erreichte 1988 seinen Höhepunkt, als der Geheimdienst ein US-Verkehrsflugzeug über dem schottischen Ort Lockerbie durch Explosion einer Bombe zum Absturz brachte – unter den 270 Todesopfern waren 189 US-Bürger. Erst nach Ende des Kalten Krieges entsagte Libyens Diktator Muamar al-Gaddhafi (1969–2011; gelyncht) dem Terror, um die drückenden Handelssanktionen los zu werden. 1994 wurden bei einem Bombenanschlag auf die US-Botschaft in Mogadischu 18 amerikanische Soldaten getötet – US-Präsident Bill Clinton (1993–2001) befahl daraufhin den Rückzug der im UNO-Auftrag in Somalia operierenden 20.000 Mann – sie hätten dem durch Hunger und Clan-Rivalitäten gequälten Volk Lebensmittel und humanitäre Hilfe bringen sollen.1998 forderten Bombenanschläge der islamischen Terrororganisation Al

Qaida auf US-Botschaften in Kenia und Tansania 220 Opfer; zur Antwort flog die US-Air Force Angriffe auf Al Qaida Stützpunkte im Sudan und in Afghanistan. Solche und noch andere Angriffe auf amerikanische Einrichtungen und Soldaten fanden weit entfernt vom eigenen Staatsgebiet statt. Dass sich aber an jenem schicksalhaften 11. September 2001 der größte Terroranschlag der Geschichte mit 3.058 Toten auf amerikanischem Territorium ereignete, versetzte den USA ein nationales Trauma und bestimmte Präsident George Bush jun. (2001-2009) zu folgenschweren Reaktionen, deren Ausgang auch seine Nachfolger noch lange beschäftigen sollten.

Zwei Kriege wurden geführt: Zuerst gegen das von den radikalislamischen Taliban beherrschte **Afghanistan** (653.000 km^2, 38 Millionen Einwohner), weil hier der Drahtzieher des von der Terrororganisation Al-Qaida durchgeführten Anschlages, der saudische Milliardärssohn Osama Bin Laden, Unterschlupf gefunden hatte und nicht ausgeliefert wurde (erst im Mai 2011 spürte ihn ein US-Sonderkommando in Pakistan auf und tötete ihn). Im Oktober 2001 begann der bisher längste Kriegseinsatz der amerikanischen Geschichte: Zum ersten Mal hatte die NATO den Bündnisfall ausgerufen und eine Operation außerhalb Europas durchgeführt. Die von 20.000 amerikanischen Soldaten angeführte ISAF (International Security Assistance Force), begleitet von ebenso starken Truppenkontingenten aus Großbritannien, der BRD und Frankreichs, fegten zwar das Taliban-Regime binnen kurzem hinweg, doch verstrickte sie sich immer tiefer in ein Labyrinth von unzugänglicher Landschaft und unzugänglicher Gesellschaft. Die Bilanz sieht deprimierend aus: Die Kriegskosten beliefen sich anfangs auf 143 Mrd. $ pro Jahr und kosteten bislang 2800 NATO-Soldaten das Leben. Alle Bemühungen, eigene afghanische Streitkräfte aufzustellen, brachten bisher keinen Erfolg; es gelang den Taliban immer wieder, in bereits scheinbar „gesäuberte" Gebiete einzusickern. Nichtsdestoweniger zogen die Alliierten nach und nach ihre Soldaten zurück. Ein gänzlicher Truppenabzug war für 2011 geplant, musste aber immer wieder verschoben werden. Am 29. Februar 2020 kam es zu einem überraschenden Treffen von Vertretern der US-Regierung und den Taliban in Doha/Katar, um dem seit 19 Jahre währenden unaufhörlichen Blutvergießen ein Ende zu bereiten: Die eine Seite versprach, keine weiteren Terror-Anschläge mehr zu verüben und in Friedensverhandlungen mit der eigenen afghanischen Regierung zu treten, während die andere Seite zusicherte, eine weitestgehende Reduzierung der Militärpräsenz vorzunehmen. Daher gelobten die USA bis Jahresende 2020 ihre Truppenstärke von aktuell 13.000 auf 2500 Mann und fünf der insgesamt 20 Militärbasen zu räumen; bis Mai 2021 sollen dann alle US-Truppen abgezogen werden. Daraus wurde vorerst nichts, weil sich die Taliban nicht an das Abkommen hielten, im Oktober 2020 mit einer neuen Offensive begannen und die USA als Antwort darauf Luftschläge zum Schutz der regulären Armee unternahmen. Bis zum 2. Dezember dauerte es, dass sich die Taliban und afghanische Regierungsvertreter zur ersten gemeinsamen schriftlichen Erklärung durchrangen, die allerdings nicht viel mehr als eine Regelung des weiteren Verhandlungsablaufes betraf. Die Durchführung eines Doha-Abkommens stieß noch auf eine andere Hürde, weil die afghanische Innenpolitik im Chaos versunken ist: Nach Präsidentenwahlen erklärte sich Asraf Ghani zum Wahlsieger, was jedoch sein Rivale, Abdullah Abdullah, nicht hinnehmen wollte; erst nach etlichen Monaten (Mai 2020) einigten sich die beiden hinsichtlich einer Aufteilung der Macht. Auf diese Weise wurden Kriegsverbrecher aus Vergangenheit und Gegenwart, wie der „Warlord" Abdul Rashid Dostum, in die höchsten Ämter gehievt, sodass die Regierung unter der Bevölkerung kein Vertrauen aufbauen kann. Schwierigkeiten anderer Art entstanden durch die Weigerung Kabuls, die vielen tausenden Gefangenen freizulassen. Und nicht zuletzt treiben neben den Taliban auch andere dschihadistische Gruppen ihr Unwesen, allen voran der IS (siehe unten), der für die brutalsten Anschläge verantwortlich zeichnet. (Der IS will in Afghanistan eine „Provinz" mit dem Namen „IS-Khorasan" einrichten). Die USA haben ihrerseits auf dem Militärstützpunkt Guantanamo in Kuba Mitglieder der Terrororganisation Al-Qaida inhaftiert; diese ursprünglich etwa 600 Häftlinge gelten nicht als Kriegsgefangene im Sinne der Genfer Konvention, weil sie keiner regulären Armee angehören, und sie können auch nicht vor ein ordentliches Gericht gestellt werden, weil sich dieses teuerste Gefängnis der Welt nicht im US-Staatsgebiet befindet. Ihrer Freilassung steht der Unwillen der Staatengemeinschaft im Wege, diese radikal-islamistischen Kämpfer aufzunehmen. Präsident Barack Obama (2009–2017) hat zu Beginn seiner Amtszeit zwar die Schließung von Guantanamo versprochen, am Ende seiner Amtszeit wurden aber immer noch 91 Insassen gezählt, unter Trump verringerte sich die Anzahl auf 41.

Der zweite von Präsident Bush jun. geführte Krieg spielte sich im Mittleren Osten, im **Irak** (435.000 km^2, 39 Millionen Einwohner), ab. Bisher gab es drei Golfkriege: Den ersten, 1980–1988, brach Iraks Präsident Saddam Hussein (1979–2003, 2006 hinger.) vom Zaun, als er den durch die islamische Revolution geschwächten Iran angriff. Den zweiten Golfkrieg (1990) begann der irakische Diktator, als er seine Armee in das benachbarte Emirat Kuwait einmarschieren ließ. Gemäß UNO-Mandat ließ US-Präsident George Bush sen. (1989–1993) im Jänner 1991 mit einer alliierten Armee von nahezu einer halben Million Mann das Erdölemirat befreien. Obwohl sich der Irak einigermaßen an die drückenden Friedensbedingungen hielt, argwöhnte George Bush jun.

(2001–2009), Saddam Hussein hätte insgeheim Massenvernichtungswaffen gebunkert. Er wollte den *dritten Golfkrieg* führen, um das Werk seines Vaters zu vollenden und die Macht des Diktators zu brechen. Diesmal war kein UNO-Mandat zu bekommen, auch die EU legte sich mehrheitlich quer, insbesondere Frankreich und Deutschland, es fand sich nur eine kleine „Koalition der Willigen" (Großbritannien, Italien, Spanien, Polen), mit deren Hilfe Präsident Bushs 250.000 Mann starke Armee im März und April 2003 das Regime von Saddam Hussein hinweg fegte. So kam es zum ersten transatlantischen Bruch: Hatte die EU anlässlich der Anschläge auf das World Trade Center und auf das Pentagon am 11. 9. 2001 ihre uneingeschränkte Solidarität mit den USA erklärt, so umgingen die USA 2003 die Organe der EU und trieben einen Keil in die Gemeinschaft, zumal sich die europäische Öffentlichkeit mehrheitlich gegen den Kriegseinsatz stellte. Aber Präsident Bush verfolgte eine neue, neokonservative Doktrin: Die USA wollten ihre weltweite Vorherrschaft sowie die westlich liberale, demokratische Staatenordnung durchsetzen und beanspruchten für sich das Recht zu Präventivschlägen gegen sog. „Schurkenstaaten", zu denen nach damaliger Sicht Nordkorea, der Iran und eben auch der Irak zählte. Der „Blitzkrieg" kostete 114 amerikanischen (von den aufgebotenen 190.000), 30 britischen und 2320 irakischen Soldaten sowie 65.000 irakischen Zivilisten das Leben, forderte also unter den Kombattanten vergleichsweise geringe Verluste. Aber es zeigte sich aus strategischer Sicht, dass die USA zwar gleichzeitig zwei Kriege (Afghanistan und Irak) führen und gewinnen, nicht jedoch den Frieden sichern können. Denn dazu mangelte es an Personal. Zunächst glaubte Präsident Bush, 130.000 Besatzungssoldaten würden genügen, sobald neue irakische Sicherheitskräfte nach amerikanischem Vorbild aufgebaut wären. Doch dies funktionierte nicht, denn etwa 300.000 ehemalige irakische Soldaten und Polizisten warteten als arbeitslose Kämpfer nur darauf, dass sie von militanten Gruppierungen angeheuert und zu Terroranschlägen gedungen wurden. Tag für Tag starben etwa 200 Iraker durch den Terror eigener Landsleute und durch vom Ausland eingesickerte religiöse Extremisten, auch als 2007 Präsident Bush die Besatzungstruppen auf 166.000 Mann aufstocken ließ. Zwei Jahre später verließen die mit den USA verbündeten Streitkräfte das Land, die USA reduzierten ihre Truppen auf 90.000 Mann, bis am 16. Dezember 2011 auch die letzten amerikanischen Einheiten irakischen Boden verließen (es blieb nur ein Ausbildungskontingent von etwa 3000 Mann). Der Abzug der Amerikaner war mit ein Grund, der den Aufstieg des sog. Islamischen Staates möglich machte (siehe unten). Zu diesem Zeitpunkt starben jährlich etwa 800 irakische Zivilisten durch den eigenen und den importierten Terror. Die Bilanz des achtjährigen Kriegseinsatzes im Irak sah so aus: 4400 gefallene US-Soldaten, 9600 getötete irakische Polizisten und Soldaten und geschätzte 600.000 ermordete Zivilisten. Die Kriegskosten beliefen sich auf 900 Mrd. $. Die neu aufgestellten irakischen Streitkräfte erwiesen sich als eher hilflos, und der in sich zerstrittenen Regierung gelang es auch nicht, die fragmentierte Bevölkerung hinter sich zu scharen.

Präsident Barack Obama (2009–2017) machte erstmals deutlich, dass die USA nicht mehr auf Dauer die Rolle des ausgabenintensiven Weltpolizisten zu spielen bereit sind. So beabsichtigte er, sich allmählich aus den auf Dauer ohnehin nicht kontrollierbaren Krisenregionen wie dem Nahen Osten zurückzuziehen. Russland und andere Lokalmächte nutzten nun die Gelegenheit, in dieses Machtvakuum vorzustoßen. Donald Trump (seit 2017) setzt Obamas Rückzug zwar fort, war aber zu sprunghaft und unberechenbar, um eine klare Linie erkennen zu lassen. Auf ihn konnte sich die freie westliche Welt nicht mehr verlassen, denn er biederte sich ohne Not und gänzlich erfolglos Diktatoren an (2019 gescheitertes Treffen mit Nordkoreas Diktator Kim Sung-un in Hanoi), vergrämte zugleich befreundete Staaten (EU) und untergrub die liberale Weltwirtschaftsordnung (WTO). Aber eine außenpolitische Konstante, welche die USA in Zukunft wohl beibehalten werden, gewann unter Trump steigende Priorität: die Konkurrenz zu China. Diesbezüglich erwächst den USA in politischer, militärischer, wirtschaftlicher und technologischer Hinsicht ein ernst zu nehmender Gegenspieler. Die künftige Geopolitik wird sich vielleicht bipolar abspielen: zwischen den Supermächten USA und China. Ein neuer Kalter Krieg, wie ihn Chinas Außenminister Wang Yi anlässlich einer Pressekonferenz im Mai 2020 erstmals aussprach, wird nun die Zukunft prägen.

8.2 Volksrepublik China

9,6 Millionen km^2, 1,4 Mrd. Einwohner

8.2.1 Ein Land, zwei Systeme

So hieß das Versprechen Pekings an die Bewohner von Hongkong und Macao im Jahr 1997, als die britische Kronkolonie und die portugiesische Kolonie mit der Volksrepublik vereint wurden. Für ein halbes Jahrhundert sollten in beiden Territorien demokratische Verhältnisse mit freien Wahlen und bürgerlichen Freiheiten herrschen, erst danach würde das innenpolitische System an die Volksrepublik China angeglichen werden. Die Eingliederung weckte nicht nur Ängste, sondern auch neue Hoffnungen, zumal in China schon 1982 die Marktwirtschaft eingeführt worden war und neue Gewinne lockten. Tatsächlich erlebte das ohnehin schon boomende Hongkong weitere Wachstumsschübe, die allerdings mit einer extremen Teuerung in der auch schon vorher hochpreisigen Stadt verbunden waren. Die Immobilienkosten schnellten in astronomische Höhen, sodass es heute heißt, dass sich die 7,2 Millionen Hongkonger Hongkong nicht mehr leisten können. Im September 2014 gab es die ersten Massenproteste gegen die soziale Misere. Zugleich erkannte die Bevölkerung, dass sie zwar noch ihre freie Meinung äußern, aber keine politische Freiheit genießen durfte. Denn die höchsten staatlichen Funktionäre gelangten nur von Pekings Gnaden in ihr Amt. Im Sommer 2019 fanden wochenlange Massendemonstrationen statt, weil die Hongkonger Verwaltungschefin Carrie Lam (seit 2017) ein Gesetz verabschiedete, das die Auslieferung von Straftätern nach China ermöglicht. Das Gesetz wurde sistiert, aber die Demonstrationen gingen trotzdem weiter, und es sah schon so aus, als ob Peking die Armee zur Niederschlagung der Bewegung einmarschieren lassen würde. Dazu kam es aber doch nicht, wohl auch im Hinblick auf die Weltöffentlichkeit. Die Corona-Krise 2020 (siehe unten) wurde aber von Peking dazu benutzt, Hongkong viel früher als vereinbart der chinesischen Zentralregierung zu unterstellen. Seit April 2020 wird deutlich, dass Pekings Vertretung in Hongkong de facto die Oberaufsicht über die autonome Region übernommen hat. Eines scheint jedenfalls klar: Das Versprechen von „ein Land, zwei Systeme" erweist sich als Lüge. Den Beweis lieferte die chinesische Staatsführung, als sie pünktlich zum 23. Jahrestag der Übergabe Hongkongs an China (1. Juli 2020) ein neues Sicherheitsgesetz verkündete, das die vier Straftatbestände: Untergrabung der Staatsgewalt, Abspaltung, Terrorismus und Kollaboration mit ausländischen Kräften festlegt und mit bis zu lebenslanger Haft zu ahnden gedenkt. Die Definition der Straftatbestände ist so vage, dass sie praktisch gegen jeden angewendet werden kann. Zugleich installierte Peking in Hongkong die Behörde „Sicherung der nationalen Sicherheit", die wie Polizeiorgane Straftäter festnehmen und an Festlandchina ausliefern kann. Scheibchenweise werden den Bewohnern Hongkongs die Illusionen von Demokratie und Freiheit abgeschnitten: Oppositionelle werden verhaftet, die unabhängige Justiz wird geknebelt, prodemokratische Abgeordnete werden politisch entmachtet. Der 81-jährige Rechtsanwalt Martin Lee, eine Ikone der Demokratiebewegung, erklärte in einem Fernsehinterview zu den zentralen Werten Hongkongs: „Mit Sicherheit brauchen wir Menschenrechte, Rechtsstaat, Gleichheit und Religionsfreiheit." Der zentrale Wert der Bewohner in der Volksrepublik heißt aber nur: „Geld".[48]

---

48 Aus: Die Presse, 20. April 2020, S. 4.

8.2.2 Staatskapitalismus und Minderheitenrechte

Dreieinhalb Jahrzehnte, also seit der marktwirtschaftlichen Öffnung und der Auflösung der verunglückten Volkskommunen (1982), erlebte die Volksrepublik einen Schwindel erregenden Wirtschaftsaufschwung, der das Reich der Mitte zur zweitgrößten Volkswirtschaft der Erde katapultierte. Daraus lässt sich die Lehre aus der Geschichte ziehen, dass das wesentliche Element zur Prosperität keine marxistische Wirtschaftsform sein kann, sondern nur eine kapitalistische. Im Falle Chinas eine *staatskapitalistische Wirtschaftsform*, welche sich der Globalisierung zum eigenen Nutzen bestens zu bedienen versteht und nicht zuletzt auf ein Bildungs- und Arbeitsethos zurückgreift, wie es das konfuzianische Lebensmodell vorsieht. Dieser Vorgang vollzieht sich unter dem Augenschein einer sich kommunistisch nennenden Einparteiendiktatur, er vollzieht sich trotz der systemimmanenten Korruption[49] und trotz der völlig unzulänglichen Menschenrechtssituation, wie sie nur Einparteidiktaturen hervorbringen können. Abgesehen von Zensur und Einschränkungen der persönlichen Freiheit haben sich insbesondere in Xinjiang-Uigur die Konflikte zwischen der ortsansässigen moslemischen uigurischen Bevölkerung und den eingewanderten Han-Chinesen verschärft. 2017 begann die Verhaftungswelle an zehntausenden Uiguren; unbestätigten Berichten zufolge befinden sich 2019/20 etwa eine Million (!) Uiguren, Kasachen und andere moslemische Völker in Anhalte- und Umerziehungslagern. Eine neue Schikane zu deren Disziplinierung betraf die verordneten Heimbesuche: 2017 mussten mehr als eine Million Parteifunktionäre ein Wochenende bei moslemischen Familien zubringen. Einst hatte Mao Zedong (1949–1976) Arbeitslager errichten lassen, in denen jene Unglücklichen, die dort ohne Prozess eingewiesen wurden, vier Jahre Strafarbeit leisten mussten. Im Jahr 2013 sollten sie endlich aufgelöst werden, aber sie existieren weiter; in den etwa 300 Lagern werden immer noch 400.000 Personen festgehalten. Im Jänner 2020 erhob die Menschenrechtsorganisation Human Rights Watch schwerste Vorwürfe gegen die Volksrepublik, weil sie sich sogar bemüht, das internationale System zum Schutz der Menschenrechte zu untergraben und die eigenen Vorstellungen von Zensur und Unfreiheit weltweit durchzusetzen.

---

49 Peter Buchas, Ludwig Hetzel: China. Spielball der Korruption oder Spielmacher? In: Gerd Kaminski (Hg.): Neues vom chinesischen Recht.Wien 2014, S. 186–213.

8.2.3 Machtwechsel – Kurswechsel

2012 ereignete sich ein Machtwechsel und damit auch ein außenpolitischer Kurswechsel: Bis dahin verfolgte China eine defensive Außenpolitik, die auf das langfristige Stillen des immensen Erdöl- und Rohstoffhungers orientiert war. Seit dem Regierungsantritt von *Xi Jinping* war es mit der Zurückhaltung vorbei: Innenpolitisch riss der Staatschef alle Macht an sich und schaltete sämtliche politischen Gegner aus, indem er sie wegen Korruptionsvorwurfs disziplinieren ließ – das betraf im Jahr 2017 über eine halbe Million Funktionäre – oder vor Gericht stellte – das betraf 48.000 Kader. Xi Jinping betrieb außerdem einen Personenkult, wie ihn China seit Maos Zeiten nicht mehr gekannt hatte, und ließ sich im März 2018 vom Nationalen Volkskongress zum Staatspräsidenten auf Lebenszeit küren. Im Äußeren endete die Politik der Mäßigung, die Armee rüstete massiv auf (2,1 Millionen Mann) und liefert den militärischen Rückhalt für den erhobenen Anspruch auf nahezu das gesamte Ost- und Südchinesische Meer. Konflikte mit den Anrainerstaaten Philippinen, Malaysia, Indonesien, Japan, Brunei, Taiwan und Vietnam bleiben nicht aus. Die USA versprechen den betroffenen Staaten Beistand, insbesondere Vietnam gilt jetzt als US-Verbündeter. Chinas Taktik ist ausgefeilt, indem bisher unbewohnbare Felsen mitten im Meer durch Aufschüttungen derart vergrößert werden, dass auf ihnen chinesische Militärstützpunkte möglich werden und so mittels normativer Kraft des Faktischen die Volksrepublik ihre Hoheitsrechte geltend machen kann. Auf dem 19. Parteitag im Oktober 2017 präzisierte Xi Jinping die „neue Ära des Sozialismus chinesischer Prägung" mit dem gar nicht zynisch gemeinten Satz: „Die Praxis ist das einzige Kriterium der Wahrheit."

China erhebt nun Weltmachtanspruch. Dazu unternimmt es einerseits eine aggressive *Investitionspolitik* und kauft im Westen High-Tech Firmen auf, um an die modernsten Technologien heranzukommen – die Folge davon: Die Volksrepublik meldet inzwischen gleich viele Patente an wie die USA. Auch werden in der Dritten Welt große Projekte finanziert, um die betreffenden Staaten in Chinas Abhängigkeit zu bringen; angesichts überhöhter Zinsen ist es nur eine Frage der Zeit, bis bei ihnen die Schuldenfalle zuschnappt. Die zweite Maßnahme zur Untermauerung der Weltmachtgeltung betrifft das *Seidenstraßenprojekt*, das sowohl auf dem Landweg als auch auf dem Seeweg alle Kontinente dem chinesischen Handel öffnet. Im Zuge dieses größten Infrastrukturprojekts aller Zeiten werden von China Straßen und Bahnlinien gebaut (China-Pakistan-Korridor, Bangladesch-China-Indien Burma-Korridor, China-Hinterindische Halbinsel-Korridor) und Häfen gekauft bzw. gepachtet (z.B. Piräus, Venedig usw.). Zur militärischen Absicherung plant das Reich der Mitte rund um den

Globus die Errichtung von Armeestützpunkten: Die erste Auslandsmilitärbasis entstand 2017 in Dschibuti, die zweite soll in Kambodscha entstehen (2020?). Nicht nur Washington, sondern auch viele EU-Staaten begegnen dem Vordringen Chinas mit Misstrauen, denn sie sehen, dass die Volksrepublik alle Maßnahmen nur zum eigenen Nutzen unternimmt.[50] Die EU-Kommission nannte im März 2019 Peking einen „systemischen Rivalen" Europas. Denn China will zwar die Globalisierung vorantreiben und von ihr profitieren, missachtet aber zugleich ihre Regeln: Europäische Firmen werden aufgekauft, zugleich aber hatten europäische Betriebe bislang nur begrenzten Zugang zum chinesischen Markt. Dies sollte ein Ende Dezember 2020 abgeschlossenes Investitionsabkommen ändern: Künftig würden europäische Unternehmen einen besseren Marktzugang zum Reich der Mitte erhalten und dort faire Wettbewerbsbedingungen vorfinden (der tägliche Waren- und Dienstleistungsaustausch zwischen EU und Volksrepublik beläuft sich auf 1,5 Milliarden €).

Wenn mittel- und osteuropäische Regierungen den Verlockungen chinesischer Investitionen erliegen, begeben sie sich in chinesische Abhängigkeit und entfernen sich von den Interessen der Europäischen Union. Mit dem Technologieriesen HUWEI strebt China sogar die digitale Weltherrschaft an. Wenn Donald Trump dem einen Riegel vorschob und mit China einen Handelskrieg eröffnete, so wirkte er dabei unbewusst als Verbündeter Europas. Amerika und die EU ziehen an einem Strang, wenn es um Streitpunkte wie Handel, Spionage und Technologiediebstahl, aber auch um ideologische Fragen wie Menschenrechte und die Behandlung von Taiwan und Hongkong geht. Der Handelskonflikt zwischen den USA und China weitet sich allmählich zum geopolitischen Konflikt aus. Beide Großmächte buhlen um Verbündete, wobei sich Washington vermehrt auf Europa stützen wird, Peking sich hingegen auf den asiatisch-pazifischen Raum konzentriert, aus dem sich die USA mehr und mehr zurückziehen. 2017 kündigten die USA das Handelsabkommen der TTP („Transpazifische Partnerschaft") auf und hinterließen so einen wirtschaftspolitischen Leerraum, in den China hineinstieß: Mit seiner Mitgliedschaft an der im November 2020 gegründeten RCEP („Regional Comprehensive Economic Partnership", siehe unten) wird China die größte Freihandelszone der Erde mit 2,2 Milliarden Menschen aus 15 Nationen (darunter Japan, Australien, Neuseeland usw.) dominieren. Anlässlich der UN-Generalversammlung am 22. September 2020 und einer China-feindlichen Rede von US-Präsident

---

50 Clive Hamilton, Mareike Ohlberg: Die lautlose Eroberung. Wie China westliche Demokratien unterwandert und die Welt neu ordnet. München 2020.

Trump warnte der UNO-Generalsekretär António Guterres vor einem neuen Kalten Krieg zwischen den beiden größten Volkswirtschaften der Erde. Aber dieser neue Kalte Krieg ist längst ausgebrochen. Eines jedenfalls gibt den westlichen Analytikern zu denken: Wie ist es nur möglich, dass ein System Großmachtinteressen, Wirtschaftswachstum und gesellschaftliche Entwicklung erfolgreich vorantreibt und gleichzeitig weder Demokratie noch Menschenrechte oder Meinungsfreiheit zulässt? Gibt es also doch noch einen anderen Weg als den der europäischen Aufklärung?

8.3 Russische Föderation unter Präsident Putin

17 Mill. km², 144,4 Mill. Einwohner

8.3.1 Innere Stabilisierung

Einst war die Weltöffentlichkeit froh, als nach drei alten, kranken sowjetischen Staatschefs (Breschnew, Andropow, Černenko) ein junger, gesunder Michail Gorbatschow 1985 die Macht in der UdSSR übernahm. Sein Bemühen, den Kommunismus und mit ihm die Sowjetunion zu retten, war bekanntlich nicht von Erfolg gekrönt: Am 31. Dezember 1991 hörte die UdSSR zu bestehen auf. 1999 wiederholte sich die Situation, wenngleich unter anderen Vorzeichen, als der kranke russische Präsident Boris Jelzin (seit 1992) zurücktrat und den 47-jährigen, bis dato unbekannten ehemaligen KGB-Offizier *Wladimir Putin* als seinen Nachfolger installierte.[51] Allgemein herrschte Erleichterung und auch Neugierde, aber diese sind längst der Ernüchterung gewichen. Während Gorbatschow seinerzeit von der Weltöffentlichkeit – allerdings nicht von den Sowjetbürgern – umjubelt und sogar mit dem Friedensnobelpreis ausgezeichnet wurde, stößt Putin weltweit auf Misstrauen und Ablehnung. Seit seinem Machtantritt sind inzwischen mehr als zwei Jahrzehnte vergangen, und Putin hat nicht die Absicht, seine Macht jemals wieder abzugeben. Die von einem Votum im Juli 2020 abgesegnete Verfassungsänderung macht dies möglich: Putin kann nun bis zum Jahr 2036 regieren. Die russische Bevölkerung hat eine Umwandlung ihres Staates in eine Quasi-Monarchie mit 76 Prozent der Stimmen bei einer Wahlbeteiligung von 65 Prozent offensichtlich goutiert. Bei seiner ersten Wahl im März 2000 war Putin erst auf 53 Prozent der Wählerstimmen gekommen. Danach erhöhte sich seine Beliebtheit, weil er Russland in militärischer Hinsicht wieder zur Weltgeltung verholfen hat. Es ist ja ein

---

51 Hubert Seipel: Putin. Innenansichten der Macht. Hamburg 2015.

eigenartiges Phänomen der russischen Gesellschaft, dass ihr die äußere Machtstellung mehr bedeutet als der innere Wohlstand (2019 lebten 14 Prozent der Bevölkerung unter dem Existenzminimum). Bei Jelzin hatten die Menschen angesichts der völlig vernachlässigten Streitkräfte das Gefühl, dass man Russland außenpolitisch nicht mehr ernst nahm, ja, dass sich die Welt an Russland „die Schuhe abputzte". Unter Putin änderte sich das schlagartig: Gestiegene Rohölpreise machten es möglich, dass Moskau wieder viel Geld in die Armee pumpen und Russland zur militärischen – nicht wirtschaftlichen – Großmacht erheben konnte. Wehmütig meinte der Politpensionist Gorbatschow, dass es bei solchen Erdölpreisen, wie es sie seit der Jahrtausendwende gab, nicht zum Zusammenbruch der Sowjetunion gekommen wäre...

Putins Regierungszeit lässt sich in mehrere Phasen gliedern. Gleich zu Beginn warf der Untergang des atombetriebenen U-Bootes „Kursk", bei dem die gesamte Besatzung mit 200 Mann ums Leben kam, ein schlechtes Licht auf das Krisenmanagement des Präsidenten (ähnlich peinlich war im August 2005 die Havarie eines U-Bootes, das nur mit britischer Hilfe gerettet werden konnte). Nichtsdestoweniger erwies sich Putin in seiner ersten Phase als der von den Russen ersehnte „starke Mann". Er konnte mit dem blutigen Terror tschetschenischer Separatisten fertig werden, den (zweiten) Tschetschenienkrieg (1999–2003) beenden und bis 2007 den Widerstand dieser abtrünnigen Kaukasusrepublik weitestgehend brechen. Putins Mann fürs Grobe, *Ramsan Kadyrow* (seit 2006), dreht als tschtschenischer Republikspräsident mit harter Hand den Konflikt auf Sparflamme herunter.

Die zweite Phase von Putins Regierung (etwa ab 2007) zeigt den Staatschef als das, was er eigentlich ist: als den Autokraten. Er nutzte die guten wirtschaftlichen Jahre, um seine Macht zu festigen – und um einer wirtschaftlichen „Elite" die Möglichkeit zu geben, sagenhafte Reichtümer anzuhäufen. Russlands System entspricht heute dem Musterbeispiel einer autoritären Kleptokratie mit 110 Dollar-Milliardären und 200.000 Millionären. Diese „Oligarchen" tun im eigenen Interesse gut daran, Putin zu unterstützen – wer sich nicht an diese Regel hält, findet sich kraft gelenkter Gerichtsverfahren in sibirischen Gefängnissen wieder – zumal die Anklage auf Steuerhinterziehung wohl bei jedem erfolgreich erhoben werden kann. Von Rechtsstaatlichkeit kann in Russland keine Rede sein, durch Einschränkung bürgerlicher Freiheiten und demokratischer Grundrechte nützt Putin jede Gelegenheit, seine Macht weiter auszubauen. Aber auch von einer gedeihlichen Wirtschaftsentwicklung kann keine Rede sein, dazu verschlingen Aufrüstung und außenpolitische Abenteuer zu viel Geld. So führte Russland 2008 einen Fünftage-Krieg gegen den kleinen Nachbarstaat **Georgien** (69.700 km², 3,7 Millionen Einwohner), um dessen abtrünnige Provinzen Abchasien und Südossetien endgültig vom Mutterland zu trennen und in eine Scheinunabhängigkeit von Moskaus Gnaden zu führen. Der Waffengang kostete 850 Menschenleben. Russland hat in beiden Gebieten tausende Soldaten stationiert und gewährt großzügige Finanzhilfen. Damit konnte Putin zumindest an der Südflanke Russlands den allfälligen NATO-Beitritt von angrenzenden Staaten verhindern, während er anno 2004 im Westen noch tatenlos die NATO-Eingliederung von sieben an Russland grenzenden Staaten hinnehmen musste. Klar ist jedenfalls, dass Moskau nicht länger gewillt ist, Partner des westlichen Bündnisses zu sein und die alte Rivalität zur USA wieder aufzukochen gedenkt.

8.3.2 Aggressive Außenpolitik

Nach einer verfassungsbedingten vierjährigen Zwangspause ab 2008, in der Putin als Staatspräsident zurücktrat und seinem politischen Ziehsohn, dem unermesslich reichen Oligarchen *Dimitri Medwedjef* das Feld überließ, im Hintergrund aber als Ministerpräsident weiterhin die Fäden zog, begann 2012 die dritte Phase der Herrschaft Putins. Man könnte sie bezeichnen als „Putin, der Aggressive". Auf einmal sackte der Ölpreis ab, woran die USA durch massive Erdölexporte nicht ganz unschuldig waren. Der Rubel musste stark abwerten, nach wie vor flossen gigantische Kapitalmengen ins Ausland (allein 2013: 63 Mrd. US $). Weil Russlands ölpreisgetriebenes Wachstumsmodell plötzlich nicht mehr funktionierte und das BIP ab 2015 ein Minuswachstum aufwies, sah es so aus, als ob Putin die wirtschaftliche Stagnation durch außenpolitische Abenteuer zu kompensieren trachtete: Noch bevor die Ukraine-Krise eskalierte[52] (**Ukraine**: 603.500 km², 44,4 Mill. Einwohner), fanden im Februar 2014 die XXII. Olympischen Winterspiele im Schwarzmeerküsten-Erholungsort Sotschi statt; sie waren ein mit 50 Mrd. US $ bezifferten Kosten allzu teuer erkaufter kurzfristiger Prestigeerfolg, der im Landesinneren wohl goutiert, von der internationalen Öffentlichkeit jedoch nicht mehr gewürdigt wurde. Denn noch während die Spiele im Gange waren, unternahmen russische Spezialtruppen gemeinsam mit sog. „Selbstverteidigungskräften" eine militärische Invasion in der zur Ukraine gehörenden Halbinsel Krim. Am 16. März wurde überhastet und ohne internationale Anerkennung ein Referendum abgehalten, wonach angeblich 97 % der Krimbevölkerung für die Angliederung der Halbinsel an Russland votierten (die Krimtataren, etwa 16 % der Bevölkerung, boykottierten

---

52 Walter Feichtinger, Christian Steppan: Gordischer Knoten Ukraine. = Militärwissenschaftliche Studien der Landesverteidigungsakademie. Wien 2017.

das Referendum). Putin peitschte den Anschluss durch und ignorierte die vorerst nur lahmen Sanktionen von USA und EU. Seine völkerrechtliche Begründung lautete dahin, dass einst, anno 1954, Nikita Chruschtschow (1953–1964) die Krim unrechtmäßig der Ukrainischen Sowjetrepublik zugeschlagen hätte. Das zwischen den USA, Großbritannien und Russland am 5. Dezember 1994 verabschiedete Budapester Memorandum ignorierte er hingegen: Demnach verpflichteten sich die Vertragsstaaten, die Souveränität und die bestehenden Grenzen von Kasachstan, Weißrussland und der Ukraine zu achten, dafür mussten diese im Gegenzug alle auf ihrem Gebiet lagernden Nuklearwaffen an Russland übergeben (was bis 1996 auch geschah). Noch im März 2014 begann die eigentliche Ukraine-Krise: Prorussische Aktivisten und russische bewaffnete „Freiwillige" destabilisierten die Ostukrainischen Territorien Donezk und Luhansk. Der Militäreinsatz regulärer ukrainischer Truppen blieb trotz heftiger Kämpfe erfolglos, und am 11. Mai konnte nach einem (illegalen) Referendum die staatliche Eigenständigkeit der Volksrepubliken Donezk und Luhansk erklärt werden. Der Dauerkonflikt kostete seit seinem Ausbruch 2014 bis zum Jahr 2020 über 13.000 Menschenleben, etwa 1,2 Millionen Flüchtlinge und ein zerstörtes Land. Trotz einer eingerichteten Pufferzone gibt es bis heute keinen Frieden, aber Russland konnte in der Ostukraine seine Herrschaft festigen und tausende Soldaten stationieren – was Moskau freilich dementierte. Am 17. Juli 2014 schossen Separatisten aus dem Gebiet Donezk mit einer Flugabwehrrakete aus russischen Beständen ein malaysisches Verkehrsflugzeug mit 298 Insassen ab. Nun gab es umfangreiche Sanktionen seitens der USA, der EU und Kanadas, die in einen regelrechten Wirtschaftskrieg mündeten. Dass die Ukraine ihrerseits kein wohl organisierter Rechtsstaat ist, sei allerdings auch angemerkt: Zwei blutige, aber letztlich erfolglose Aufstände gegen korrupte Präsidenten (2004: „Orange Revolution", 2014: „Maidan-Revolution"), die nichts gegen die Macht der Oligarchenclans unternahmen und demokratische Rechte aushöhlten, geben das düstere Bild einer nicht geglückten Transformation von der einstigen Plan- zur Marktwirtschaft.

Als anno 2011 die NATO in den libyschen Bürgerkrieg eingriff und so den Sturz des langjährigen Diktators Muamar al-Gaddhafi (seit 1969) ermöglichte, sah Moskau tatenlos zu. Putin wollte kein zweites Mal im arabischen Raum dem westlichen Bündnis die Chance geben, eine Entscheidung herbeizuführen, daher griff er einerseits in den neu entbrannten libyschen Bürgerkrieg auf Seiten des Rebellengenerals Haftar ein, andererseits in den syrischen Bürgerkrieg und rettete dort das mörderische Regime von Baschar al-Assad (seit 2000) vor dem Untergang (zugleich rettete er den russischen Marinestützpunkt in Tartus). Aber Russlands Militärintervention in Syrien verkomplizierte die Lage in dem zerschundenen Bürgerkriegsland noch weiter, weil einander hier nicht nur die Regierungstruppen gegen gemäßigte und radikalislamistische Rebellen kämpfen, sondern sich auch die benachbarten Mächte Iran und Türkei militärisch engagieren. Die USA denken freilich gar nicht daran, sich so wie einst im Irak hier ebenfalls die Finger zu verbrennen.

Wie steht Russland heute da? Putins außenpolitisches Programm sieht die Restauration russischer Macht vor.[53] Wie zu Sowjetzeiten soll nicht nur der arabische Raum, sondern auch in Teilen Afrikas der geostrategische Einfluss erweitert werden; zu diesem Vorhaben zählt die geplante Errichtung eines Marinestützpunktes in Port Sudan am Roten Meer. Doch erkennt Putin natürlich auch, dass Russland zwar eine militärische Großmacht, aber ein ökonomischer Zwerg ist, der beispielsweise verglichen mit den Niederlanden bei einer achtmal so großen Bevölkerung (143 Millionen zu 17 Millionen) nur etwas mehr als das doppelte BIP (1600 Mrd. zu 733 Mrd. $) aufbringt. Selbst die gewaltige militärische Stärke wird angesichts des wirtschaftlichen Niedergangs allmählich abnehmen müssen. Es kann passieren, dass Putin die innere Depression durch weitere außenpolitische Abenteuer kompensieren möchte, um wieder eine größere Zustimmung für seine Regierung zu generieren. Dazu passt eine neue Verteidigungsdoktrin, die Putin im Juni 2020 absegnete: Fortan könne jeder Angriff auf russisches Territorium, sei er konventionell oder nuklear, mit atomaren Waffen beantwortet werden.

Die Unruhen in **Belarus (Weißrussland)** (207.600 km^2, 9,5 Millionen Einwohner) passten dem russischen Präsidenten gar nicht ins Konzept, denn dieser artverwandte Nachbarstaat drohte bisher nicht, so wie die Ukraine, in die westliche Einflusszone abzudriften. Der zwar eigenwillige, aber doch moskautreue Langzeitmachthaber *Alexander Lukaschenko* hielt sein Land seit 1994 unter despotischer Kontrolle. Seine berüchtigten Todesschwadronen ließen etliche Oppositionelle für immer verschwinden, aber immerhin sorgte er für stabile Verhältnisse, hielt die politische Balance zwischen dem Westen und Russland aufrecht und sicherte der Bevölkerung einen bescheidenen Wohlstand. Doch sein System erstarrte. Wie viele andere Politiker wäre er vielleicht als positive Erscheinung in die Geschichte seines Landes eingegangen, wäre er rechtzeitig – etwa nach zehn, längstens 15 Jahren der Regierung – zurückgetreten. Aber auch Lukaschenko konnte die Zeichen der Zeit nicht erkennen und die Macht nicht freiwillig abgeben. Eine plump gefälschte Präsidentenwahl am 9. August 2020

---

53 Boris Reitschuster: Wie Moskau den Westen destabilisiert. Berlin 2016. – Walter Schilling: Russlands Wiederaufstieg. Wladimir Putins zielbewusster Weg. Stuttgart 2018.

brachte ihn jedoch in Bedrängnis, als sich eine nie geahnte Protestwelle erhob und die Anhängerschaft der Demokratie-Aktivisten von Tag zu Tag zunahm. Lukaschenko beantwortete die Demonstrationen mit harten Polizeimaßnahmen und hofft wie alle Diktatoren in einer ähnlichen Situation, die Krise mit Gewalt zu unterdrücken und auszusitzen. Bisher vergebens. Inzwischen wurden von einzelnen EU-Staaten, allen voran von den drei baltischen Ländern, erste Sanktionen gegen die belarussische Regierung erhoben. Putin hingegen versprach Lukaschenko seine Unterstützung – gewiss damit das Beispiel Weißrusslands nicht in seinem Riesenreich Schule macht.

Um das Jahr 2020 lagen die Beliebtheitswerte des Präsidenten gerade einmal bei 27 Prozent. Aber er und „seine" Oligarchen werden alles daran setzen, die inneren Machtverhältnisse zu bewahren, um nicht ihre sagenhaften Reichtümer aufs Spiel zu setzen. Die oben erwähnte Verfassungsänderung vom Juli 2020 gewährleistet Putin einen Verbleib an der Macht bis zum Jahr 2036 (und darüber hinaus lebenslange Straffreiheit für sich und seine Familie). Und wehe dem, der es wagt, am Kreml und der Oligarchenclique Kritik zu üben oder gar Missstände aufzuzeigen. Ihn erwartet ein gnadenloses Schicksal, wie das jüngste Beispiel von Alexej Nawalny zeigt: Dieser führende Oppositionelle und virtuose Netzwerkaktivist hatte eine „Stiftung zur Bekämpfung der Korruption" ins Leben gerufen; er könnte mit ihr dem Regime gefährlich werden, also wurde er Ende August 2020 von einem (inzwischen sogar namentlich bekannten) Agenten des russischen Inlandsgeheimdienstes FSB mit dem Nervengift Nowitschok vergiftet – er überlebte in einer deutschen Klinik. Giftanschläge gab es schon früher, so 2006 auf den ehemaligen KGB-Agenten und Überläufer Alexander Litwinenko durch radioaktives Plutonium, 2018 auf den Überläufer Sergej Skripal, ebenfalls durch Nowitschok. Auch viele unliebsame Journalisten bezahlten in den letzten Jahren ihre mutigen Recherchen mit dem Leben – manche wurden vergiftet, andere auf offener Straße erschossen. Putin hat es längst verstanden, in Russland ein Klima der Einschüchterung und Angst zu schaffen.

Wie allen Regierungen macht auch dem Kreml die Corona-Krise (siehe unten) schwer zu schaffen. Wie in allen Staaten litt auch die russische Wirtschaft unter der Corona-Pandemie – man erwartet für 2020 einen BIP-Rückgang von fünf bis zehn Prozent. Aber die russische Wirtschaft wird sich vielleicht besser halten als manche andere Volkswirtschaft, denn die großen rohstofforientierten und auch die systemerhaltenden Betriebe müssen wegen ihrer Staatsnähe keine Konkurrenz befürchten und produzieren weiter. Und die sozial Schwachen – Rentner, Angestellte im öffentlichen Sektor, Arbeitslose – dürfen mit Sonderzuwendungen rechnen.

8.4 Japan

378.000 km², 126 Millionen Einwohner

In den 1980er-Jahren überstrahlte die damals noch zweitgrößte Wirtschaftsmacht der Erde den Weltmarkt. Japanische Autos, japanische Elektronik und optische Geräte aus Japan füllten europäische und amerikanische Handelshäuser. Aber seit den 1990er-Jahren stagniert die Wirtschaft. Das bis dahin so erfolgreiche Japan hatte es verabsäumt, sich weiterzuentwickeln – die Firmen konzentrierten sich zu sehr auf Auslandsinvestitionen und vernachlässigten dabei die inländischen Standorte. Im staatskapitalistischen China und auch in Taiwan und Südkorea sind übermächtige Konkurrenten groß geworden, die dem Inselstaat den Rang ablaufen. Dessen Beitritt zur „Regional Comprehensive Economic Partnership" (RCEP, siehe oben) im November 2020 sollte Nippons Exportindustrie angesichts der nunmehr zollfreien Ausfuhren in den Asien-Pazifik-Raum neuen Schwung verleihen.

Während die Wirtschaft kaum mehr wächst, explodiert die Staatsverschuldung, sie betrug (noch vor der Corona-Krise) anno 2019 bereits 240 Prozent des Nationalprodukts. Kein Industrieland der Welt hat sich bisher an staatliche Schulden um mehr als die doppelte Wirtschaftsleistung gewagt; eine weitere Erhöhung des Schuldenberges ist für 2021 geplant. Und gewachsen ist auch die Lebenserwartung: Japan kämpft mit dem demographischen Problem der Überalterung: Heute liegt das Durchschnittsalter bereits bei 48 Jahren, bis 2050 wird es auf knapp 55 Jahre ansteigen. Es wird immer schwieriger werden, Arbeitskräfte zu finden. Daher beschloss die Regierung bereits 2018, bis zum Jahr 2025 über 500.000 ausländische Arbeitskräfte einzustellen; diese sollen eine Aufenthaltsgenehmigung von bis zu fünf Jahren erhalten.

9 Regionale Player

9.1 Indien

3,3 Mill. km², 1,4 Mrd. Einwohner

Das riesige Indien ist trotz seiner 1,4 Mrd. Einwohner und trotz seines Besitzes an Kernwaffen kein „global player", denn einerseits ist die Außenpolitik durch den Dauerkonflikt mit Pakistan und gelegentlich auch mit China gelähmt, andererseits behindern das Kastenwesen und die mangelhafte Schulbildung (erst 2009 allgemeine Schulpflicht!) sowie die schlechte Stellung der Frauen eine raschere Entwicklung. Oft wird Indien mit China verglichen, aber der Vergleich passt heute nur mehr hinsichtlich der Größe. China entsagte 1982 der Planwirtschaft, Indien erst 1991, als die allmächtige Kongresspartei, die seit der Staatsgründung 1947 die Macht innehatte, abgewählt wurde und mit ihr die verunglückte „mixed economy" (der sog. „indischer Weg zum Sozialismus") ein Ende fand. Seither findet in Indien ein ähnlich rasantes Wirtschaftswachstum statt wie in China.

Die nicht enden wollende Dauerkrise mit Pakistan verschlingt enorme Geldsummen und kostete bereits hunderttausende Menschenleben. In diesem schwelenden Regionalkonflikt zwischen den beiden Atommächten geht es um das mehrheitlich von Moslems bewohnte Kaschmir, das bei der Staatsgründung 1947 Indien zugeschlagen worden war, aber stets von Pakistan beansprucht wird. Wenn die Auseinandersetzung auch nicht wie 1947, 1965, 1971 und 2003 in regelrechte Kriege ausarteten, bei denen Pakistans Armee stets den Kürzeren gezogen hatte, kommt es an der Grenze immer wieder zu verlustreichen Schusswechseln, allein zwischen 1990 und 2016 zählte man dort 44.000 Tote. Neue Spannungen gab es 2016 und 2019. Indien hat schätzungsweise bis zu 600.000 Soldaten in der Region stationiert. Es gelingt diesen aber nicht, die militanten Rebellengruppen wie die islamistische „Hizbul Mujahideen" zu entwaffnen; vielmehr verüben militante Moslems immer wieder Anschläge nicht nur an der Grenze, sondern auch tief im indischen Hinterland. Weiteres Öl ins Feuer goss Indien 2020, als es der Provinz Kaschmir den Autonomiestatus entzog und dadurch allfällige Sonderrechte der moslemischen Bevölkerungsmehrheit sistierte. Dies führt direkt zum zweiten Brennpunkt der indischen Außenpolitik, der sich auf den mächtigen Rivalen China bezieht.[54] Zwar werden

---

54 Michael Staack, David Groten (Hgg.): China und Indien im regionalen und globalen Umfeld. Opladen, Berlin 2018.

die Gegensätze zumeist auf niederschwelliger diplomatischer Ebene geführt,[55] 1962 gab es aber auch schon einen Krieg, den China für sich entschieden hat. Nach wie vor erhebt Peking zudem Anspruch auf die Himalaja-Region Ladakh mit einer Fläche von rund 90.000 km² und war verstimmt, als Indiens Regierungschef Narendra Modi (seit 2014) im Jahr 2019 dieses Gebiet vom Bundesstaat Jammu und Kaschmir abgetrennt und der Zentralregierung unterstellt hatte. Das von China forcierte große Seidenstraßenprojekt klammert Indien aus, es hat sich diesbezüglich versagt; umso mehr will China Indiens Nachbarn Pakistan, Nepal, Myanmar, Sri Lanka und die Malediven einbeziehen.

Indiens Wirtschaft und Gesellschaft weist unglaubliche Gegensätze auf: Einerseits ist Indien ein Entwicklungsland, in dem 70 Millionen Menschen (5 % der Bevölkerung) in absoluter Armut leben und mit weniger als 1,9 $ pro Tag auskommen müssen. Zwar entfliehen täglich 43 Inder dem extremen Elend – es geht also aufwärts. Aber immer noch bildet der informelle Sektor (Kleinbetriebe und Selbständige) das Rückgrat der Volkswirtschaft. Dabei ist Indien eine klassische IT-Nation. Der Informatiksektor ist übrigens eine Domäne der obersten Kasten; so sitzt beispielsweise ein Brahmane (Priesterkaste) vormittags im Tempel vor dem ihm zugewiesenen (ererbten) Altar, nachmittags arbeitet er als Programmierer im Büro. Auch das Ingenieurwesen ist den oberen Kasten vorbehalten, wobei das Problem darin besteht, dass sich deren Mitglieder nicht die Hände schmutzig machen wollen, dass also in der Praxis ein Ingenieur nie einen Motor anfassen würde. Das hinduistische Kastenwesen erweist sich bei jeder Gelegenheit als großer Hemmschuh der Entwicklung. Schon die Briten hatten 1934 eine Quotenregelung eingeführt, die allen Kastenmitgliedern, insbesondere den Dalit (Unberührbare) einen bestimmten Prozentsatz von Abgeordneten, Studien- und Collegeplätzen usw. zuwies. Dies führte und führt zu ständigen Unruhen, 1990 kam es zu einem Krieg der Kasten, 2018 lieferten einander radikale Hindus und Dalits gewaltsame Auseinandersetzungen. Dabei wurde schon zweimal ein Dalit zum Staatsoberhaupt gewählt – zuletzt 2017 der auch heute amtierende Ram Nath Kovind.

Nach dem Jahrzehnte währenden Klima der religiösen Toleranz hat vor der Jahrtausendwende der politische Islam die Gegenbewegung des Hindu-Nationalismus hervorgerufen und bereits auf beiden Seiten viele Opfer von Attentaten und Lynchmorden gekostet. Es brechen sogar religiös motivierte Pogrome wie 1992 in Ayodhya aus, wo fanatische Hindus eine Moschee aus

---

55 Heinz Nissel: Indien und China. Konkurrenten in der Neuen Weltordnung. In: ÖMZ 5, 2020 S. 559–569.

dem 16. Jahrhundert, die angeblich auf dem Geburtsort einer Gottheit errichtet worden war, niederrissen und 69 Moslems ermordeten (2019 gab der Oberste Gerichtshof die Erlaubnis zum Bau eines Hindu-Tempels auf einem Ersatzstandort). Die latenten Spannungen zwischen Hindus (80 % der Bevölkerung) und Moslems (11 %) erhalten mit dem Amtsantritt von Präsident Konvid, einem Hindu-Nationalisten, neue Nahrung.

Laut Verfassung sind in Indien die Frauen gleichberechtigt, die alltägliche Praxis sieht allerdings anders aus. Sexuelle Gewalt, oft sogar Gruppenvergewaltigungen, sind in Indien weit verbreitet und werden allzu oft nicht geahndet. Witwenverbrennungen kommen zwar nicht mehr vor, Kerosinmorde an Ehefrauen, deren Eltern die Mitgiftnachforderung des Ehemannes nicht zu zahlen bereit sind, finden aber immer noch statt und werden oft als „Haushaltsunfall" bagatellisiert. Im Vergleich zu China mit seiner auch gesellschaftlich mehr oder weniger anerkannten Gleichstellung der Geschlechter fällt hier Indien weit ab.

9.2 Türkei

785.000 km², 83,4 Mill. Einwohner

9.2.1 Unruhige Innenpolitik

Das Osmanische Reich war einst ein Vielvölkerstaat, dasselbe trifft auf dessen Rechtsnachfolger, die Republik Türkei, zu. Vergangenheit und Gegenwart beweisen, dass die Türken nicht zimperlich mit ihren Minderheiten umgingen und umgehen: Während des Ersten Weltkriegs organisierten sie den ersten Genozid des 20. Jahrhunderts (ca. eine Million Tote), wobei sie sich großteils nicht selbst die Hände schmutzig machten, sondern die eine verhasste Minderheit, die Kurden, gegen die andere verhasste Minderheit, die Armenier, hetzten. Nach Kriegsende bewiesen die Türken eine Lehre aus der Geschichte: Wer sich nicht wehrt, bekommt niemals Recht, wer sich hingegen wehrt, bekommt manchmal Recht. Unter Anleitung des Weltkriegsgenerals Mustafa Kemal Paşa, gen. Atatürk („Vater der Türken") setzten sich die Türken zur Wehr gegen das Friedensdiktat von Sèvres (1920) und erzwangen nach dem siegreich beendeten griechisch-türkischen Krieg (1919–1922) den für sie günstigen Friedensvertrag von Lausanne. Atatürk wurde erster Staatspräsident (1923–1938) und formte mit gewaltiger Anstrengung die Türkei zum europäisch orientierten säkularen Nationalstaat um. Dabei ging er rücksichtslos gegen jahrhundertealte Traditionen vor, vor allem entmachtete er die islamische Geistlichkeit und hob 1924 das Kalifat auf – damit ignorierte er die Mentalität weiter Teile der Bevölkerung.

Nichtsdestoweniger ließ er im ganzen Land tausende Moscheen errichten, was die osmanischen Herrscher in den Jahrhunderten zuvor verabsäumt hatten. Die Türkei war und ist immer noch ein gespaltenes Land. Zur Erzwingung eines homogenen Nationalstaates nahm Atatürk den Kurden (etwa 15 bis 20 Prozent der Bevölkerung) ihre ethnische Identität, indem er sie „Bergtürken" nannte und sogar Zwangsumsiedlungen anordnete. Der erste Kurdenaufstand brach 1937 aus.

Während des Zweiten Weltkriegs verhielt sich die Türkei die längste Zeit neutral, erst 1945 erklärte sie Deutschland und Japan den Krieg, um dafür in die UNO aufgenommen zu werden.1952 wurde sie NATO-Mitglied, wodurch es der Sowjetunion unmöglich war, die alte russische Hoffnung auf die Gewinnung der Meerengen (Bosporus und Dardanellen) zu verwirklichen. Die NATO-Mitgliedschaft sichert auch den Frieden mit dem ungeliebten NATO-Partner Griechenland, mit dem es zwei bis dato ungelöste Konflikte gibt: Der eine kreist um die seit 1974 schwelende Zypernkrise, der andere um vermutete Öl- bzw. Gasvorkommen in der Ägäis: Griechenland beansprucht die international gültige Grenze des eigenen Hoheitsgewässers von 12 Meilen rund um jede griechische Insel, wodurch fast das gesamte ägäische Meer zu Griechenland gehört; die Türkei argumentiert hingegen nicht oberflächlich, sondern geologisch und beansprucht ihre Schürfrechte auf dem kleinasiatischen Festlandsockel, der ebenfalls weit in die Ägäis hineinreicht.

Nach dem Zweiten Weltkrieg wurden in der Türkei politische Parteien zugelassen, es gibt also schon eine lange demokratische Tradition, doch wird diese durch die massive Missachtung der Menschenrechte, durch immer wieder vorkommende Terroranschläge linker, rechter oder kurdischer Gruppen, durch politisch motivierte Morde und durch eine von der Politik gelenkte Justiz konterkariert. Bis zum Jahr 2004 war die Armee die „Gralshüterin" des Kemalismus. Wenn die gewählte Regierung den von Atatürk vorgegebenen Kurs verließ und zu stark nach rechts oder nach links abwich, putschten die Generäle, errichteten eine kurzzeitige Militärdiktatur, änderten die Verfassung, gaben aber nach wenigen Jahren (und etlichen Todesurteilen) die Macht wieder ab.1960 stürzten die Militärs unter Oberst Alparsan Türkeş den Ministerpräsidenten Adnan Menderes (seit 1950) und ließen ihn sogar hängen. Seither wechselten häufig die Regierungen und boten das Bild eines instabilen, von massiven Wirtschaftsproblemen gezeichneten Landes. In den 1970er-Jahren lösten einander der konservative Suleiman Demirel (Gerechtigkeitspartei) und der betont laizistische Bülent Ecevit (Republikanische Volkspartei) mehrmals im Amt des Ministerpräsidenten ab, 1971 und auch 1980 putschte das Militär,

1997 beließ es die Armee bei einer Warnung, um Ministerpräsident Necmettin Erbakan zum Amtsverzicht zu bewegen. Seit den 1980er-Jahren gewannen radikal-fundamentalistische islamische Gruppen eine immer größere Anhängerschar, gleichzeitig verschärfte sich die Lage der unterdrückten Kurden, die ihrerseits türkische Dörfer überfielen und Massaker anrichteten. Die dramatische Wende der Kurdenpolitik erfolgte 1991, wohl als Reaktion auf den zweiten Golfkrieg: Die Armee griff kurdische Siedlungen im Irak an, um Stellungen der als Terrororganisation eingestuften (kommunistischen) PKK zu zerstören. Über Ostanatolien wurde der Ausnahmezustand verhängt, kurdische Dörfer wurden bombardiert. Dem Terror der Armee folgte der Gegenterror der Kurden. 1992 erklärte die PKK Ankara den Krieg und forderte einen eigenen Kurdenstaat. Die Armee führte ab Mitte der 1990er-Jahre einen Zweifrontenkrieg: einerseits gegen die Kurden, zu deren Niederhalten 300.000 Soldaten mobilisiert wurden (tägliche Kosten: 3 Millionen US $), andererseits gegen die immer stärker werdenden Islamisten, die drauf und dran waren (und sind), die Nation zu spalten. 1999 gelang dem Geheimdienst ein Coup, als er den PKK-Chef, Abdullah Öcalan, aus Nairobi entführen und in der Türkei vor Gericht stellen konnte. Angesichts der Bemühungen um einen EU-Beitritt wurde das ausgesprochene Todesurteil vorerst nicht vollstreckt. Um den Status eines Beitrittskandidaten zu erhalten, musste Ankara die Todesstrafe überhaupt ganz abschaffen, ferner den Völkermord an den Armeniern anerkennen, die Korruption bekämpfen, die Meinungsfreiheit sowie die Gleichberechtigung der Frauen herstellen, vor allem aber den Kurden kulturelle Rechte gewähren und kurdisch als Unterrichtssprache zulassen. Damit wurde der Ausnahmezustand in Ostanatolien nach 15 Jahren aufgehoben (die Kampfhandlungen endeten dennoch nicht). Eine weitere EU-Vorgabe betraf den Rückzug des Militärs aus der Politik. Daher wurde 2004 der allmächtige Nationale Sicherheitsrat einem Zivilisten übergeben, eine Verfassungsreform beendete 2010 endgültig die Macht des Militärs.

9.2.2 Erdoğans Machtantritt

Im Jahr 2003 wurde der ehemalige Bürgermeister von Istanbul, *Recep Tayyip Erdoğan*, zum Ministerpräsidenten, 2014 zum Staatspräsidenten erhoben. Als Chef der islamistisch orientierten AKP (Partei für Gerechtigkeit und Entwicklung) setzte er nach und nach Maßnahmen durch, die den kemalistischen Laizismus systematisch untergruben. Der gesellschaftliche Aufbruch fand mit der Rückkehr zum religiös geprägten Staat ein Ende. So wurden 2010 das seit 1989 geltende Kopftuchverbot an den Universitäten aufgehoben und die Alkoholgesetzgebung verschärft. Mit solchen und ähnlichen Maßnahmen trieb der Präsident einen Keil zwischen den konservativen und den fortschrittlichen Teil der Gesellschaft. Zeichen für die gespaltene Nation waren 2013/2014 die heftigen, monatelangen Proteste gegen Verbauungspläne der Regierung auf dem Taksim-Platz (Gezi-Park) in Istanbul. Den Demonstranten ging es weniger um die Sache als um die Bekundung ihrer Gegnerschaft zu Erdoğan, der zwar die Bausache fallen ließ, aber immer autoritärer regierte, tausende Polizisten zwangsversetzte, die richterliche Unabhängigkeit einschränkte, das Internet unter staatliche Kontrolle stellte, die Befugnisse des Geheimdienstes ausweitete und ganz allgemein die Gewaltentrennung systematisch aushöhlte. Polizeibeamte, die gegen die Regierung wegen Korruptionsverdachts ermittelten, wurden entlassen. Immerhin sprach Erdoğan als erster türkischer Ministerpräsident den Armeniern wegen des Genozids von 1915 sein Beileid aus.

In der Kurdenpolitik ist Erdoğan dramatisch gescheitert. Noch 2009 setzte er (gegen den Willen der Armee und der Kemalisten) Zeichen der Versöhnung, indem er eigene kurdische Sender und Ortstafeln zuließ und viele Aktivisten amnestierte. Doch der Friedensprozess geriet 2014 ins Stocken, weil es die Türkei bewusst unterlassen hatte, die von der Terrororganisation Islamischer Staat (IS) belagerte grenznahe nordsyrische Stadt Kobane zu unterstützen und türkische Kurden sogar daran hinderte, den syrischen Kurden bei der Verteidigung zu Hilfe zu kommen (siehe unten). Ja mehr noch: Erdoğan bezeichnete die syrisch-kurdischen Volksverteidigungseinheiten (YPG) als Terrororganisation. Erst auf Druck der USA gestattete er widerwillig kurdischen Peschmerga aus dem Irak den Durchmarsch durch türkisches Territorium zur Entsetzung Kobanes. Alle Hoffnungen auf eine Einigung mit den Kurden wurden damit begraben. Die Kämpfe flammten erneut und mit größter Heftigkeit auf, und 2016 erklärte Erdoğan den Friedensprozess mit den Kurden für beendet.

Ein nur halbherzig von Teilen der Armee durchgeführter Putschversuch vom 15. Juli 2016 kostete 290 Menschenleben, bescherte aber dem Präsidenten, der den Putsch „Geschenk Allahs" nannte, die willkommene Möglichkeit, viele zehntausend Militärs, Polizisten, Richter und sonstige Verdächtige zu entlassen und vor Gericht zu stellen (wo sie kein faires Verfahren erwarten durften). Als Drahtzieher des Putsches machte er den in den USA lebenden Prediger Fethullah Gül verantwortlich. Publizisten und Journalisten, Wissenschafter und sonstige Personen, die es wagen sollten, dies in Zweifel zu ziehen oder gar Kritik am allmächtigen Präsidenten zu üben, landeten und landen hinter Gittern. Um die Justiz willfährig zu machen, wurden in den ersten drei Jahren nach dem Putschversuch 30 Prozent aller Richter und Staatsanwälte entlassen und durch 10.000 regimetreue Juristen ersetzt. Eine Verfassungsreform von 2017, die von der Bevölkerung tatsächlich abgesegnet worden war und insbesondere von Auslandstürken gutgeheißen wurde, obwohl diese ja die Segnungen der westlichen Demokratie am eigenen Leib hätten verspüren sollen, machte die Türkei zur Präsidialrepublik. Im Oktober 2020 erklärte sich Erdoğan zum „Präsidenten von sechs Millionen Türken in Europa" und warnte die EU-Regierungen davor, Stimmung gegen die Muslime anzufachen. Ein EU-Beitritt der Türkei ist jedenfalls in unerreichbare Ferne gerückt. Das 2016 mit der EU abgeschlossene Flüchtlingsabkommen (siehe oben) ändert daran nichts. Das restriktive Verhalten Ankaras gegenüber der eigenen Bevölkerung bzw. der politischen Opposition veranlasst inzwischen zahlreiche Türken dazu, dem eigenen Land den Rücken zu kehren: Von 2017 bis 2019 suchten 30.000 Türken in Deutschland um Asyl an.

Im Juli 2020 knickte Erdoğan gegenüber den islamistischen, vor allem aber gegenüber den nationalistischen Kreisen seines Landes ein, indem er die Hagia Sophia (Ayasofia) wieder in eine Moschee umfunktionierte. Dieser letzte spätantike Kuppelbau aus dem Jahr 537 blieb für nahezu ein Jahrtausend die größte christliche Kirche der Welt; mit der Eroberung von Konstantinopel 1453 wurde sie wichtigste Moschee des Osmanischen Reiches und galt als architektonisches Vorbild für künftige osmanische Moscheebauten. Atatürk wandelte das geschichtsträchtige Bauwerk, das für Christen ebenso wie für Moslems von essentieller Bedeutung ist, 1935 in ein Museum um, Erdoğan machte diese Umwidmung rückgängig. Auf internationaler Ebene gewann er damit keine Freunde, ob seine schon längst im Sinken begriffene Beliebtheitskurve in der Türkei wieder nach oben steigen wird, ist fraglich.

9.2.3 Ein neues Osmanisches Reich?

Wenn man jedoch die Gesamtstrategie des Staatspräsidenten ins Auge fasst, gewinnt die Rückwidmung der Ayasofia (just am Jahrestag des Friedens von Lausanne) einen symbolischen Stellenwert, der ein neues Zeitalter markieren soll: die Wiedererrichtung eines Osmanischen Reiches. Beharrlich erweitert Ankara die türkischen Einflusszonen auf den Mittleren Osten, auf Afrika und auf den Mittelmeerraum. Im *Kaukasus* wird dem verbündeten Aserbaidschan gegen das verfeindete (und von Russland unterstützte) Armenien militärisch unter die Arme gegriffen: Im September 2020 brachen hier die Kämpfe um die von Armenien 1993 eroberte Exklave Bergkarabach aus; die türkische Hilfe verschaffte den (moslemischen) Aseris entscheidende territoriale Vorteile, etwa 70.000 bis 100.000 (christliche) Karabach-Armenier flüchteten aus dem Kriegsgebiet. Schließlich vermittelte Moskau, das sich in diesem Konflikt mit keiner

Seite verscherzen wollte: Der am 10. November 2020 vereinbarte Waffenstillstand kostete zwar den Armeniern zwei Drittel des Karabach-Territoriums, aber russische Soldaten werden fortan (gemeinsam mit türkischen Soldaten) den Landkorridor der Enklave Karabach mit Armenien sichern. Insgesamt verloren in diesem wochenlangen Krieg 4600 Menschen ihr Leben. Über die bewaffnete Intervention in *Syrien* siehe unten. Im *Irak* geht es Erdoğan um die Schwächung der Kurden, speziell um die Vernichtung von Stellungen der als Terrororganisation definierten PKK (Arbeiterpartei Kurdistans); daher drangen im Oktober 2019 türkische Einheiten in die autonome Kurdenregion im Nordirak ein und besetzten eine 120 km lange und 30 km breite Pufferzone. Vielleicht wird sich die Waffenhilfe für die international anerkannte Regierung *Libyens* gegen den rebellierenden General Haftar sogar finanziell rentieren, denn das erdölreiche Land kann den türkischen Militäreinsatz auch bezahlen. Ein finanziell potenter Verbündeter ist das kleine und unermesslich reiche *Katar*; dort besitzt die Türkei seit 2016 eine Militärbasis und sichert das Golfemirat vor dem feindlichen Saudi Arabien. Eine zweite, ungleich größere Militärbasis unterhält Ankara seit 2017 in *Somalia*. 2018 pachtete die Türkei vom *Sudan* die Insel Suakin für 99 Jahre und baut diesen einstmals bedeutenden und heute längst verfallenen Hafen zum zivilen und militärischen Stützpunkt aus, der das gesamte Rote Meer kontrolliert. Militärischen Einfluss versucht die Türkei auch in *Niger* zu gewinnen – hier geht es vor allem um den Kampf gegen den Terrorismus, aber auch um die Kontrolle der Migranten- bzw. Flüchtlingsroute von Nigeria nach Libyen.

Der Großmacht- oder zumindest Regionalmachtanspruch Erdoğans ist ein kostspieliges Unterfangen, das den Niedergang der türkischen Wirtschaft weiter beschleunigt, die eigene Bevölkerung aber von der hohen Arbeitslosigkeit (geschätzte 30 Prozent) und der hohen Inflation (12 Prozent) ablenkt. Vor allem ist der Ausgang dieser aggressiven Außenpolitik durchaus zweifelhaft, weil sich Ankara in gleicher Weise mit der EU, mit Russland und auch mit den USA anlegt. Insbesondere verkompliziert die Entsendung von Truppen in das benachbarte *Syrien* die verfahrene Situation in diesem Bürgerkriegsland zusätzlich, weil hier auch andere Mächte um ihren Einfluss rittern, allen voran Russland, aber auch der Iran (siehe unten). Russlands Militärintervention 2016 diente der Stärkung des Diktators Assad und war erfolgreich: Assads bereits ins Wanken geratene Regime ist dadurch wieder stabilisiert worden – wenn er auch über ein verwüstetes, demoralisiertes Land regiert. Auch der Iran schickt Truppen zur Hilfe für Assad. Ebenfalls im Jahr 2016 ließ Erdoğan eine Militärintervention starten, zunächst nur, um ein zusammenhängendes Kurdengebiet an der Grenze westlich des Euphrat zu verhindern. Später aber wurde deutlich, dass er eine vom türkischen Militär kontrollierte sog. „Sicherheitszone" an der gesamten syrisch-türkischen Grenze errichten will, um einerseits die kurdische Terrororganisation PKK und deren Ableger YPG fern zu halten und andererseits Millionen von syrischen Flüchtlingen dort anzusiedeln. Dazu müssten aber zuerst die Reste der IS-Kämpfer aus ihrem letzten Rückzugsgebiet Idlib, einer Millionenstadt, in der sich auch bewaffnete Regierungsgegner verschanzt haben, vertrieben und die – verfeindete – reguläre syrische Armee bei ihrem Vormarsch auf ebendieses Idlib aufgehalten werden; außerdem müssten Russland und der Iran zustimmen. Auch wenn sich die USA, einst Protektor der Kurden, mehr oder weniger zurückgezogen haben und die EU nicht einmal in Ansätzen präsent ist, geht Erdoğan eine Rechnung mit zu vielen Unbekannten ein. Anfang 2018 hat die Türkei die kurdische Enklave Afrin im Nordwesten Syriens nach schweren Kämpfen besetzt, im Oktober 2019 begann die groß angelegte türkische Invasion gegen Idlib. Schulter an Schulter mit den Türken kämpfen unkontrollierbare syrische Rebellen und radikale Moslems, die sich jede Menge an Kriegsverbrechen zu Schulden kommen lassen. Anfang 2020 geriet der Angriff ins Stocken, auch weil zu viele gegensätzliche Interessen in dem Konflikt mitmischten. Nach einer Vereinbarung zwischen Moskau und Ankara sind in einem von türkischen Soldaten besetzten, etwa 30 Kilometer breiten Grenzstreifen auch russische und syrische Soldaten stationiert. Russland und die Türkei geraten zwar immer wieder aneinander, wenn es darum geht, in ihrem Einflussbereich diverse Konfliktparteien zu unterstützen; diesbezüglich ziehen sie nie an einem Strang – das gilt für den Kaukasus ebenso wie für Syrien oder Libyen. Eine direkte Konfrontation wird allerdings vermieden, und wenn es darum geht, Europa oder der USA von den russischen und türkischen Interessenszonen fern zu halten, reichen sie einander durchaus die Hand.

Ein alter und jüngst wieder aufgeflammter Konflikt mit Griechenland tat sich auf, als im Juli 2020 ein türkisches Forschungsschiff seismische Untersuchungen östlich von Rhodos unternehmen wollte, und zwar auf einem Gebiet, das eindeutig zum griechischen Festlandsockel gehört. Griechenland alarmierte seine Kriegsmarine, aber auch die NATO und die EU schalteten sich ein, die EU verhängte erste Sanktionen, die bis Dezember 2020 schrittweise verschärft wurden. Griechenland schien tatsächlich einen Waffengang mit dem mächtigen Nachbarn riskieren zu wollen, sobald dieser eine „rote Linie" überschreiten sollte. Beide Staaten sind NATO-Partner; schon mehrmals hat die gemeinsame Mitgliedschaft am Nordatlantik-Pakt eine bewaffnete Auseinandersetzung zwischen den beiden Nachbarn verhindert. Ob ihr das auch diesmal gelingt? Oder wiegt der von der EU ausgehende Druck stark genug, um Erdoğan in die Schranken zu weisen – denn 42 aller Exporte gehen nach

Europa, und EU-Sanktionen könnten der ohnehin darnieder liegenden türkischen Wirtschaft ungeheuren Schaden zufügen. Wird Erdoğan einlenken?

9.3 Saudi-Arabien

2,1 Millionen km², 34,3 Millionen Einwohner

Das flächenmäßig riesige aber bevölkerungsarme Wüstenkönigreich versucht dank seines Erdölreichtums, einen regionalen Machtfaktor darzustellen. Die Einnahmen aus dem Erdölexport bescheren der Bevölkerung einen gewissen Wohlstand. Arbeiten im Niedriglohnbereich werden daher kaum mehr von Einheimischen verrichtet, daraus resultiert ein Ausländeranteil von 25 bis 30 Prozent. Dies erleichtert es der Dynastie Ibn Saud (Könige seit 1926), dem Land die extreme, fundamentalistisch-sunnitische Auslegung des Islams im Sinne der Wahabiten-Bewegung als Staatsdoktrin aufzuzwingen (eine Religionspolizei überwacht in der Öffentlichkeit das Verhalten gemäß der wahabitischen Lehre) – und für sich selbst und ihre weit verzweigte Familie mit den etwa 4000 Prinzen sowie für andere Angehörige der sog. Elite unermessliche Reichtümer anzuhäufen. Allerdings sind Teile dieser Elite eng verzahnt mit der al-Qaida, die nicht nur in aller Welt, sondern vor allem in Saudi Arabien selbst jedes Jahr zahlreiche Attentate verübt. Trotz vieler Verhaftungen gelingen den saudischen Behörden keine durchgreifenden Erfolge im Kampf gegen die Terrororganisation.

In dieser Monarchie herrscht der König absolut und ohne parlamentarische Kontrolle, als Hüter der heiligen Stätten Mekka und Medina ist er auch geistliches Oberhaupt. Seit 2015 ist *Salman bin Abdelasis al Sa'ud* König und leitete zaghafte gesellschaftliche Reformen ein: So erhielten 2015 Frauen das aktive und passive Wahlrecht zu den Kommunalwahlen, in einem Konsultativrat, bestehend aus 150 für vier Jahre ernannten Mitgliedern, sind auch 30 Frauen vertreten. Seit 2017 leitet des Königs damals 31-jähriger Sohn und Kronprinz *Mohammed bin Salman* die Regierungsgeschäfte. Die Reformen gingen weiter: Ab 2017 dürfen Frauen ohne Zustimmung eines männlichen Vormunds (Vater, Ehemann, Sohn) verreisen, an der Universität studieren oder eine medizinische Behandlung vornehmen lassen; seit 2018 dürfen sie Auto fahren. In diesem Jahr wurden auch erstmals seit 30 Jahren Kinos wieder zugelassen. Eine Zeitlang pries die westliche Welt den jungen Kronprinzen trotz seiner aggressiven Außenpolitik im Jemen (siehe unten) als reformorientierten, aufgeschlossenen Politiker. Dieses Image bekam allerdings 2018 einen schweren Kratzer, als – wohl auf seinen Befehl – der systemkritische Staatsbürger Jamal Khashoggi im saudischen Konsulat in Istanbul, wo er um Papiere aus der Heimat für seine bevorstehende Hochzeit vorstellig geworden war, ermordet wurde. Eine derartige geheimdienstliche Operation konnte nicht ohne Wissen Salmans durchgeführt werden – daran ändert auch nichts, dass fünf Männer des Killerkommandos pro forma zum Tod verurteilt wurden und später – auf wohl gekaufte Fürsprache der Kinder des Ermordeten – begnadigt wurden. Hier zeigt sich der Widerspruch von Sein und Schein: Auf der einen Seite sieht man eine hypermoderne Infrastruktur und einen vermeintlich aufgeklärten Regierungschef, auf der anderen Seite die Anwendung der altarabischen Strafgesetze wie Steinigung für Ehebrecherinnen und Handabhacken für Diebe. Immerhin wurden 2020 die Strafe der Auspeitschung (für Tötungsdelikte, außereheliche Beziehungen und Störung der öffentlichen Ordnung) und die Todesstrafe für Minderjährige abgeschafft. Das Justizwesen liegt jedenfalls im Argen. Tausende werden oft sogar ohne Gerichtsverfahren eingesperrt, manche bis zu zehn Jahre, ob zu Recht oder zu Unrecht. Desgleichen werden Demonstranten und Regimegegner, die sich für Reformen einsetzen, zu langjährigen Kerkerstrafen verurteilt.

Kaum ein Land missachtet die international gültigen Menschenrechte derart offenkundig wie Saudi-Arabien; gemessen an der Einwohnerzahl werden in kaum einem anderen Land jährlich so viele Todesurteile vollstreckt (2019: 184 Hinrichtungen, durchschnittlich 100 bis 150 Exekutionen pro Jahr). In der von Schiiten bewohnten Ostregion (Provinz asch-Schar-qiyya) brechen seit Jahren, insbesondere als Folge des „Arabischen Frühlings" (siehe unten), immer wieder Proteste und Unruhen aus, die das Regime 2015 mit Massenhinrichtungen quittierte. Und dennoch lehnt sich das Königreich stark an den Westen an, bezieht im großen Umfang Rüstungsgüter aus den USA und gewährte den USA im zweiten Golfkrieg (1991) großzügige Finanzhilfen für ihr militärisches Engagement. US-Präsident Trump lobte 2018 Saudi Arabien als Hort der Stabilität und schloss bilaterale Handelsverträge in der Höhe von 380 Mrd. US $, davon entfiel knapp ein Drittel auf Rüstungsgüter. Diese meint die Regierung besitzen zu müssen, um im regionalen Machtspiel dem verhassten Iran Paroli bieten zu können. Seit 2015 ist das arme und unendlich rückständige Bürgerkriegsland *Jemen* (siehe unten) der unglückliche Schauplatz eines sinnlosen Stellvertreterkrieges zwischen Iran und Saudi-Arabien – ein Krieg, bei dem sich jede Partei der Kriegsverbrechen und Verbrechen gegen die Menschlichkeit schuldig gemacht hat. Während der Iran (sowie der zahlungskräftige Golfstaat Katar) die zaiditischen Huthi-Rebellen unterstützt, schlägt sich Saudi-Arabien (gemeinsam mit den Vereinigten Arabischen Emiraten VAE) auf die Seite der Regierungstruppen, bombardiert zwar seit 2015 Huthi-Stellungen, konnte aber nicht verhindern, dass die Huthi sogar saudisches Gebiet angriffen und der hochgerüsteten saudischen Armee eine Blamage beibrachten. Die Corona-Krise (s. unten) machte Mitte April 2020 einen mehrwöchigen Waffenstillstand möglich, der als stilles Eingeständnis der saudischen Niederlage gewertet werden kann. Knapp vor Ende seiner Amtszeit fädelte US-Präsident Trump im November 2020 ein Abkommen mit Israel ein: Die Normalisierung der Beziehungen sollte dem Muster der nur wenige Monate zuvor geschlossenen Vereinbarungen mit den VAE, Bahrein und Sudan folgen.

9.4 Iran

1,7 Millionen km², 83 Millionen Einwohner

Kaum eine Regierung ist unter der eigenen Bevölkerung derart unbeliebt wie jene der Islamischen Republik unter dem *Staatsoberhaupt und Revolutionsführer* Ayatollah Sayed Ali Khamenei (seit 1989). Die Verfassung (seit der Revolution 1979) ist derart auf die schiitische geistliche Führung des Landes zugeschnitten, dass gesellschaftliche Reformen auf evolutionärem Weg kaum möglich sind. Allein die 290 Abgeordneten des *Parlaments* (mit einem relativ hohen Frauenanteil) werden nur dann zur Wahl zugelassen, wenn sie den Anforderungen des mächtigen, 12 Personen zählenden *Wächterrats* entsprechen; desgleichen kann ein *Staats- und Regierungschef* (seit 2013: Hassan Rohani) nur dann kandidieren, wenn er vom Wächterrat akzeptiert wird; nicht zuletzt überprüft der Wächterrat die Übereinstimmung von Gesetzen mit der Scharia, dem islamischen Recht. Eine vermittelnde Rolle zwischen Parlament und Wächterrat üben die 20 bis 30 Mitglieder des vom Revolutionsführer ernannten *Schlichtungsrats* aus; auch berät dieser den Revolutionsführer. Der Revolutionsführer hingegen wird vom *Expertenrat*, bestehend aus 86 Geistlichen, auf Lebenszeit ernannt, auch übt der Expertenrat eine beratende Funktion für das Parlament aus. Der Revolutionsführer (Khamenei) steht als unumschränkter Machthaber über den *Streitkräften*, ernennt den (vom Volk gewählten) Präsidenten, die obersten Richter usw. Ebenso ist er der Oberbefehlshaber der omnipräsenten *Revolutionsgarden*; diese zweite iranische Armee mit ihren 125.000 Soldaten ist eng mit der Politik verflochten, kontrolliert das Wohlverhalten der Bevölkerung und wird auch für Auslandseinsätze verwendet; als Hilfstruppen stehen ihr die mindestens eine Million Mann zählenden paramilitärischen Freiwilligenmilizen zur Verfügung.

Die Menschenrechtssituation ist verheerend. Abgesehen davon, dass es keine Meinungs- und Pressefreiheit gibt, werden in keinem Land der Erde derart viele Hinrichtungen vollstreckt (etwa 300 bis 900 pro Jahr) wie in der Islamischen Republik; die Verfahren werden oft von geistlichen Gerichten ohne

Rechtsbeistand für den Angeklagten geführt und dauern bisweilen nur wenige Minuten. Oft werden Regimekritiker sogar aus dem Ausland in den Iran verschleppt und dort hingerichtet. Auf der Habenseite der Menschenrechtslage steht die gemessen an anderen islamischen Staaten stärkere Stellung der Frauen: Zwar ist die Gesellschaft strikt patriarchalisch angelegt, aber die Verfassung garantiert die Gleichberechtigung der Geschlechter, freilich mit dem Zusatz: unter Berücksichtigung „islamischer Prinzipien". Da seit den Reformen des letzten Schah, Reza Pahlevi (1941–1979), Frauen zum Besuch höherer Schulen und Universitäten animiert worden sind, ist der weibliche Bildungsstandard vergleichbar hoch; daher sind auch heute Frauen in allen Berufszweigen (z.B. als Pilotinnen) tätig. Nichtsdestoweniger gilt die Abnahme des Kopftuches als Delikt, das mit zwei Jahren Gefängnis geahndet werden kann.

Irans Außenpolitik[56] kennt als wichtigste Konstante die Feindschaft mit Israel und mit den USA. Diese beinahe zur Staatsideologie erhobene Feindschaft und die Angst, von diesen beiden Mächten angegriffen zu werden, mag mit ein Grund für die aggressive Vorwärtsstrategie sein: Mit der schiitischen *Hisbollah* im Libanon, Irak und in Syrien, mit der sunnitischen (!) *Hamas* in Gaza und der *Huthi* in Jemen verfügt der Iran über Hilfstruppen, die gegebenenfalls die Flanke des potentiellen Gegners angreifen können. Ein von den Huthi 2019 gewagter Drohnenangriff auf saudi-arabische Ölanlagen wirkte allerdings eher kontraproduktiv. Jedenfalls bringen solche Auslandsabenteuer, die nicht nur materiell durch Waffenlieferungen, sondern auch personell durch Soldaten der Revolutionswächter dotiert werden, einerseits ständige Unruhe in die betroffenen Länder, andererseits verschlingen sie Unsummen, welche für die soziale Entwicklung und für den Ausbau der Infrastruktur im eigenen Land fehlen. Dies sowie die Unterdrückung durch die Religionswächter, die korrupte, kleptokratische Mullahregierung und der wirtschaftliche Niedergang wegen der internationalen Sanktionen führt zur allgemeinen Radikalisierung und zu immer wieder neu ausbrechenden Ausschreitungen, die jedes Mal blutig niedergeschlagen werden. Massive Proteste gab es 2009 gegen den ebenso korrupten wie ultrakonservativen Präsidenten Mahmud Ahmadineschad (2005–2013) und wegen des Wirtschaftsrückschlags angesichts der 2007 verhängten UNO-Sanktionen (siehe unten); 2011 verhängte auch die EU Sanktionen. Als sich im November 2019 die Massen erhoben, geschah dies vordergründig wegen der Erhöhung des Benzinpreises, in Wahrheit äußerte sich aber der allgemeine

---

56 Vgl.: Stefan Goertz: Iran – eine aktuelle sicherheitspolitische Analyse. In: ÖMZ 2020 H. 4, S. 472–477.

Unmut über das Regime und die Perspektivlosigkeit der eigenen Existenz. Seit der Revolution von 1979 gab es keine derartig gewalttätige Erhebung; bei ihrer Niederschlagung durch iranische Sicherheitskräfte wurden mindestens 143 Menschen getötet und 7000 Demonstranten festgenommen.

Noch unter dem Schah baute der Iran mit US-Hilfe ein Atomprogramm auf, doch nach der Revolution 1979 schienen diesbezügliche Anstrengungen zum Erliegen gekommen zu sein, zumal es ja keinen Technologietransfer aus den Vereinigten Staaten mehr gab. Doch das Mullah-Regime beschaffte sich die erforderlichen Kenntnisse anderswo und betrieb insgeheim die Entwicklung von Atomwaffen. 2002 gingen iranische Oppositionelle damit in die Öffentlichkeit. Zunächst lenkte Teheran ein und ließ 2003/04 IAEA-Inspektoren ins Land und sicherte zu, die Uran-Anreicherungen einzustellen, ein Jahr später wurden die Anreicherungs-Zentrifugen jedoch wieder hochgefahren und die Inspektoren ausgewiesen. 2006 und 2007 verhängte die UNO schmerzhafte Wirtschaftssanktionen, 2011 schloss sich die EU an. Detail am Rande: Eine US-israelische Internet-Attacke legte 2010 für längere Zeit die Atomanlagen lahm, auch gab es tödliche Anschläge auf iranische Physiker und Ingenieure, die am Kernwaffenprojekt arbeiteten. Ein Regimewechsel 2013 machte den Wandel möglich: Auf den Hardliner Ahmadinedschad folgte der gemäßigte und von den Reformkreisen unterstützte Hassan Rohani. Angesichts der vor dem Kollaps stehenden Wirtschaft, des isolierten Bankenwesens und der internationalen Ächtung bestimmter Personen vereinbarte der Iran im Juli 2015 mit den UNO-Vetomächten sowie mit Deutschland und der EU, das Atomprogramm weitestgehend zu reduzieren und wieder IAEA-Inspektoren ins Land zu lassen. 2016 wurden dafür die Sanktionen aufgehoben, ein Ende des Waffenembargos wurde für 2020 in Aussicht gestellt. Die Wirtschaft erholte sich langsam, bis 2018 US-Präsident Trump im Hinblick auf die aggressive iranische Außenpolitik den Atomvertrag aufkündigte und neue, weitaus restriktivere Sanktionen verhängte. Die EU wollte den amerikanischen Weg nicht mittragen, solange sich der Iran strikte an die Vereinbarungen hielt, fand aber keine Mittel, ihn zu umgehen, denn Washington machte klar, dass alle Firmen und Banken, die weiterhin mit dem Iran Handel treiben, von der US-Wirtschaft ausgeschlossen würden. Zwar hat die EU mit „Instex" einen alternativen Zahlungskanal aufgemacht, damit europäische Firmen die US-Sanktionen umgehen können, aber er wird kaum genützt. Daher hat Teheran sein Atomprogramm wieder hochgefahren. Europa hat im Iran wirtschaftlich mehr oder weniger abgedankt; in dieses Vakuum stoßen nun chinesische und auch russische Geschäftsleute vor. Jedenfalls hat der ökonomisch schwer angeschlagene Iran Washingtons Hoffnung auf einen politischen Umsturz nicht erfüllt, auch nicht, als die

Corona-Krise das Land besonders hart traf. Im Oktober 2020 lief das seit 2007 bestehende UN-Waffenembargo gegen den Iran aus – die USA konnten dessen Verlängerung nicht durchsetzen. Nun kann Teheran zwar Waffen in jenen Staaten kaufen, die sich wie Russland über die amerikanischen Sanktionen hinwegsetzen, zur Belebung der eigenen Wirtschaft wird die mögliche und jedenfalls teure Modernisierung der Streitkräfte allerdings nichts beitragen.

10 Arabien

Arabiens Fluch mag die Stammesgesellschaft sein, weil sie ein Regieren entweder nur auf Basis des kleinsten gemeinsamen Nenners zulässt oder ein Terrorregime hervorbringt, das nur mit größter Härte Ruhe und Ordnung gewährleistet. Ob Arabiens Erdölreichtum ein Segen ist, sei dahingestellt, denn nur zu oft dient dieser „Segen" lediglich der Bereicherung einer kleptokratischen Elite. In den 1950er-Jahren wurden die meisten Könige gestürzt, an ihre Stelle traten sozialistisch-laizistische Diktatoren. Der sog. „arabische Sozialismus" zerstörte aber nicht nur die Gesellschaft und änderte gewaltsam die Lebensgewohnheiten, er ruinierte auch die Wirtschaft. Beispiele bieten **Libyens** Diktator Muamar al-Gaddhafi (1969–2011), **Tunesien** unter dem einstigen Freiheitskämpfer Habib Bourgiba (1956–1987) und seinem Nachfolger Zine al Abidne (1987–2011), **Algerien** unter Ahmed Ben Bella (1962–1965) und Houari Boumedienne (1965–1978) – die Politik Letzterer führte direkt in einen Bürgerkrieg. Auch die bitterarme **„Demokratische Volksrepublik Jemen"** (Nordjemen, existierte von 1970–1990) nannte ihr Regierungssystem „sozialistisch" und erlebte ein durch ständige Unruhen geprägtes Dasein (siehe unten). In **Syrien** (Regime von Vater und Sohn Assad, seit 1970) und im **Irak** (Diktatur von Saddam Hussein, 1979–2003) dominierte jeweils die „Panarabisch-sozialistische Baath-Partei", wobei der Begriff „panarabisch" lediglich der Propaganda diente, denn die beiden Parteien bzw. Staatsführer kooperierten keineswegs; es steckte auch keine Ideologie hinter dem Baath-Begriff, er diente nur als brutales Machtinstrument. Wie weit die Militärdiktatur **Ägyptens** (seit 1954) auch sozialistisch genannt werden kann, hängt wohl vom jeweiligen Protektor ab: Bis 1973 war dies die Sowjetunion, ab 1976 sind es die USA.

In einigen arabischen Staaten hielten sich bis in die Gegenwart die Monarchien: Im positiven Sinn vertritt der König glaubwürdig die Interessen einer Bevölkerungsmehrheit und wird entsprechend geehrt; Beispiele sind König Hussein von **Jordanien** (1946–1999) oder Hassan II. von **Marokko** (1961–1999), der mit seinem „Grünen Marsch" 1979 das ehemalige Spanisch-Sahara (266.000 km^2, ca. 600.000 Einwohner) in Besitz nehmen konnte. Mit den einheimischen Unabhängigkeitskämpfern („Frente Polisario") gelang ihm sogar 1991 ein Waffenstillstand, allerdings begannen im November 2020 neue Kampfhandlungen zwischen den Saharauis und der von ihnen proklamierten **„Demokratischen Arabischen Republik Sahara"** (DARS) mit der marokkanischen Armee. Am 10. Dezember 2020 anerkannten die USA Marokkos Souveränität über Westsahara als Gegenleistung für die diplomatische Aussöhnung mit Israel. König

Mohammed VI. (seit 1999) ersparte seinem Land 2011 eine Revolution, indem er die Verfassung in Richtung konstitutionelle Monarchie umwandelte. Allerdings strömten viele Dschihadisten zum IS und erlangten dort gleich höhere Funktionen; im Königreich selbst fand aber keine IS-Unterwanderung statt. Manche Monarchen können es sich dank des Erdölexports leisten, den Staat zu modernisieren und durch Geldgeschenke die Bevölkerung gewogen zu halten; beste Beispiele bieten der **Oman** unter Sultan Qabus bin Said (1970–2020), ebenso die **Vereinigten Arabischen Emirate (VAE)** oder **Kuwait**. Eine dritte Variante liefern Monarchen, die mittels extremer Auslegung des Islam und des Scharia-Terrors die Untertanen zum Stillhalten zwingen; dazu zählen **Saudi Arabien** oder **Katar**. Das funktioniert, solange die Bevölkerung durch Finanzhilfen beim Hausbau, durch perfekte Infrastruktur, großzügige Auslandsstipendien und durch gute medizinische Versorgung befriedigt werden kann.

Eine Staatentrennung mit anschließender Staatenfusion erlebte das oben erwähnten **Jemen** (528.000 km², 29,2 Millionen Einwohner): 1970 hatte sich der Nordjemen abgespalten, nach 20 Jahren fusionierten die beiden Staaten wieder. Seit 2019 tritt jedoch die Unabhängigkeitsbewegung „HIRAK" für eine abermalige Trennung ein. 2014 erhoben sich die schiitischen Huthi gegen die Zentralregierung unter dem Staatspräsidenten Abed Rabbo Mansur Hadi (seit 2012). Längere Zeit kämpfte die HIRAK gemeinsam mit den Regierungstruppen gegen die Aufständischen, ab 2020 kämpfte sie vor allem für ihre eigene Sache: für die Unabhängigkeit des Südens von Jemen. Im Dezember 2020 vermittelte Saudi Arabien die Bildung einer Einheitsregierung mit Angehörigen der Zentralregierung und der HIRAK; sie sollen gemeinsam gegen die Huthi vorgehen. Ein weiterer, gefährlicher, Störfaktor ist die „al Qaida auf der Arabischen Halbinsel" (AQAP), die angesichts der durch den Bürgerkrieg geschwächten Zentralmacht ihre Operationen immer weiter ausdehnt. Mit ihr konkurrieren Dschihadisten des „Islamischen Staates". Oben wurde der Stellvertreterkrieg erwähnt, bei dem der Iran die Huthi, Saudi Arabien die Regierungstruppen unterstützt; auch die Vereinigten Arabischen Emirate (VAE) mischen sich bewaffnet auf Seiten der HIRAK ein, während die USA den Regierungstruppen Hilfe gewährt und mit Drohnenangriffen die Stellungen der AQAP bekämpft. In all dem Chaos bleiben die Zivilisten auf der Strecke: In dem seit 2014 tobenden Bürgerkrieg gibt es kaum ein Kriegsverbrechen, das die Konfliktparteien, und zwar jede einzelne, nicht begangen hätten. Bis 2020 hat der Krieg schon 100.000 Menschenleben und vier Millionen Vertriebene gekostet. 25 Millionen, also 80 Prozent der Bevölkerung, sind auf direkte Hilfe angewiesen. Die Ernährungs- und Gesundheitssituation in diesem ärmsten Land Arabiens sind katastrophal, mangels sauberen Wassers brach auch noch die Cholera aus; 2018 waren von den 19 Millionen Einwohnern bereits 1,1 Millionen infiziert, 2300 starben. Die UNO sprach 2020 von der weltweit größten humanitären Katastrophe. Gleichzeitig wüten Masern und Denguefieber, seit 2020 auch COVID 19.

Eine Staatentrennung gab es auch im **Sudan** (heute 1,9 Millionen km^2, 43 Millionen Einwohner). Dort herrschten jahrzehntelange blutige Auseinandersetzungen zwischen dem Norden und dem Süden, die Abspaltung von **Südsudan** (620.000 km^2, 11 Millionen Einwohner) ging allerdings erstaunlich friedlich vonstatten. Aber kaum war der Südsudan unabhängig, tobte dort 2013–2018 ein Bürgerkrieg zwischen den Regierungstruppen unter Präsident Salva Kiir Mayardit und den Verbänden des ehemaligen Vizepräsidenten Riek Machar Teny Dhurgon; der Konflikt spielte sich einerseits entlang der Erdölvorkommen, andererseits zwischen den Ethnien der Dinka und der Nuer ab. Er kostete 400.000 Menschenleben, trieb fast die Hälfte der Einwohner in die Flucht und machte das erdölreiche Land zum ärmsten Staat der Welt, wo 85 Prozent der Bevölkerung in extremer Armut leben. Kriegsverbrechen und Verbrechen gegen die Menschlichkeit standen auf der Tagesordnung. Katastrophal sieht auch die Menschenrechtssituation im **Sudan** aus. Nicht von ungefähr wurde gegen Staatspräsident Omar Hassan Ahmad al-Baschir (1989–2019) wegen Kriegsverbrechens und unter anderem wegen des von ihm angeordneten Genozids in Darfur (2003–2007, 2014/15) vom Internationalen Strafgerichtshof in Den Haag 2009 ein Haftbefehl ausgesprochen; der nach seinem Sturz verhaftete Baschir war der erste amtierende Staatsmann, der vom Strafgerichtshof angeklagt worden war.

Der Islam, mehrheitlich sunnitischer Prägung, dominiert in allen arabischen Ländern, aber er eint diese nicht, eher im Gegenteil. Seinem Schoß entsprang der Islamismus als politischer Arm dieser Religion; aus ihm kam aber auch der islamistische Terror.[57] Seinen Ausgangspunkt fand dieser aber nicht in Arabien, sondern in Afghanistan, wo sich radikale Kämpfer, insbesondere der aus Saudi Arabien stammende Millionärssohn Osama bin Laden, den lokalen Widerstandsgruppen anschlossen, die gegen die sowjetische Besatzung kämpften (1979–1989). Nach Abzug der Sowjets führten die islamistischen Kämpfer unter Osama bin Laden den Krieg gegen Saudi Arabien selbst und vor allem gegen die mit dem Wüstenkönigreich verbündeten USA weiter. Sie nennen sich „al-qa'ida as-sulba", kurz al-Qaida (deutsch: die feste Basis) und unterhalten Trainingslager in der gesamten arabischen Welt. Ihr Ziel ist der Sieg über den

---

57 Vgl. z.B.: Peter Wichmann: Al-Qaida und der globale Djihad. Eine vergleichende Betrachtung des transnationalen Terrorismus. Wiesbaden 2014.

dekadenten Westen und die Errichtung streng islamischer Herrschaftssysteme. Seinen Höhepunkt erreichte der Terror der Al-Qaida am 11. September 2001, als knapp 20 hoch qualifizierte Terroristen vier Flugzeuge entführten und mit ihnen die beiden Türme des World-Trade-Centers in New York und Teile des Pentagons zerstörten. Die USA sah sich im Kriegszustand, die NATO rief erstmals in ihrer Geschichte den Bündnisfall aus, und da Osama bin Laden in Afghanistan Zuflucht genommen hatte und nicht ausgeliefert wurde, marschierten NATO-Truppen unter US-Führung in Afghanistan ein, vertrieben dort das Taliban-Regime, konnten aber nie das gesamte Land unter Kontrolle bringen (Afghanistankrieg siehe oben). Erst am 2. Mai 2011 gelang es einem US-Sonderkommando, Osama bin Laden in seinem Versteck in Pakistan aufzuspüren und zu töten, der al-Qaida Terror geht dennoch weiter und erstreckt sich inzwischen auf die gesamte arabische Halbinsel, auf Nord- und Zentralafrika und bis nach Südostasien, wobei der Unterschied von al-Qaida Terror und Terror des sog. „Islamischen Staates" (IS, siehe unten) schwer auszumachen ist. Wie andere Terrorgruppen auch führen al-Qaida und IS-Mitglieder einen „asymmetrischen Krieg": Sie tragen keine Uniform, greifen Zivilisten ebenso wie Sicherheitskräfte an und überschreiten die Grenzen zwischen Krieg, Terrorismus und Kriminalität; auch und vor allem beachten sie nicht die Hauptregel des traditionellen Soldaten, der alles unternimmt, um zu überleben: Dschihadisten aber wollen *nicht* überleben, daher sind sie auch so schwer zu fassen. Hingegen verfolgen sie ein eindeutiges Kriegsziel: durch Verbreitung von Angst und Schrecken den Staat zur Veränderung seiner Politik zu zwingen und seine Gesellschaft zu spalten. Wenn Polizei und/oder Militär gegen Terroristen vorgehen, wird oft eine Gewaltspirale in Gang gesetzt, die bisweilen zur Überreaktion der staatlichen Kräfte führt und sog. Kollateralschäden nicht ausschließt; so wird eine negative Stimmung unter der Zivilbevölkerung geschürt, und gerade diese spielt den Terroristen in die Hände. Die Bedrohung der westlichen Welt erfolgt einerseits durch Großanschläge, die von einer Organisation wie der al-Qaida strategisch geplant und durchgeführt werden, andererseits durch low level-Anschläge von Einzeltätern.

Der dschihadi-salafistische Terror stellt auch für europäische Staaten die größte terroristische Bedrohung dar.[58] Verschärft hat sich die Problematik durch dschihadistische Rückkehrer aus dem sog. „Islamischen Staat" (siehe unten). Die Flüchtlingswelle des Jahres 2015 schleuste zahlreiche IS-Anhänger

---

58 Stefan Goertz: Die Strategie dschihadistischer Anschläge in Europa. Verübte und von Sicherheitsbehörden verhinderte Anschläge. In: ÖMZ 2, 2020, S. 193–203.

nach Europa, die hier, oft unter falschem Namen, Asylanträge stellten und entweder auf eine Gelegenheit für eine Terrorattacke warteten oder schon in Europa geborene Muslime für Terroranschläge rekrutierten.[59] Zwischen 2004 und 2019 wurden in Europa durch dschihadistische Anschläge 781 Menschen getötet und 3731 verletzt. 2004 kosteten Sprengstoffanschläge auf vier Pendlerzüge in Madrid 191 Todesopfer und über 1600 Verletzte, 2005 verübten Selbstmordattentäter der al-Qaida Anschläge auf Londoner U-Bahnen und Busse (52 Tote), 2016 griffen drei Selbstmordattentäter des IS den Brüsseler Flughafen an und töteten 32 Menschen. Kaum eine europäische Metropole blieb vom islamistischen Terror verschont. Frankreich wurde besonders oft heimgesucht. Als im Jänner 2015 die Satirezeitschrift „Charlie Hebdo" Mohammed-Karikaturen veröffentlichte, sahen sich zwei al-Qaida Terroristen dazu veranlasst, die Redaktion zu stürmen und dort elf Menschen und auf der Flucht auch noch einen Polizisten sowie vier Personen in einem jüdischen Supermarkt zu töten. Die blutigste Anschlagserie ereignete sich am 13. November 2015 vor dem Pariser Stade de France, wo gerade ein Fußball-Länderspiel stattfand; sie kostete 130 Menschenleben. Europaweites Entsetzen entfachte ein Tunesier, der am 14. Juli 2016 (französischer Nationalfeiertag) mit einem LKW in die Strandpromenade von Nizza einfuhr, dabei 86 Menschen tötete und 500 verletzte. Fassungslos machte der Lehrermord vom 16. Oktober 2020: Der französische Professor Samuel Paty wurde in einem Pariser Vorort von einem tschetschenischen Asylwerber enthauptet, weil er während des Unterrichts am Beispiel von Mohammed-Karrikaturen der Satirezeitschrift Charlie Hebdo das Für und Wider der Meinungsfreiheit in einer liberalen Gesellschaft diskutierte. An den weltweiten Reaktionen erkannte man, welch Geistes Kinder die Regierungen der islamischen Länder sind. Es gab zwei Lager: Die einen verurteilten das Attentat, die anderen hießen es gut. Zu Letzteren zählt der türkische Präsident Recep Tayyip Erdoğan. Als er vom französischen Präsidenten Emmanuel Macron scharf zurechtgewiesen wurde, entfaltete er in der arabischen Welt eine Hetzkampagne gegen Frankreich. Eine französische Karikatur, wieder in Charlie Hebdo, die Erdoğan in lächerlicher Pose zeigt, ließ den Krieg der Worte zwischen Frankreich und der Türkei eskalieren. Die aufgeheizte Stimmung nahm ein tunesischer Migrant zum Anlass, um am 29. Oktober in die Kathedrale von Nizza einzudringen und drei Frauen mit einem Messer zu töten. Auch Österreich blieb vom dschihadi-salafistischen Terror nicht verschont: Am Abend des 2. November 2020, dem letzten Abend, an dem die Lokale noch offen

---

59 Susanne Schröter: Politischer Islam. Stresstest für Deutschland. Gütersloh 2019.

halten durften, bevor der Lockdown begann, stürmte ein Einzeltäter die Wiener Innenstadt, tötete vier und verwundete 22 Personen, bevor er von einem Polizisten erschossen wurde. Der IS reklamierte diesen Anschlag für sich. Dieser hatte sich seit der Zerschlagung seines „Staatsgebietes" (siehe unten) darauf spezialisiert, seine Sympathisanten zu Anschlägen in deren eigenen Ländern zu animieren.

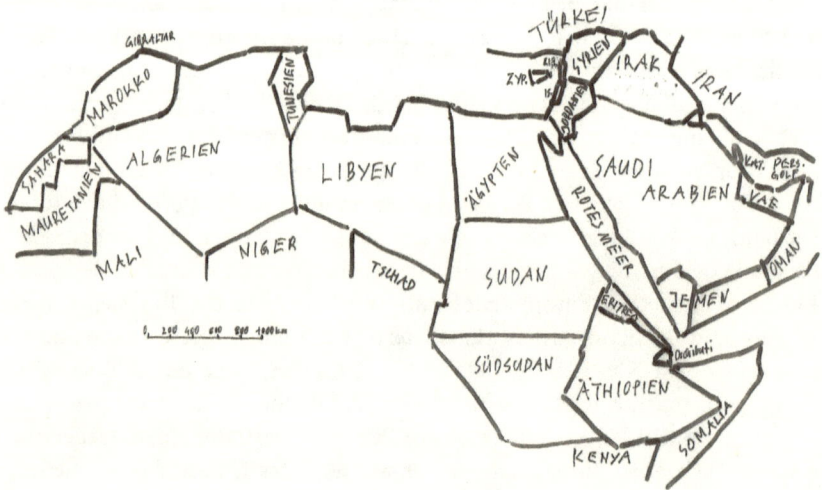

Die arabischen Länder

10.1 Der gestohlene Arabische Frühling

Der Arabische Frühling 2011 brachte in vielen arabischen Staaten eine komplette Neuorientierung der Politik, allerdings nicht im Sinne der Revolutionäre. Diese rekrutierten sich aus einer jungen Bildungsschicht, die angesichts der korrupten Regierungen und vor dem Schreckgespenst eines herrschenden Islamismus endlich demokratische Rechte und mit ihnen einhergehend bessere Lebenschancen erhofften. Die Masse der Bevölkerung hing jedoch sehr wohl dem Islamismus, meist in Gestalt der Muslimbrüder, an, deren Anführer erhofften, bei einem allfälligen Umsturz selbst die Macht zu erlangen. Die Revolution in **Tunesien** löste eine Kettenreaktion in anderen arabischen Staaten aus, so in **Ägypten, Algerien, Jemen, Jordanien, Libyen, Bahrein** und **Oman**. Wirklich dramatisch gestaltete sich die Situation aber in **Ägypten, Syrien, Libyen**, im bürgerkriegsgeplagten **Jemen** und im **Irak** (siehe unten). In die Konflikte der zusammenbrechenden Staaten **Irak, Libyen, Syrien** und **Jemen** mischten sich Groß- und Regionalmächte ein und befeuerten durch Lieferung von Waffen und Söldnern regelrechte Stellvertreterkriege.

Der „Arabische Frühling" begann in
10.2 Tunesien (164.000 km², 11,7 Millionen Einwohner)

wo eine demonstrierende Menge den Sturz von Langzeitpräsident Zine al-Abidne ben Ali (1987–2011) herbeiführte – der Diktator starb 2019 im saudi-arabischen Exil. Auch nach dessen Flucht blieb die Lage instabil, viele weitere Demonstrationen richteten sich gegen die nach wie vor herrschende hohe Arbeitslosigkeit und Korruption. Die Regierungen wechselten häufig, das Land stand knapp vor dem Zusammenbruch, als 2014 eine neue Verfassung – die fortschrittlichste von ganz Nordafrika – beschlossen wurde. Langsam erholte sich die Wirtschaft, aber ganz zur Ruhe scheint Tunesien bis heute nicht gekommen zu sein, immer wieder gibt es landesweite Proteste aus unterschiedlichen Gründen, im Hintergrund stehen nach wie vor hohe Arbeitslosigkeit, grassierende Korruption und ausbleibende politische Reformen. Die Perspektivlosigkeit der eigenen Lebensgestaltung treibt viele in die Emigration; der Sommer 2020 sah das Mittelmeer voll von Schlepperbooten mit Flüchtlingen, die die gefährliche Überfahrt nach Italien wagten. Nichtsdestoweniger gilt Tunesien als einziges Land, in dem die Revolution gelungen ist. Das Land blieb die längste Zeit auch von der IS-Unterwanderung (IS siehe unten) verschont, weil es die Grenzen penibel kontrollierte und keinen Dschihadisten durchließ. Allerdings emigrierten über 3000 Tunesier nach Syrien bzw. in den Irak und bekleideten beim IS meist höhere Funktionen. Etliche von ihnen kamen nach dem Zusammenbruch des IS zurück und stellen das Land heute vor große sicherheitspolitische Herausforderungen.

Den Einwohnern von
10.3 Ägypten (1 Mill. km², 100 Mill. Einwohner,
Bevölkerungswachstum 2 Mill. pro Jahr)

wurde der Arabische Frühling zur Gänze gestohlen. Nach dem Sturz des Militärdiktators *Hosni Mubarak* (1981–2011, gest. 2020) und den nicht enden wollenden Demonstrationen mit vielen Toten bequemte sich der Militärrat dazu, Ende 2011 Parlamentswahlen zuzulassen. Die „Demokratische Allianz", ein Wahlbündnis islamistischer Parteien unter Führung der „Muslim-Brüder-Partei für

Freiheit und Gerechtigkeit" (FJP) erlangte die Mehrheit. Bei Präsidentschaftswahlen im Sommer 2012 siegte der 61-jährige Kandidat der Muslimbrüder, *Mohammed Mursi*. Dieser ging sogleich daran, den Militärrat mit seinen 19 Generälen zu entmachten. Das war innen- und außenpolitisch heikel: Denn Ägypten liegt im strategischen Interesse der USA, die Ägyptens Militär mit jährlich 1,5 Mrd. US $ dotiert, aber auch im Augenmerk Israels und Saudi Arabiens, weil die bisherigen Militärregierungen ein Garant für Stabilität und auch für den Frieden mit Israel waren. Dann schränkte Mursi die Befugnisse der Justiz ein und hob damit de facto die Gewaltenteilung auf. Blutige Straßenschlachten begleiteten das weitere Geschehen und setzten Zeichen einer tief gespaltenen Gesellschaft, insbesondere nachdem eine Verfassungsreform im Dezember die „Prinzipien der Scharia" zur künftigen Grundlage der Rechtsprechung erhoben hatte. Ein Niedergang der Wirtschaft, der Ägypten in den Staatsbankrott zu treiben schien, tat das Übrige, um immer mehr Menschen auf die Straße zu bringen. Im Sommer 2013 schlug das Militär zurück: Es nahm die Großkundgebungen von Mursi-Gegnern mit Hunderttausenden Demonstranten zum Anlass für einen Militärputsch: Am 3. Juli 2013 erklärte Armeechef *Abdel Fatah al Sisi* den Präsidenten Mursi für abgesetzt. Diese Gegenrevolution erforderte einen hohen Blutzoll mit weit über tausend Opfern, denn die Polizei setzte ebenso wie die protestierenden Muslimbrüder scharfe Munition ein. Es kam zu Massenverhaftungen, bis schließlich die Muslimbrüder zur Terrororganisation erklärt wurden. Ex-Präsident Mursi wurde 2015 gemeinsam mit Hunderten seiner Anhänger zum Tode verurteilt, wegen internationaler Proteste aber nicht hingerichtet. Er starb 2019 im Gefängnis. Präsidentschaftswahlen im Mai 2015 hievten den Putschistenführer al-Sisi auf den Präsidentensessel. Gemäß Verfassungsreferendum im Jahr 2019 darf al-Sisi bis zum Jahr 2030 Staatschef, also in Wahrheit Militärdiktator, bleiben. Er herrscht viel rigoroser als sein gestürzter Vorgänger Mubarak, der heute als Synonym für politische Stagnation und Korruption gilt: Die Medien werden unter al-Sisi schweren Repressionen unterworfen, politischen Freiraum gibt es keinen, die Menschenrechte werden massiv missachtet. Knapp vor seiner Verhaftung erklärte der ägyptische Menschenrechtler Gasser Abdel Razek: „Wir leben in einer Gesellschaft, in der der Staat, wann immer er will, gegen jede Gruppe von Menschen vorgehen kann. Er kann sie beleidigen und ihnen extremen Schaden zufügen, ohne dass er irgendeinen überzeugenden Grund angeben muss."[60]

---

60 Aus: Die Presse, 21. November 2020 S. 8.

Auf anderer Ebene verzeichnet al-Sisis Regime durchaus Erfolge: Um die Wirtschaft wieder anzukurbeln, ließ er in gewaltiger Kraftanstrengung bei nur einjähriger Bauzeit eine zweite Fahrtrinne des Suez-Kanals graben. Dieses Prestigeprojekt wurde am 6. August 2015 eröffnet. Fortan können täglich 97 statt wie bisher 49 Schiffe den Kanal passieren, die Passagezeit verringert sich von 18 bis 22 auf elf Stunden. Ein weiteres Riesenprojekt wurde 2015 ins Auge gefasst: der Bau einer neuen „administrativen" Hauptstadt östlich von Kairo mit veranschlagten fünf Millionen Einwohnern. 2018 waren bereits 30.000 Wohnungen und ein Luxushotel fertig gestellt. Die Wirtschaft stabilisierte sich allmählich, auch der Tourismus sprang wieder an, Sorgen bereiten allerdings die zahlreichen Anschläge von Dschihadisten (IS-Anhänger), die insbesondere die Halbinsel Sinai infiltrieren und von der Armee nur schwer unter Kontrolle zu bringen sind. Noch größere Sorgen verursachte 2020 die Corona-Pandemie.

10.4 Libyen (1,8 Mill. km², 6,7 Mill. Einwohner)

Der arabische Frühling brachte keine Erleichterung für die geplagte Bevölkerung, auch nicht, nachdem der verhasste Diktator *Muamar al-Gaddhafi* (seit 1969) nach blutigen Kämpfen (50.000 Tote) 2011 gestürzt und gelyncht wurde. Schon 2012 begannen die Auseinandersetzungen zwischen den einzelnen Rebellengruppen, deren Zahl erschreckend zunahm: Waren es anfangs noch 60.000 Kämpfer, stieg ihre Menge binnen zweier Jahre auf 200.000. Ihretwegen kam der Erdölexport zum Erliegen, die Wirtschaft brach vollkommen zusammen, und der Staat löste sich auf. Es herrschte Anarchie, Anschläge standen auf der Tagesordnung. Erbitterte Machtkämpfe wurden und werden zwischen Ethnien, Glaubensrichtungen, Stammesgruppen und Gegnern sowie Anhängern des gestürzten Gaddhafi ausgetragen. Die drei großen Landesteile Tripolitanien, Cyrenaika und Fezzan machten sich selbständig. In Tripolitanien regiert seit 2016 eine schwache, aber international anerkannte Regierung unter Präsident *Fayez al-Sarraj*; ihr untersteht die reguläre Armee, soweit man von regulär angesichts der vielen Rebellengruppen, die sich unter ihr vereinen, sprechen kann. In der Cyrenaika bildete General *Chalifa Haftar* eine Gegenregierung und bekämpfte zunächst einigermaßen erfolgreich mit seiner eigenen sog. Libysch Nationalen Armee (LNA) die islamistischen Milizen des IS, 2016 eroberte er die wichtigsten Erdölterminals, sodass die Erdölproduktion wieder aufgenommen werden konnte; seit April 2019 drang er nach Westen vor und belagerte die Hauptstadt Tripolis. Im Jänner 2020 lud Deutschlands Bundeskanzlerin Angela Merkel die Staatschefs von Frankreich, Russland, der Türkei sowie Vertreter der UNO und der beiden Konfliktparteien zu einem internationalen Gipfel nach Berlin. Alle stimmten dem Ende des Krieges zu, aber keiner der Beteiligten hielt sich an die Abmachungen, im Gegenteil: Der Bürgerkrieg, der längst in einen Stellvertreterkrieg ausgeartet ist, nahm trotz der Corona-Krise, die auch Libyen nicht verschonte, an Heftigkeit noch zu. Kriegsschiffe der EU-Militärmission kreuzen vor Libyens Küste, aber sie können die illegalen Waffenlieferungen nicht unterbinden, ohne die weder die von Italien und der Türkei unterstützte reguläre Armee noch die auf russische, ägyptische, saudi-arabische und nicht zuletzt französische Hilfe angewiesene LNA bestehen könnten (von September 2019 bis Mai 2020 kämpften auch russische Söldner in ihren Reihen). Im Mai 2020 zeigte sich, dass die türkische Hilfe (Kampfdrohnen und Söldner) für die anerkannte Regierung des Staatschefs al-Sarraj effizienter war, sodass Haftars Feldzug gegen Tripolis gescheitert ist. Seit Oktober 2020 schweigen die Waffen. Was aber geschieht mit den 20.000 ausländischen Söldnern, die auf beiden Seiten kämpften? Werden diese, wie vereinbart, auch bis Jänner 2021 abziehen? Inzwischen nahm der Internationale Strafgerichtshof Ermittlungen gegen den 77jährigen Haftar wegen Kriegsverbrechen auf. Nach und nach kristallisiert sich heraus, dass sich die Türkei und Russland mit Hilfe ihrer jeweiligen Verbündeten eine dauerhafte Einflusszone in Libyen schaffen wollen; dies würde die endgültige Teilung des Staates bedeuten. Der Fezzan, das wüstengleiche Landesinnere, bildet das unkontrollierbare Einfallstor für die radikalislamistische Terrorgruppe Boko Haram. Angesichts des vollkommenen Chaos haben sich 650.000 Migranten aus mehr als 40 Ländern, insbesondere aus Niger, Tschad, Ägypten und dem Sudan, bis zur Küste vorgewagt, in der Hoffnung, mit Hilfe von Menschenschmugglern über das Mittelmeer nach Europa gebracht zu werden; sie landen in von Milizen kontrollierten Internierungslagern und werden dort unmenschlichen Haftbedingungen unterworfen (Gewalt, Zwangsarbeit, Versklavung). Italiens Kriegsmarine unterstützt seit 2017 die (reguläre) libysche Küstenwache auch innerhalb der libyschen Hoheitsgewässer zur Bekämpfung des Menschenschmuggels.

Der
10.5 Irak (435.000 km², 38 Millionen Einwohner)
wurde durch den dritten Golfkrieg ins Chaos gestürzt: Die US-Invasion und die Entmachtung des Diktators *Saddam Hussein* (2003) brachte keinen inneren Frieden, im Gegenteil: Dschihadisten aus allen arabischen und asiatischen Staaten strömten ins Land und machten täglich durch hunderte Anschläge das Leben der amerikanischen Besatzer und vor allem auch der Einheimischen zur Hölle. Im Dezember 2011 zogen die US-Kampftruppen ab, es verblieben 56.000

Mann (Logistik, Aufklärung, Ausbildungseinheiten, Luftwaffe). Mit hohem Aufwand und mäßigem Erfolg hatten diese eine eigene irakische Armee auf die Beine gestellt, doch war sie hilflos dem aggressiven Vormarsch des sog. Islamischen Staates (IS) ausgesetzt. Da zwei Drittel der Bevölkerung der sunnitischen Glaubensrichtung angehören, die Regierung aber die Schiiten massiv bevorzugt und Armee, Polizei und vor allem schiitische, vom Iran gesteuerte Milizen auch vor Gewaltexzessen gegen die sunnitische Mehrheit nicht zurückschreckten, hatte der radikalislamistische IS leichtes Spiel. Daher konnte er 2014 den Nordirak und sogar die Millionenstadt Mosul erobern. Nach der Zerschlagung des IS im Irak 2018 kam der geplagte Irak immer noch nicht zur Ruhe. Das erdölreiche Land ist nicht imstande, seiner Bevölkerung einen ausreichenden Lebensstandard zu sichern: 25 Prozent aller Einwohner müssen mit 2 € pro Tag auskommen. Korruption, Misswirtschaft, Versorgungsmängel und eine zusammengebrochene Infrastruktur trieben die Menschen im Oktober und November 2019 auf die Straße. Die Proteste kosteten 400 Menschenleben, aber immerhin trat der verhasste Premierminister *(Adel Abdu Mahdi)* zurück. Nur hilft das nicht viel in dem politischen Filz, wo Sunniten, Schiiten, Kurden und andere Gruppen um Durchsetzung ihrer Interessen rittern. Besonders verhasst ist der ständig zunehmende Einfluss des Nachbarlandes Iran, dem sich kaum ein Politiker auf Dauer entziehen kann. Das Parlament wählte 2020 den ehemaligen Geheimdienstchef *Mustafa al-Kadhimi.* Ob es ihm gelingen wird, den iranischen Einfluss zurück zu drängen und mit Ölpreisverfall, desaströsen Staatsfinanzen, dem neuem Vormarsch des IS und nicht zuletzt mit der Corona-Pandemie fertig zu werden? Jedenfalls genießt er eher das Vertrauen der USA als sein Iran-höriger Vorgänger. Aber die USA hatten nach der Zerschlagung des IS nur mehr 5200 Soldaten im Irak stationiert und verringern diese Zahl noch weiter.

Auch in
10.6 Syrien (185.000 km², 17 Millionen Einwohner)

führte die durch den „Arabischen Frühling" eingeleitete Revolution zu einer Katastrophe unvorstellbaren Ausmaßes. Das korrupte, nur die Minderheiten der Alawiten (7 Prozent der Bevölkerung) bevorzugende Regime von Präsident *Baschar al-Assad* (seit 2000) musste beinahe zwangsläufig zur Revolution führen. Sein Vorgehen durchlief mehrere Phasen: Als in der *ersten Phase* (2011, 2012) die Protestbewegung auch mit Waffengewalt nicht mehr einzudämmen war, setzte er auf die „Pinochet-Methode", gekennzeichnet durch Massenverhaftungen und Folter. Sein Motto lautete: „Assad oder niemand!". In der *zweiten*

Phase ging er mit äußerster Härte gegen die Zivilbevölkerung vor, ließ Städte und Dörfer niederbrennen, Fassbomben, Streubomben und seit 2013 auch Giftgas einsetzen. Die Weltöffentlichkeit reagierte mit Empörung, tat aber nichts. Seit Sommer 2014 gelang den Islamisten des „ISIS" (siehe unten) der Vormarsch über weite Teile des Landes, zunächst von Assad noch geduldet, weil er von ihnen Hilfe gegen die Rebellen erhoffte. Bis 2014 hatte der Bürgerkrieg schon 130.000 Menschenleben gefordert, vier Millionen waren bereits außer Landes geflüchtet, meist in die Türkei (über die Flüchtlingsproblematik siehe oben). In der *dritten Phase* ab 2015 schickte Assad Sturmtruppen gegen die Rebellen, aber seine Herrschaft verlor immer mehr an Terrain, er stand in Damaskus mehr oder weniger mit dem Rücken zur Wand. Umso grausamer agierte er dort, wo er noch das Sagen hatte: In syrischen Gefängnissen waren seit Ausbruch des Konflikts bis 2015 etwa 18.000 Personen durch systematische Misshandlung, Folter, Vergewaltigung, Wasserentzug und sogar durch Massenhinrichtungen ums Leben gekommen. Im März 2017 ließ er auch wieder Giftgas (Sarin, Chlorin) einsetzen. Als sich das Ausland in die Kampfhandlungen einschaltete, begann die *vierte Phase* von Assads unglückseliger Herrschaft: Russland intervenierte und rettete das Assad-Regime vor dem Untergang. Ein Stellvertreterkrieg auf Iraks Boden setze ein: Auf Assads Seite kam bewaffnete Hilfe von Russland, Saudi Arabien und vom Iran inklusive von der mit dem Iran verbündeten Hisbollah, auf der Gegenseite kämpften die Aufständischen und – mit ihnen keineswegs verbündet – die al-Qaida bzw. die al-Nusra und der ISIS. Zwischen den Fronten standen/stehen die Kurden. Ihnen gelang es, sich aus dem Bürgerkrieg mehr oder weniger herauszuhalten und in ihrem selbst verwalteten Territorium an der Grenze zur Türkei verhältnismäßig ruhige Verhältnisse zu bewahren. Sie gewährten jenen Menschen, die vor dem IS flüchten mussten, einigermaßen sicheren Aufenthalt. Aber auch sie sehen unruhigen Zeiten entgegen: Trotz Erfolgen gegen den IS sind sie seit 2019 Angriffen der Türkei ausgesetzt, die an ihrer Südgrenze keine kurdisch-autonome Region, die territorial mit der irakischen Autonomen Region Kurdistan (siehe unten) zusammenhängt, dulden will. Assads *fünfte Phase* sieht die reguläre Armee der Regierung überall auf dem Vormarsch. Mit Hilfe der russischen Luftwaffe und ausländischer (schiitischer) Krieger wurde 2016 Aleppo den Aufständischen entrissen, 2017 gewann das Regime etliche andere von Aufständischen gehaltene Orte zurück. Viele flohen in die Region Idlib, eine letzte Enklave des IS, der bis 2019 fast sein gesamtes Herrschaftsgebiet verloren hatte. Im Frühjahr 2020 begann Assad die Offensive gegen die Millionenstadt Idlib und scheute dabei abermals nicht vor beispiellosen Kriegsverbrechen zurück (Einsatz von Streubomben und Fassbomben gegen die Zivilbevölkerung, gezielte Bombardierung von Schulen und Spitälern – Letzteres gemeinsam mit russischen Kampfbombern). Die Türkei, die bisher schon 3,6 Millionen syrische Flüchtlinge aufgenommen hatte, befürchtet eine weitere Flüchtlingswelle und will daher Assads Vormarsch verhindern; mehrere Tausend türkische Soldaten mit schweren Waffen sichern Idlib seit Februar 2020, geraten dabei aber wiederholt in direkte Konfrontation mit russischen Streitkräften.

Die deprimierende Bilanz von zwei Jahrzehnten der Regierung Assad und neun Jahren Bürgerkrieg: ein verwüstetes Land, 470.000 Bürgerkriegstote, 5,6 Millionen Außen- und 6,5 Millionen Binnenflüchtlinge. Von der verbliebenen Bevölkerung leben 80 Prozent unter der Armutsgrenze, mindestens 50 Prozent sind arbeitslos, die Auswirkungen der Corona-Krise dürfte diese Zahl noch erhöhen. Die ärgste Phase des Krieges scheint vorbei zu sein, Assad herrscht wieder über rund zwei Drittel seines Landes (ausgenommen die Provinz Idlib, ferner die von Kurden kontrollierte Zone östlich des Euphrat und die von der Türkei besetzten Grenzgebiete sowie Afrin). Aber das Assad-Regime ist weltweit geächtet, internationale Sanktionen setzen der ohnehin darnieder liegenden Wirtschaft noch mehr zu und üben einen starken Druck auf die ohnehin Not leidende Bevölkerung aus. Im Juni 2020 trat der von den USA beschlossene „Caesar Act" in Kraft, der Sanktionen gegen jede Regierung oder private Körperschaft androht, welche das Assad-Regime unterstützt oder Hilfe für den Wiederaufbau Syriens gewährt. Die Sanktionen sollen solange andauern, bis das Regime die Luftangriffe auf Zivilisten einstellt und den Flüchtlingen die Rückkehr in ihre ehemaligen Wohnungen gewährt; darüber hinaus müssen die politischen Gefangenen enthaftet und die Kriegsverbrecher bestraft werden.

Die kleine Zedernrepublik
10.7 Libanon (10.400 km², 6,9 Millionen Einwohner)

war beinahe aus dem Blickwinkel der Öffentlichkeit verschwunden, als eine gewaltige Explosion im Hafen von Beirut deutlich machte, dass die einstige „arabische Schweiz" heute beinahe ein gescheiterter Staat ist. Das Unglück ereignete sich am 4. August 2020, als ein „vergessenes" Lager von 2750 Tonnen Ammoniumnitrat durch Unachtsamkeit in die Luft flog. 191 Menschen starben sofort, 6500 wurden verletzt, 300.000 verloren ihre Wohnstätten; Zerstörungen gab es im Umkreis von drei Kilometern, und im Umkreis von acht Kilometern barsten sämtliche Fensterscheiben. Die Schäden werden auf 3,8 bis 4,6 Milliarden US $ geschätzt. Angesichts dieses Infernos richtete sich die seit Jahren aufgestaute Wut der Bevölkerung sogleich gegen die Regierung, die schon die längste Zeit auf allen Ebenen versagt hatte und sich nur um die Bereicherung ihrer Mitglieder kümmerte. Ein vermeintlich gerechtes System, das alle öffentlichen Posten paritätisch auf Christen (Maroniten, Orthodoxe, Griechisch-Katholische u.a.), Moslems (Sunniten und Schiiten) und Drusen aufteilt, fördert in Wahrheit nur die Vetternwirtschaft und Korruption. Nach dem verheerenden Bürgerkrieg 1975 bis 1990 mit 150.000 Toten erholte sich das Land nur vorübergehend, das Proporzsystem ließ in Wahrheit keine gerechte Entwicklung zu, auch weil es nicht die unterschiedlichen demographischen Daten der Religionsgruppen berücksichtigt. Seit Jahren steckt das Land in einer tiefen Wirtschafts- Finanz- und Versorgungskrise, der öffentliche Sektor wird seinen Aufgaben längst nicht mehr gerecht. Als Beispiel für das Staatsversagen (Regierungsversagen) wird immer wieder das Müllproblem genannt: Ein Sturm hatte im Jänner 2018 den Damm einer Mülldeponie zerstört, Unmengen von Müll wurden ins Meer getrieben und später wieder an Land gespült; sie wurden teilweise eingesammelt und offen verbrannt – eine gesundheitsgefährdende Unsitte, die auch an anderen Müllplätzen angewendet wird. Deren Betreiber – durchwegs Politiker – haben kein Interesse an einer nachhaltigen Müllentsorgung. Im Herbst 2019 kollabierte der Bankensektor, über den die politische und wirtschaftliche Elite seit Jahrzehnten den Staat ausgeplündert hatte. Der Staatszerfall beschleunigte sich von da an: Das BIP schrumpfte um 5,6 Prozent, die Löhne sanken um durchschnittlich 42 Prozent, die Unternehmen mussten einen Umsatzrückgang von 70 Prozent verkraften. Im März 2020 erklärte der zahlungsunfähig gewordene Staat den Staatsbankrott.

Viele, aber längst nicht alle Probleme sind hausgemacht, vielmehr verschärften die Konflikte in der Nachbarschaft die innere Misere: Aus dem Bürgerkriegsland Syrien strömte eine Million Flüchtlinge ins Land. Die vom Iran gesteuerte Hisbollah agiert wie ein Staat im Staat, übertrifft an militärischer Schlagkraft die reguläre Armee und hat alle Bereiche des öffentlichen Lebens infiltriert. Eine Woche nach der Explosionskatastrophe trat die gesamte Regierung zurück – sie konnte dem Volkszorn nicht mehr standhalten. Versuche, eine neue Regierung auf die Beine zu stellen, scheiterten an der Hisbollah, die auf Befehl Teherans alles torpedierte. Die Staatskrise beschleunigte sich, und es dauerte neun Monate, bis der vormalige Premierminister *(Saad al-Hariri)* im Oktober 2020 erneut zum Regierungschef ernannt wurde. Eine von der einstigen Kolonialmacht Frankreich initiierte Geberkonferenz brachte etliche Millionen € zustande, die wohl punktuell helfen dürften, das gesamte Staatssystem aber nicht verbessern werden.

Die sieben
10.8 Vereinigten Arabischen Emirate (VAE) (83.600 km², 9,8 Millionen Einwohner)

sind nach Ägypten (1979) und Jordanien (1994) die Dritten in der arabischen Welt, die mit Israel Frieden schlossen: Man vereinbarte zwar im August 2020 keinen formalen Friedensschluss, aber die Aufnahme diplomatischer Beziehungen. Saudi Arabien nahm inoffiziell an diesem Bündnis teil. Scheinbar gab es keine israelischen Gegenleistungen, aber unter vorgehaltener Hand verzichtete Israel fürs Erste auf einen Annexionsplan, der große Teile des Westjordanlandes betroffen hätte und der bereits von US-Präsident Trump gutgeheißen worden war. Israel teilt mit den Emiraten die gemeinsame Feindschaft gegenüber dem Iran. Washington, das diesen Deal eingefädelt hatte, steht auch Pate für den Friedensschluss Israels mit Bahrein am 15. September 2020, mit dem Sudan am 26. Oktober 2020 und mit Marokko am 10. Dezember 2020; man hofft, dass bald auch das Sultanat Oman und vor allem Saudi Arabien diesem Beispiel folgen werden.

10.9 Das kleine Golfemirat Katar (11.610 km², 2,8 Millionen Einwohner, dazu 1,5 bis 2 Millionen Arbeitsmigranten)

gerät immer wieder in den Blickpunkt der Weltöffentlichkeit. Bekannt ist der Radiosender Al Jazeera mit seinen kritischen, alle arabischen Staaten betreffenden Reportagen, die insbesondere 2011 die Protestbewegung in den arabischen Ländern unterstützt hatten. In die Schlagzeilen geriet die Hauptstadt Doha, nach der die letzte WTO Runde benannt wurde: Sie wurde 2001 mit dem Ziel begonnen, die Handelsbedingungen von Entwicklungsländern auf dem Weltmarkt zu verbessern; nach mehrmaligen Unterbrechungen wurden die Verhandlungen 2020 ergebnislos abgebrochen. Die USA unterhalten in Katar ihren wichtigsten Luftwaffenstützpunkt außerhalb Amerikas, auch die Türkei errichtete in Dakar 2016 eine Militärbasis. 2020 fanden in Doha erste Gespräche zwischen den USA, den Taliban und dieser mit der afghanischen Regierung statt.

Da das wüstengleiche Emirat landschaftlich zwar öde, dank seiner Erdölvorkommen aber enorm wohlhabend ist (BIP fast 70.000 US $ pro Kopf) und zu den potenten Waffenkäufern der USA und einigen EU-Staaten zählt, sieht der Westen über die katastrophale Menschenrechtssituation hinweg und kreidet ihm auch nicht die ideologische Nähe zu den Muslimbrüdern an, denen das Emirat als Stützpunkt dient. Der Emir musste freilich geloben, die Terrorfinanzierung zu beenden. Seine Freundschaft zum Iran und zur Türkei rief andere arabische Staaten auf den Plan: Im Juni 2017 unterbrachen Saudi-Arabien, Ägypten, Bahrein und die VAR sämtliche Wasser-, Luft- und Landverbindungen zu Katar und verhängten auch andere Sanktionen, die sie an ein 13 Punkte umfassendes Ultimatum knüpften. Dieses blieb bis heute unbeantwortet. Das reiche Land kann allen Embargos und Blockaden trotzen.

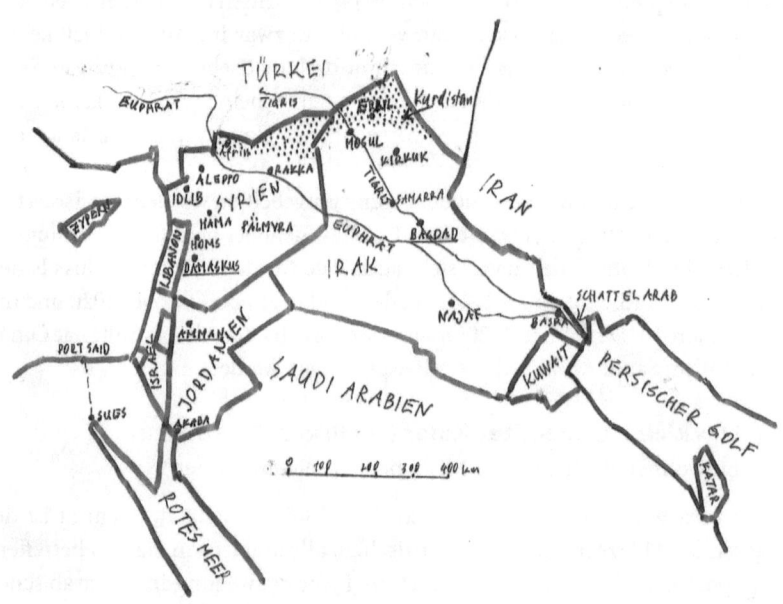

Krisenzone Mittlerer Osten

10.10 Der Sogenannte Islamische Staat (IS)

Um dieses Phänomen besser zu verstehen, ist vielleicht eine kurze allgemeine Betrachtung über die Religion an sich angebracht.[61] Denn sie spielt seit Jahrtausenden als sinnstiftenden und Normen gebenden Vorstellungsinhalt eine überragende Rolle im öffentlichen und privaten Leben. In der vorindustriellen Gesellschaft bildete die Religion mit dem Staat und mit der Gesellschaft eine untrennbare Einheit und war Hauptgestalterin der jeweiligen Kultur. Und damit sind wir bei der *ersten* Funktion jeder Religion, weil Kultur ein integrativer Bestandteil des menschlichen Lebens ist; Religion bietet die erste und wichtigste Voraussetzung des Kulturschaffens. Ihre *zweite* Funktion liegt an

---

61 Vgl. Buchmann, Einführung in die Geschichte a.a.O., S. 48 f.

der Begründung der jeweiligen gesellschaftspolitischen Ordnung; sie erklärt, wer der Herr ist und wer der Knecht, und sie lehrt die Menschen, sich in diese Ordnung zu fügen. In der *dritten* Funktion stiftet die Religion den Sinn für Ehe und Fortpflanzung, für Sitte und Moral, für Eigen- und Nächstenliebe usw. Und keinesfalls zuletzt, in der *vierten* Funktion, hilft die Religion, die Todesangst zu bewältigen, indem sie dem Menschen das Leben nach dem Tod verheißt. Eine Definition der abendländischen Aufklärung, dass eine Religion nur dann gut wäre, wenn sie gute Menschen hervorbrächte (siehe Lessings 1779 verfasstes Drama: „Nathan der Weise"), greift da etwas zu kurz. Alle Weltreligionen bestehen aus einem vielschichtigen Ideengefüge, das sich gleichzeitig in mannigfacher Gestalt zeigt: Riten können zwischen einer Amtskirche und einer Volksreligion divergieren, auch zwischen jenen der Oberschicht und jenen der Unterschicht oder zwischen Stadt und Land. Auch bleibt das Ideengefüge keinesfalls statisch, es durchmisst im Laufe der Zeit verschiedene Stadien, so wie auch ihr Stellenwert in der Gesellschaft einem Wandel unterworfen ist. Religionen erleben Spaltungen (Schismata) und Häresien, unter ihren Anhängern gibt es Mystiker, Fundamentalisten, Eiferer oder Glaubenskrieger. Seit den antiken Hochkulturen sind Religionen in Glaubensgemeinschaften organisiert, deren Priesterschaft bisweilen strenge hierarchische Strukturen aufweist. Die enge – heute würden wir sagen: missbräuchliche – Verbindung von Religion und Politik ist ein wesentliches Merkmal der vorindustriellen, heute aber auch der nicht-aufgeklärten Gesellschaft. Da werden politische Willensmeinungen oft religiös argumentiert, sodass sogar Waffengänge unter dem Deckmantel von Religions- oder Glaubenskriegen geführt wurden und werden.

Die Spaltung des Islam ereignete sich schon wenige Jahre nach Mohammeds Tod (632). Der erste Kalif (=gewählter Nachfolger Mohammeds), Abu Bekr (632–634), sicherte die Aufbauarbeit Mohammeds, der zweite Kalif, Omar I. (634–644), begründete durch seine Blitzkriege das islamische Großreich. Mit der Ermordung Othmans, des dritten Kalifen (644–656) und der Doppelwahl von Mohammeds Schwiegersohn Ali ibn Abi Talib (656–661) einerseits und Moawija (661–680) andererseits, die beide das Amt des Kalifen für sich beanspruchten, zerbrach die Einheit der Religion: Der erste von vielen Bürgerkriegen initiierte die Spaltung in Sunniten, Schiiten und Charidjiten. Die *Schiiten* anerkannten nur Ali und seine Nachkommen als rechtmäßige Nachfolger des Propheten (als Imame) an; der zwölfte Imam ist verborgen, erst am Ende der Zeiten wird er als Mahdi wiederkehren. Bis dahin vertreten ihn die obersten Religionsgelehrten. Die *Charidjiten* hielten anfangs zu Ali, trennten sich aber nach der Schlacht von Siffin (657) von ihm und betrachteten fortan alle anderen Muslime als todeswürdige Ketzer. Während die Schiiten den Koran als alleinige Glaubensquelle anerkennen, gelten für die *Sunniten* neben dem Koran auch die Sunna (überlieferte Reden und Erklärungen des Propheten) und die Ansichten der ersten vier Kalifen als Glaubensgrundlage. Die alten Schriften des 7. Jahrhunderts werden heute von den radikalislamischen Anhängern des IS oft stärker betont als der Koran; in diesen apokalyptischen Büchern ist von der extremen Grausamkeit gegenüber den Feinden die Rede: Schon der Heerführer des ersten Kalifen, Hassan Khaled Ibn al Walid, begründete 633 die Tradition, Kriegsgefangene zu enthaupten, eine Tradition, die der IS fortsetzte. Während heute aufgeklärte Moslems die Untaten von Terroristen des IS oder der al Qaida als unislamisch brandmarken, berufen sich die Radikalislamisten auf den „ursprünglichen, wahren Glauben" und halten moderne Moslems für Häretiker.

Das Phänomen „Islamischer Staat" ist aber nicht nur aus dem Blickwinkel einer frühmittelalterlichen Religionsinterpretation zu betrachten, sondern auch aus der Perspektive zynischer Machtausübung. So wie sich bei Selbstmordkommandos nie der/die Drahtzieher selbst opfern, sondern immer nur andere zur Selbstopferung aufhetzen, so steckt auch hinter dem Islamischen Staat ein durchaus profaner Ideenbringer, der den Islam lediglich als Werkzeug benutzte und seinen Gefolgsleuten die Verwirklichung eines Herrschaftsgebietes wie einst im 7. und 8. Jahrhundert verhieß.[62] Dieser Ideenbringer war ein ehemaliger Geheimdienstoberst der irakischen Luftabwehr, der sich Haji Bakr nannte, im wirklichen Namen Samir Abed al-Mohammed al-Khleifawi hieß. Nach dem 3. Golfkrieg und dem Sturz von Saddam Hussein anno 2003 führte er so wie viele seiner arbeitslos gewordenen Kameraden aus der 300.000 Mann starken, nunmehr aufgelösten irakischen Armee einen Untergrundkampf gegen die US-Besatzungstruppen, dann schloss er sich der „al-Qaida im Irak" an. 2006 ging er an die Verwirklichung eines von ihm minutiös ausgearbeiteten Organigramms für einen Islamischen Staat im Irak (ISI). Dazu nutzte er die Kernstruktur von Saddam Husseins Geheimdienst, fertigte Personalakten (auch für potentielle Selbstmordattentäter) und sogar Gehaltslisten an. Die Leitung übernahmen ehemalige irakische Offiziere oder Kader der aufgelösten Baath-Partei. Für ein Staatsoberhaupt wurde das Amt des „Bagdhadi" geschaffen; nachdem mehrere Personen versucht hatten, dieses Amt an sich zu reißen, installierte Haji Bakr Ende 2007 den ehemaligen Prediger aus Samarra, Ibrahim Awad Ibrahim al-Badri al-Sammarai (1971–2019) als Kalifen Ibrahim

---

62 Karin Leukefeld: Syrien, Irak, die arabische Welt und der Islamische Staat. Köln 2015. – Christoph Reuter: Die schwarze Macht. Der „Islamische Staat" und die Strategen des Terrors. München [7] 2015. – Hassan Hassan, Michael Weiss: ISIS: Inside the Army of Terror. New York 2015.

mit dem Titel Abu Bakr al Baghdadi. Er wäre der achte von den insgesamt zwölf prophezeiten legitimen Kalifen.

Die Machtübernahme des IS erfolgte in sieben Phasen. In der ersten Phase wurde der Geheimdienst-Staat aufgebaut: Vertrauensleute spionierten jedes Dorf aus, besorgten Informationen über kompromittierende Details der Einwohner und auch über deren Einkünfte, dann heirateten sie in wichtige Familien ein. In der zweiten Phase wurden alle potentiellen Gegner beseitigt; sie verschwanden einfach. Die dritte Phase ist durch die Totalüberwachung der Bewohner gekennzeichnet: In jedem Dorf wurden Emire eingesetzt, jeder war für einen Bereich wie: Verwaltung, Ermordungen, Entführungen, Scharfschützen, Kommunikation usw. verantwortlich; ein Emir hatte die anderen Emire zu überwachen. Die Emire waren immer Ausländer, und sie rotierten in ihren Ämtern möglichst rasch, damit sich keiner eine Hausmacht schaffen konnte. Jeder bespitzelte von nun an jeden, keiner konnte sicher sein, und die Scharia war das Mittel zum Zweck. Die vierte Phase bewies bereits, wer tatsächlich das Sagen hatte: Einerseits wurde ein freundliches Gesicht an den Tag gelegt, indem man beispielsweise Kinderfeste veranstaltete, andererseits sprengten Selbstmordkommandos staatliche Einrichtungen in die Luft. Mit der fünften Phase begannen die öffentlichen Hinrichtungen, die dann in die sechste Phase des totalen Terrors überleiteten: Immer neue Gesetze und Verbote wurden erlassen, wer es jetzt noch wagte, seine Stimme zu erheben, wurde getötet. Die siebente Phase beweist, dass eine Revolution letztlich ihre eigenen Kinder frisst: Mitkämpfer, die sich eine zu große Machtbasis geschaffen hatten, wurden ermordet.

Die sunnitischen Bewohner des **Irak** schätzten den IS oft mehr als die eigene Regierung unter Ministerpräsident Nuri al-Maliki (2006–2019), welche die Schiiten im Lande stets bevorzugte und deren Macht nahezu monopolisierte. Schon 2006/7 gab es bürgerkriegsähnliche Auseinandersetzungen bewaffneter Sunniten gegen die schiitisch dominierten Sicherheitskräfte, 2012/13 eskalierten die Spannungen erneut und kosteten hunderte Menschenleben. Die Sicherheitslage insgesamt blieb katastrophal: Zwischen 2003 (Beginn des 3. Golfkrieges) und 2013 wurden über 112.000 irakische Zivilisten durch Anschläge getötet – die Opfer waren sowohl Sunniten als auch Schiiten. Schiitische Milizen, vom Iran ausgeschickt und zahlenmäßig stärker bzw. besser geführt als die reguläre, mit modernsten US-Waffen ausgestattete irakische Armee, wüteten unter den Sunniten nicht anders als der ISI („Islamischer Staat im Irak"). So entstand die paradoxe Situation, dass just diejenigen Kräfte, welche den ISI bekämpften, dessen Aufstieg erst ermöglicht hatten. Denn die Sunniten hatten Todesangst vor einer Zukunft, in der sie schutzlos den Schiiten ausgeliefert wären. Schließlich kam es so weit, dass im Nordwesten Iraks Stammesführer und ISI vereinbarten, nicht gegeneinander zu kämpfen, sodass sich der ISI dort ungehindert ausbreiten konnte. Eine Großoffensive des ISI im Frühjahr 2014 brachte fast den gesamten Nordirak in seinen Besitz (ausgenommen die autonome Region Kurdistan mit der Hauptstadt Erbil). Am 10. Juni überrannten die Islamisten die zwei Millionen-Stadt **Mosul**: Die Kämpfe dauerten nur drei Tage. Lediglich 4500 Dschihadisten trieben 25.000 Soldaten und Polizisten unter Zurücklassung von Waffen und Gerät in Milliardenwerten in die Flucht. Wie war das möglich? Nur den unfähigen irakischen Generälen die Schuld zu geben, greift zu kurz; die Machtübernahme des Islamischen Staates war im Untergrund schon lange vorbereitet worden und fand offene Sympathien bei der Bevölkerung, die den schiitischen Regierungschef Nuri al-Maliki (2006-2014, danach 2. Vizepräsident) und die Schiiten hassten. Maliki war übrigens vorgewarnt worden, aber er unternahm bewusst nichts für die Sicherung der sunnitischen Stadt. Nach der Machtergreifung des IS begann in Mosul eine Schreckensherrschaft: Auspeitschungen, Steinigungen und Enthauptungen standen an der Tagesordnung; 2070 Menschen wurden hingerichtet.

Als im Jahr 2011 der Bürgerkrieg in **Syrien** ausbrach und unzählige Rebellengruppen das Land in Anarchie versinken ließen, witterte Haji Bakr Morgenluft: Er ließ seine Gotteskrieger in Syrien einsickern. Unbemerkt errichteten diese überall Ortsgruppen und nutzten dabei eine Personalreserve von ausländischen Dschihadisten, die ab Herbst 2012 ins Land strömten. Radikale Tunesier, Marokkaner, Saudi-Araber, Afghanen, Algerier, Jordanier und sogar Bürger westlicher Staaten verbreiterten die Machtbasis, und 2013 nahm der 2006 ausgerufene ISI den neuen Namen ISIS („Islamischer Staat im Irak und in Syrien") an, ab 2014 hieß er nur mehr IS – in diesem Jahr wurde Haji Bakr von unbekannten Tätern ermordet. Syriens Diktator Assad verschonte, ja unterstützte anfangs den IS, weil dieser gegen andere Rebellen kämpfte. Viel zu spät, erst 2013, ließ er die regulären Truppen gegen den IS vorgehen. Da sich die Soldaten in keinen Häuserkampf einlassen wollten, ließ Assad in der Schlacht um Aleppo 2013/14 Fassbomben abwerfen und nahm damit die Tötung von unbeteiligten Zivilisten in Kauf. Im Kampf gegen die Rebellen wurde 2013 in den umkämpften Vororten von Damaskus und 2014 in Hama auch Giftgas (Sarin und Chlorgas), 2015 in der Stadt Marea Senfgas, 2016 in Aleppo Chlorgas und 2017 nahe Idlib Sarin eingesetzt. Die Türkei unterstützte die oppositionellen Kräfte gegen das Assad-Regime, dabei ließ sie aber viel zu lange ihre Grenzen offen und duldete die Dschihadisten auf ihrem Territorium, obwohl diese sofort daran gingen, selbst dort Ortsgruppen aufzubauen. Schon länger trieben in Syrien auch andere radikale Gruppen wie die al-Qaida und die al-Nusra

Front ihr Unwesen; noch 2012 half Haji Bakr der al-Nusra mit Geld und Waffenlieferungen, doch da sich diese 2013 nicht dem ISIS anschließen wollten, stoppte er die Unterstützung; seine Drohungen veranlasste viele Mitglieder, zum ISIS überzulaufen, allmählich gingen auch die anderen Islamistengruppen wie die al-Qaida im IS auf, andernfalls wurden sie total ausgerottet. Im März 2013 fiel die am Euphrat gelegene Provinzhauptstadt Ar-Raqqah (Rakka) in die Hände des ISIS; sie wurde künftige Hauptstadt des IS, wo 2014 das „Kalifat" des al-Baghdadi ausgerufen wurde.

Die Öffentlichkeitsarbeit des IS war durchaus professionell. Um das westliche Publikum zu demütigen, wurden antike Kulturdenkmäler medienwirksam zerstört. Kulturvernichtung hatten bereits die Taliban in Afghanistan betrieben, als sie 2000 die riesigen Buddhastatuen von Bamian (3. und 5. Jahrhundert) in die Luft jagten. In Syrien zerstörten die Islamisten den weltberühmten Basar von Aleppo, verwüsteten die alte Kreuzritterburg Crac de Chevalier und sprengten Teile der antiken Wüstenstadt Palmyra (der Leiter der Antikenverwaltung, Khaled al-Assad, wurde am Stadttor gehenkt, weil er sich geweigert hatte, das Versteck mit den wertvollsten archäologischen Funden zu verraten). Daneben sprengten sie uralte Moscheen, Mausoleen und Heiligtümer in Mosul, zerstörten dort auch wertvollste Exponate des Museums und verbrannten Manuskripte der Bibliothek. Mit Planierraupen ebneten sie antike Ausgrabungsstätten in Ninive, Hatra und Nimrud ein. Abgesehen von solchen Untaten nutzte der IS die Medien zu Propagandazwecken: Um das westliche Publikum zu beeindrucken, zeigte er Videos mit der Enthauptung westlicher Geiseln, aber ästhetisch geschönt. Videos, die nur für die eigenen Reihen bestimmt waren und diese ermutigen sollten, demonstrieren die ganze Grausamkeit von Menschenschlachtungen.

Das Leben im „Kalifat" warf die Menschen zurück ins Mittelalter, modern war nur die Totalüberwachung, und die Liste der Verbote wurde immer länger: Wer rauchte, wurde ausgepeitscht, Homosexuelle wurden von einem Turm gestürzt, vermeintliche Ehebrecherinnen gesteinigt; Frauen durften nur in Männerbegleitung und total verhüllt, sogar mit Brustschild, auf die Straße usw. Das führte bisweilen auch zu widersinnigen Auswüchsen, wenn beispielsweise in einem Dorf den Kühen die Euter verhängt werden mussten. Oft wurden die Schulen geschlossen und Buben ab zehn Jahren in Ausbildungslagern zu Selbstmordattentätern ausgebildet. Das Morden machte selbst vor Kindern nicht Halt, auch sie konnten bei geringsten Vergehen enthauptet, gekreuzigt oder gesteinigt werden. Die Wirtschaft brach völlig zusammen, Banken wurden geschlossen, es gab nur noch Wechselstuben. Dennoch floss in den ersten Jahren viel Geld in die Kassen des IS, nämlich durch Ausbeutung der Erdöl- und Erdgasfelder, durch Erdölschmuggel, durch Enteignungen, Beschlagnahmungen, Steuern (Abgabe von 10 % auf die Einkommen) und durch Schutzgelderpressung. Um sich vor Willkürakten eines Emirs zu schützen, konnte sich der Einzelne eine sog. „Vergebungskarte" kaufen – diese Art eines Ablassbriefes für vermeintlich begangene Sünden galt allerdings nur für kurze Zeit, dann musste ein neuer gekauft werden. In den ersten Jahren wurde den Kämpfern für den IS ein Sold von 500 US $ monatlich ausbezahlt, als sich ab 2015 der Ring der Feinde immer enger zusammenzog und die Finanzmittel knapp wurden, ging sich nur mehr ein Monatssold von 200 US $ aus.

Wenige Wochen nach der Eroberung von Mosul (s. oben) begann am 3. August 2014 der gezielte Vernichtungsfeldzug an den Jesiden und damit der jüngste Völkermord der Geschichte. Vor diesem Schicksalstag lebten etwa 500.000 Jesiden im Irak. Die Angehörigen dieser kurdisch sprechenden religiösen Minderheit glauben an nur einen Gott, sie verehren aber auch Engel – daher wurden sie fälschlich als „Teufelsanbeter" diffamiert. Sie verfügen über keine Heilige Schrift, ihre Lehre wird lediglich mündlich tradiert. Da auch nicht missioniert wird, kann man nur durch die Geburt Jeside sein. Der IS-Terror traf wohl viele religiöse Minderheiten, am meisten aber litten die Jesiden unter ihm. Sie sollten nach dem Willen des IS vollkommen ausgelöscht werden. Männer wurden zu Tausenden ermordet, Frauen und Kinder verschleppt und versklavt. In Panik flüchteten etwa 50.000 Jesiden auf den Heiligen Berg Sindschar, wurden dort aber eingekesselt; viele verdursteten. Zur Rettung der Überlebenden griffen die USA ein: Sie warfen Hilfsgüter ab, begannen mit gezielten Luftschlägen gegen IS-Stellungen und schmiedeten eine internationale Koalition gegen den IS. Syrisch-kurdische Volksverteidigungseinheiten (YPG) stießen indessen bis zum Sindschar vor und evakuierten die restlichen Jesiden in die irakische Autonome Region Kurdistan. Heute (2020) leben dort 300.000 Jesiden in Flüchtlingslagern.

Die **Autonome Region Kurdistan** hatte ihre Autonomie 2005 (zwei Jahre nach dem Fall des Baath-Regimes, siehe oben) erhalten. Das Völkergemisch aus Kurden, Assyrern, Chaldäern, Turkmenen, Armeniern und Arabern zählt 5,3 Millionen Einwohner und misst 40.600 km², ihre Hauptstadt ist Erbil mit einer Million Einwohnern. Hier herrschen einigermaßen demokratische Verhältnisse, auch während des Krieges konnten die reichen Erdölvorkommen ausgebeutet werden. Die kurdischen Volksverteidigungseinheiten und Peschmerga-Kämpfer hielten dem Ansturm des IS statt. 2013 wehrten sie diesen auch in Nordsyrien ab und entsetzten 2014 die an der türkischen Grenze liegende Stadt Kobane (siehe oben). Zehntausende flüchteten damals nach Kurdistan; ihnen schlossen sich auch viele junge syrische Männer an, die sich nicht für Assads Armee rekrutieren lassen wollten. Nach der Eroberung von Mosul ergoss sich ein weiterer Flüchtlingsstrom von Hunderttausenden Schiiten und Angehörigen anderer Minderheiten nach Kurdistan. Heute finden dort über eineinhalb Millionen Flüchtlinge Schutz – sie stammen aus Syrien und dem Irak und sind Jesiden, Christen, Schiiten und auch sunnitische Araber. Im September 2017 wollten die Kurden ein Unabhängigkeitsreferendum für einen eigenen Staat im Irak abhalten, aber die Türkei, Iran und die irakische Zentralregierung drohten mit Krieg – so einigten sich die verfeindeten Staaten auf Kosten der Kurden. Die USA blieben untätig.

Seit August 2014 begannen kurdische Peschmerga und kurdische Milizen aus Syrien sowie Milizen aus dem Iran und der Türkei, unterstützt von der US-Luftwaffe und der irakischen Armee, mit der Offensive gegen den IS. Die Peschmerga erhielten nun Waffen aus dem Iran, aus den USA, aus Frankreich, Deutschland, anderen EU-Staaten und arabischen Ländern. Die hoch gerüstete irakische Armee hingegen zeigte erhebliche Schwächen, die auf unfähige, nach politischen Kriterien besetzte Kommandanten zurückzuführen sind; viel modernes, von den USA geliefertes Material geriet – oft noch unbenützt – in die Hände des IS. Mängel in der Bodenkriegsführung kompensierte die syrische Luftwaffe durch besondere Rücksichtslosigkeit gegenüber der Zivilbevölkerung. 2015 kämpfte Assads Armee nur mehr mit dem Rücken zur Wand. Schlagkräftiger waren ausländische Einheiten wie die Hisbollah, iranische Revolutionswächter, schiitische Milizen aus Irak und Milizen, die in afghanischen Flüchtlingslagern im Iran rekrutiert wurden. Die desaströse militärische Lage bewog im Herbst 2015 Russland, mit seiner Luftwaffe zu intervenieren. Erst dadurch konnten einerseits die Rebellen, andererseits der IS langsam zurückgedrängt werden. Assads wankendes Regime wurde gerettet. Gegen den IS flogen seither neben der US-Air force auch Luftwaffen aus Frankreich, England und den Niederlanden ihre Einsätze. So verlor der IS im Jahr 2015 im Irak ein Drittel des von ihm kontrollierten Territoriums und geriet auch in Syrien in die Defensive. Daher kamen auch viel weniger freiwillige Dschihadisten aus dem Ausland: Vor 2015 meldeten sich monatlich etwa 2000 freiwillige Kämpfer, 2016 waren es nur mehr 200 pro Monat. Zwischen 2014 und 2016 verlor der IS etwa 50.000 „Kombattanten", zur selben Zeit wurden ebenso viele Zivilisten getötet. Im Juli 2016 begannen irakische Streitkräfte gemeinsam mit kurdischen Peschmerga und sunnitischen Milizen mit dem Großangriff auf Mosul, im Juli 2017 wurde die Stadt nach einjährigen schweren Kämpfen und nicht ohne die zu erwartenden Racheakte der Dschihadisten an der Zivilbevölkerung zurückerobert. Im Oktober eroberte die irakische Armee auch Kirkuk. Kurdische Volksverteidigungseinheiten (YPG) und andere syrische Milizen rückten ab 2016 gegen das Kernland des IS vor. Im Oktober 2017 fiel Raqqa, die Hauptstadt des „Kalifats" in die Hände der kurdischen Volksverteidigungseinheiten (YPG) – mindestens die Hälfte der Stadt war durch die Kampfhandlungen zerstört worden. Seit 2018 verfügte der IS im Irak über kein Territorium mehr, im März 2019 wurde der IS auch in Syrien endgültig zerschlagen. „Kalif" Abu Bakr al-Bagdhadi wurde, verraten von einem Gefolgsmann, im Oktober 2019 in seinem Versteck nahe Idlib von einem US-Sonderkommando aufgespürt, in die Enge getrieben und sprengte sich mit dreien seiner Kinder selbst in die Luft.

Aber der IS existiert weiter und fokussiert seine Aktivitäten nun in zwei Richtungen: Einerseits verüben seine Anhänger immer wieder Anschläge, nicht nur in Syrien und im Irak, sondern in der ganzen Welt, beispielsweise im April 2019 in Sri Lanka, bei dem 260 Menschen starben (über die vom IS für sich reklamierten Terrorattentate in Europa siehe oben). Ziel dürfte es sein, auf allen Kontinenten neue „Provinzen" zu etablieren (z.B. die schon 2015 in Afghanistan gegründete „Provinz IS-Khorasan"). Andererseits formiert sich der IS in der syrischen Wüstenregion Badia seit Winter 2019/20 aufs Neue; an seiner Spitze steht nun der ehemalige irakische Armeeoffizier Amir Mohammed Abdul Rahman al-Mawli. Er verfügt allein im Irak wieder über bis zu 10.000 Kämpfer. Die durch die Corona-Krise geschwächte irakische Armee ist nicht imstande, seinem Treiben ein Ende zu setzen. So konnten IS-Kämpfer Ende August 2020 ungehindert eine Gas-Pipeline in die Luft sprengen und dadurch die Stromversorgung von ganz Syrien zeitweise lahm legen.

11 Afrika

Die Bevölkerungsexplosion in Afrika wird sich in unmittelbarer Zukunft zur größten Herausforderung für Europa auswachsen. Das Schließen der Grenzen gegen Migranten funktioniert nur bedingt, dauerhaft könnte lediglich eine raschere wirtschaftliche Entwicklung helfen, aber zur effizienten Nutzung der Hilfsgelder stehen sich die Staaten Schwarzafrikas oft selbst im Weg. Nichtsdestoweniger ist Europa gefragt, mehr in Afrika zu investieren.[63] Heute ist China der größte Investor: Mit chinesischer Hilfe werden Flughäfen, Häfen, Straßen, und Eisenbahnlinien gebaut. Das chinesisch-afrikanische Handelsvolumen betrug anno 2020 bereits 204 Mrd. US-$. Damit übernimmt das Reich der Mitte wesentliche Aufgaben, die Europa finanziell entlasten, aber dies geschieht nicht aus Nächstenliebe, sondern ausschließlich im Eigeninteresse. Gegenwärtig gewinnt China einen besseren Zugriff auf Afrikas Bodenschätze, für die Zukunft könnte sich ein riesiger neuer Absatzmarkt für chinesische Produkte eröffnen – ein Absatzmarkt, den dann eben China und nicht Europa beackern wird. Die afrikanischen Staaten tappen allerdings in eine neue Schuldenfalle und werden in zunehmendem Maße von China abhängig.

Parallel zu China engagiert sich auch Russland um engere Wirtschaftsbeziehungen zu Afrika, hat aber finanziell weniger zu bieten. Nichtsdestoweniger rief 2020 der wachsende Einfluss von China und Russland die USA auf den Plan. Bis 2010 war Washington der größte Handelspartner Afrikas, seither ist es Peking. Auf einmal fürchten die USA, den Anschluss zu verlieren. Sie haben aber nicht nur die Ökonomie im Blickfeld, sondern auch die Sicherheit, für die Tausende in Afrika stationierte US-Soldaten wachen. Denn inzwischen bedroht der sich von der Sahelzone ausbreitende islamische Terrorismus ganz Westafrika.

Anlässlich einer weltweiten Nahrungsmittelkrise 2008 machte ein Begriff die Runde: Landgrabbing.[64] Darunter versteht man den Kauf oder die Pacht landwirtschaftlich nutzbarer Flächen in Entwicklungsländern durch ausländische Konzerne. Dieses Phänomen gab es allerdings schon vorher, nur wurde

---

63 Matthias Vogl: Europäische Sicherheitspolitik in Afrika im Wandel. Von Machtpolitik zum aufgeklärten Eigeninteresse? = Schriften des Zentrum für Europäische Integrationsforschung – Center for European Integration Studies. Baden-Baden 2015.
64 Siehe Wikipedia, Zugriff am 4. Juni 2020.

die Weltöffentlichkeit erst jetzt darauf aufmerksam. Die – für die betroffenen Staaten – daraus resultierenden Probleme sind vielfältig und durchwegs negativ: Ortsansässige Kleinbauern werden vertrieben und ziehen meist in die Slums der Großstädte; die Eigenproduktion an landwirtschaftlichen Erzeugnissen ist oft nicht mehr gegeben, zumal die gesamten Erträge in die Herkunftsländer besagter Konzerne exportiert werden; und schließlich schädigen die Monokulturen, die nun entstehen, durch den Einsatz von Pestiziden und Düngermitteln die Umwelt und bewirken einen Verlust der Artenvielfalt. Von der Käuflichkeit der Regierungen, die das Landgrabbing erlauben und damit der eigenen Bevölkerung nur Schaden verursachen, muss hier gar nicht erst gesprochen werden. In den ersten beiden Jahrzehnten des 21. Jahrhunderts wurden weltweit über 220 Millionen Hektar Land aufgekauft oder langfristig gepachtet, am stärksten waren die afrikanischen Staaten Sudan, Äthiopien, Kongo, Mosambik, Liberia und Sierra Leone betroffen (außerhalb Afrikas vor allem Indonesien und Papua Neuguinea). Unter den Käufern bzw. Pächtern ragen vor allem die Golfstaaten hervor, gefolgt von China, Japan, Südkorea und nicht zuletzt von Großkonzernen aus Europa und den USA.

Im Jahr 2012 beschlossen die Vereinten Nationen ein Bündel von 17 Nachhaltigkeitszielen; als erstes Ziel wurde die weltweite Tilgung der extremen Armut bis 2030 genannt. Mit „extrem arm" werden jene Personen bezeichnet, die mit weniger als 1,9 US $ pro Tag auskommen müssen. Dank der Globalisierung ist die Menschheit diesem Ziel ein gutes Stück näher gekommen: Von 1990 bis 2019 (vor der Corona-Krise) verringerte sich die Anzahl der Betroffenen von zwei Mrd. auf nunmehr 700 Millionen. In den meisten Regionen der Erde entkommen die Menschen der Armutsfalle, nur nicht in Subsahara-Afrika. Im Gegenteil, dort steigt die Armut, vor allem bei Kindern und Jugendlichen. In 14 von 54 afrikanischen Staaten wächst das Elend, besonders in Angola, Nigeria und Kongo; rühmliche Ausnahmen sind Mauretanien, Ghana und seit kurzem auch Äthiopien. Bei einer Auflistung der ärmsten Staaten der Welt, also jener Staaten mit dem höchsten Prozentsatz von in größter Armut lebenden Menschen gemessen an der Gesamtbevölkerung, führt Südsudan mit 85 % diese Negativtabelle aus dem Jahr 2019 an, gefolgt von der Demokratischen Republik Kongo mit 71 Prozent, Mosambik mit 58 Prozent, Nigeria mit 44 Prozent, Tansania und Uganda mit je 33 Prozent und Kenia mit 29 Prozent (zum Vergleich: Indien 5 Prozent).

Wenn diesem Phänomen nicht gegengesteuert wird, werden 2030 von den weltweit extrem Armen 95 Prozent in Schwarzafrika leben. Afrika wird das Armenhaus der Welt sein, das bedeutet, dass pro Jahr 87 Millionen Kinder in das Prekariat hineingeboren werden. Diese Zahl weist bereits auf die Ursache der Armut hin: auf die hohe Geburtenziffer. Die Fertilitätsrate beträgt in Schwarzafrika 4,6 Neugeborene pro Frau (siehe Kapitel 2) und ist damit doppelt so hoch wie im Weltdurchschnitt (und dreieinhalb Mal so hoch wie in Österreich). Gewiss wächst auch die Wirtschaft in den afrikanischen Staaten, aber die Einwohnerzahl wächst schneller. Wenn nun auch die Ursache der Armut festgemacht ist, so ist deren Lösung nahezu unmöglich. Denn einerseits blockieren die ständigen kriegerischen Konflikte und die instabile innenpolitische Situation eine gedeihliche Entwicklung, andererseits schrecken die überall grassierende Korruption und die schlecht ausgebildete institutionelle Infrastruktur (Sicherheit, Rechtsstaatlichkeit, Eigentumsgarantie usw.) die ausländischen Investoren ab. Und nicht zuletzt hat die afrikanische Kultur weder eine konfuzianische Gehorsamspyramide noch ein protestantisches Arbeitsethos hervorgebracht, sodass hier weder ein staatlich gelenktes Jobwunder wie in China und anderen ostasiatischen Ländern möglich wird noch sich eine produktive soziale Marktwirtschaft wie in den westlichen Industrieländern herauskristallisieren kann. Was wäre zu tun? Die traditionelle Entwicklungshilfe greift hier jedenfalls zu kurz, ja mehr noch, sie hat in Afrika schlicht versagt. Voraussetzung Nummer eins ist die höhere Bildung, insbesondere die der Frauen, denen zugestanden werden müsste, dass sie selbst über ihren Körper verfügen sollen. Letzteres steht allerdings oft im Widerspruch zur gelebten dörflichen Familientradition, und diese aufzubrechen dürfte enorm schwierig sein. Aber es ist kein Geheimnis, dass der Bildungsgrad mit der Fertilität in unmittelbarem Zusammenhang steht. Voraussetzung Nummer zwei ist der innere und äußere Frieden und die Gewissheit, dass sich die eigene Arbeit auch lohnt. Dies setzt freilich ein politisches System voraus, das sich die Armutsbekämpfung auf die Fahnen geheftet hat und sich nicht auf die kleptokratische Bereicherung einer kleinen sog. Elite konzentriert. Da solches von außen nicht beeinflussbar ist, sind auch alle gut gemeinten Ideen eines „Marshallplanes für Afrika" hinfällig. Und die Bodenschätze, Afrikas wichtigste Devisenbringer? Sie sind der Fluch Afrikas, denn sie fordern Kriege heraus und geben der Korruption erst recht neue Impulse. Außerdem sind die Rohstoffpreise vom Weltmarkt abhängig und schwanken beträchtlich, sodass sich keine langfristige Wirtschaftsplanung erzielen lässt.

Die „holländische Krankheit" (Dutch disease):
Als in den 1960er-Jahren in den Niederlanden enorm viel in die Förderung der Erdgasvorkommen investiert wurde, dieser Rohstoff als Exportschlager galt und viele Devisen ins Land spülte, vernachlässigte man den produzierenden Sektor, weil er weniger Gewinn abwarf. Die Währung wertete auf und erleichterte so die Importe, erschwerte aber zunehmend die Exporte, sodass einerseits

im Inland die Preise stiegen, andererseits sich die internationale Wettbewerbsfähigkeit verschlechterte. Der Sekundärsektor (Gewerbe und Industrie) schrumpfte, frei werdende Arbeitsplätze wanderten in den Tertiärsektor (Verwaltung, Dienstleistung) ab – oder erhöhten die Arbeitslosenzahl. Ein zunächst nur schleichender Vorgang wuchs sich in dem Augenblick zur Krise aus, als die Rohstoffpreise fielen, mangels Devisen die Importe zurückgingen, aber der ausgehungerte produzierende Sektor nicht so bald wieder expandieren konnte. Diesen wirtschaftlichen Vorgang kleideten die Nationalökonomen Warner Max Gorden und Peter Neary in ein Modell (1982 bzw.1984), das sie „holländische Krankheit" nannten.[65]

Die beiden Wirtschaftswissenschafter kamen auch zu der grundsätzlichen Erkenntnis, dass ressourcenreiche Volkswirtschaften weniger stark wachsen als ressourcenarme Volkswirtschaften. Dies trifft in erhöhtem Maße auf Afrika zu, dessen Staaten zwischen der Jahrtausendwende und dem Jahr 2016 zwar ein unerwartetes Wirtschaftswachstum erlebten: Der Rohstoffhunger Chinas und auch Indiens initiierte eine jähe Steigerung des BIP. Es gab mehr Auslandsinvestitionen und einen erfolgreichen Kampf gegen Hunger, Malaria und AIDS. Aber dieses Wachstum gründete sich eben nicht auf die Produktion, sondern nur auf den Rohstoffexport, sodass sich nach eineinhalb Jahrzehnten die „holländische Krankheit" einstellte. Erschwerend kamen die typischen afrikanischen Übel hinzu: die allgegenwärtige Korruption, die mangelnde Rechtssicherheit und ein kaum ausgeprägter Binnenhandel. Außerdem wuchs die Bevölkerung meist rascher als das BIP, sodass das Pro-Kopfeinkommen sogar zurückging. Während also rohstoffreiche Länder wie Nigeria, Südafrika oder Angola stagnierten, erlebten Länder wie Ruanda, Äthiopien oder die Elfenbeinküste seit 2016 ein wirtschaftliches Wachstum.

Eines ist freilich unbestritten: Armut und Reichtum hängen weder von einstigen Kolonialmächten noch von den Ländern des nördlichen Wohlstandsgürtels ab, vielmehr sind Chancen ebenso wie Probleme meist hausgemacht. Ein Vergleich zweier Länder möge dies erhellen: Im Jahr 1960 zählten Nigeria und Südkorea zu den ärmsten Staaten der Welt: Nigeria brachte es auf ein jährliche BIP pro Kopf von 92 US-$, Südkorea auch nur auf 158 US $. Sechs Jahrzehnte später (2019) hatten das erdölreiche Nigeria ein pro-Kopf BIP von 1970 US-$, das ressourcenarme Südkorea hingegen eines von beachtlichen 30.000

---

[65] Warner Max Corden: International Trade Theory and Policy. Oxford 1992. – Peter Neary, Sweder van Wijnbergen: Natural Ressources and the Macroeconomy. Oxford 1986.

US-$ erreicht. **Nigeria** (924.000 km², 201 Millionen Einwohner) ist überhaupt ein Staat mit Superlativen: Der volkreichste Staat Afrikas zählt rund 430 Ethnien; die größte Volkswirtschaft Afrikas ist zugleich das größte Armenhaus der Erde – 87 Millionen Menschen müssen mit weniger als 1,9 US $ pro Tag auskommen. Gleichzeitig leben dort die reichsten Menschen Afrikas. Der Nordosten Nigerias erlitt so wie die gesamte Tschadsee-Region seit 2017 eine schwere Hungerkrise, einerseits verursacht durch ein vom Klimawandel verursachtes Schrumpfen des Tschadsees, andererseits durch das Wüten der islamistischen „Boko Haram": Ihretwegen sind 2,4 Millionen Menschen in Tschad, Kamerun, Niger und Nigeria auf der Flucht, davon 1,7 Millionen in Nigeria, der Terror kostete bis 2020 mindestens 20.000 Menschen das Leben.

Im Jahr 1963 ist die Organisation Afrikanischer Einheit (OAU bzw. Afrikanische Union) gegründet worden. Anfangs setzte sie sich für die Gleichberechtigung aller Ethnien in Südafrika ein, später war und ist sie wiederholt um die Beilegung innerafrikanischer Auseinandersetzungen bemüht, kann aber die vielen Kriege, Bürgerkriege, Sezessionskriege, innerstaatlichen Konflikte, Genozide und Aufstände nicht verhindern. Und der seit sechs Jahrzehnten währende endemische Kriegszustand Afrikas hält bis in die Gegenwart an. Im Jahr 2019 beschloss die Afrikanische Union die Gründung einer Afrikanischen Freihandelszone (African Continental Free Trade Area, AfCFTA). Ihr gehören alle 54 afrikanischen Staaten außer Eritrea an. Mit 1,2 Mrd. Menschen wird sie nach der RCEP (siehe oben Kapitel 8.23) die zweitgrößte Freihandelszone der Welt sein. Ihr Ziel besteht darin, die Handelsschranken innerhalb des Kontinents zu beseitigen und einen freien Warenaustausch zu ermöglichen. Wie notwendig dies ist, geht daraus hervor, dass der Warenaustausch mit Ländern anderer Kontinente leichter und billiger ist als zwischen zwei afrikanischen Nachbarländern. So bezogen bisher die einzelnen Staaten pflanzliche Rohstoffe wie z.B. Weizen bevorzugt aus Übersee, weil sich wegen der hohen innerafrikanischen Zollbarrieren und der schlechten Straßen- bzw. Bahnverbindungen der Anbau für den eigenen Markt nicht lohnt. Da die Corona-Pandemie ab April 2020 den Handel zwischen den künftigen Mitgliedstaaten unterbrochen hat, wurde der Beginn der AfCFTA auf das Jahr 2021 verschoben.

Das „Jubiläumsjahr" 2020 bot 17 afrikanischen Staaten einen Anlass zum Feiern: 60 Jahre Unabhängigkeit von den einstigen Kolonialmächten. Aber brachte diese gewonnene Freiheit auch das, was man seinerzeit von ihr erhoffte? Demokratische Systeme konnten sich nicht etablieren, weil der dafür notwendige gesellschaftliche Mittelstand fehlt; eine gedeihliche Wirtschaftsentwicklung stellte sich nicht ein, weil den korrupten Eliten und Despoten jegliches Verständnis für das Wohlergehen der eigenen Bevölkerung fehlt(e) und sie die

Reichtümer des Landes nur für ihre Interessen absaug(t)en; und nicht zuletzt überzogen und überziehen ethnische, religiöse, wirtschaftliche und persönliche Konflikte den Kontinent mit einer steten offenen oder latenten Kriegssituation.

11.1 Afrikanische Friedensbringer – afrikanische Kriegstreiber

Eine kurze Erwähnung von Friedensnobelpreisträgern auf der einen und Kriegsverbrechern auf der anderen Seite gibt einen grellen Lagebericht der politischen Gegenwart auf dem „dunklen Kontinent". Seit Jahrzehnten keimt immer wieder die Hoffnung auf, der endemische Kriegszustand möge doch endlich zu Ende gehen, und seit Jahrzehnten brechen immer neue Konflikte auf und machen jede Hoffnung zunichte.

11.1.1 Afrikanische Nobelpreisträger

Da es in kaum einem Kontinent so schwer ist, eine friedliche, auf Menschenrechten und Toleranz basierende Regierung zu führen, sei jener Persönlichkeiten gedacht, denen dies gelungen ist. Wir beginnen mit der **Republik Südafrika** (1,2 Millionen km², 59 Millionen Einwohner). An vorderster Front steht hier *Nelson Mandela* (1918–2013). Er hatte die menschliche Größe bewiesen, seine Jahre der Demütigung und Gefangenschaft (1962–1991), zuletzt auf der Gefängnisinsel Robben Island bei Kapstadt, ohne Groll hinter sich zu lassen und die Aussöhnung zwischen Schwarz und Weiß vorzuleben. 1993 erhielten Mandela und der damals amtierende Präsident Südafrikas, *Frederik Willem de Klerk* (geb. 1936, Staatspräsident 1989–1994), den Friedensnobelpreis – Letzterer, weil er die Apartheid abgeschafft und die Partei Mandelas, den African National Congress (ANC), nach dreißigjährigem Verbot wieder zugelassen hatte. Damals befand sich die Republik knapp vor dem Bürgerkrieg: Straßenkämpfe zwischen weißen Rechtsextremisten, schwarzen ANC-Extremisten und Zulu-Sympathisanten standen auf der Tagesordnung – allein 1992 starben dabei ca. 3000 Menschen. Mit der Wahl Nelson Mandelas zum ersten schwarzen Ministerpräsidenten Südafrikas im Mai 1994 beruhigte sich die Lage. Zu seiner Inauguration anlässlich seiner Verteidigung sagte er: *„Wir gehen die Verpflichtung ein, eine Gesellschaft zu bauen, in der alle Südafrikaner, seien sie schwarz oder weiß, mit Stolz leben können, ohne Angst und in der Gewissheit des unerschütterlichen Rechts auf menschliche Würde, [...] eine Regenbogennation, die mit sich und der Welt im Reinen ist."*[66] Mandela blieb bis 1999 im Amt.

---

66 Aus: Die Presse, 7. Dezember 2013, S. 8.

Er wusste, dass eine derart herkulische Aufgabe nicht binnen weniger Jahre zu meistern sein würde, aber er legte den Grundstein für diese neue Gesellschaft. Die ethnische Kluft zu beseitigen war das Eine, die soziale Kluft zu überbrücken das Andere: Denn In Südafrika leben einerseits Menschen auf dem Niveau eines westlichen Industriestaates, andererseits und mehrheitlich im Status eines Entwicklungslandes, wo Arbeitslosigkeit und Korruption den Alltag bestimmen. Die Armutsbekämpfung war denn auch das wichtigste Ziel von Mandelas ANC-Regierung, sie investierte in Sozialleistungen, Unterkünfte und Transportwesen und schaffte es immerhin, in zwei Jahrzehnten das Durchschnittseinkommen einer dunkelhäutigen Familie um ein Drittel anwachsen zu lassen. Zugleich wurde die Stromversorgung von 50 auf 85 Prozent aller Haushalte ausgedehnt, und der Schulbesuch der Sechsjährigen wurde von 35 Prozent auf 85 Prozent gesteigert. Probleme bereitet das Gesundheitssystem, das den Staat mit neun Prozent des BIP belastet: Denn im Todesjahr Mandelas gingen 17 Prozent aller weltweit mit HIV Infizierten Menschen auf das Konto Südafrikas. Die Corona-Krise 2020 machte der Republik schwer zu schaffen, zumal man annimmt, dass das Aids-Virus die Ausbreitung der Pandemie noch beschleunigte: Mit 1,1 Millionen bestätigten Corona-Fällen und 30.000 Toten lag die Republik zum Jahresende 2020 an der Spitze des Kontinents.

Lange vor Mandela hat im Jahr 1960 ein anderer südafrikanischer Freiheitskämpfer den Friedensnobelpreis erhalten: *Albert John Luthuli* (1898–1967) – er war überhaupt der erste Afrikaner, der diese Auszeichnung erhalten hat. Auch dieser ehemalige Zulu-Häuptling, Politiker, Lehrer und Methodistenprediger trat für ein Ende der erst 1948 eingeführten Apartheid und für die Rassengleichheit ein. Er schloss sich wie Mandela dem ANC an und wurde 1952 dessen letzter Parteichef. Als ihm der Nobelpreis verliehen wurde, war seine Partei bereits verboten. Obwohl Luthuli die strikte Gewaltfreiheit predigte, wurde er 1956 verhaftet und musste in Stanger seinen Zwangsaufenthalt nehmen. Dort starb er bei einem Eisenbahnunfall, ein Vierteljahrhundert bevor die von ihm bekämpften Apartheidgesetze aufgehoben wurden. Auch der dritte südafrikanische Friedensnobelpreisträger, *Desmond Tutu* (geb. 1931), erhielt 1984 diese hohe Auszeichnung für seinen friedlichen Kampf gegen die Apartheid, den er seit Anfang der 1970er-Jahre geführt hatte. Seit 1995 wirkte er als Vorsitzender der Südafrikanischen Wahrheits- und Versöhnungskommission. Der Primas der anglikanischen „Church of the Province of South Africa" blieb auch nach der Preisverleihung politisch ständig aktiv und war ein unbequemer Mahner für die Einhaltung der Menschenrechte im In- und Ausland: So kritisierte er den Irak-Krieg, forderte Robert Mugabe, den Diktator von Simbabwe (1980–2017), zum Rücktritt wegen dessen schwerer Menschenrechtsverletzungen auf, setzte sich für die Rechte der Palästinenser ein, plädierte für die Gleichberechtigung von Homosexuellen, zuletzt kritisierte er den ANC, weil sich dieser zu stark an China andienerte und daher dem Dalai Lama mehrmals die Einreise nach Südafrika verweigerte. Desmond Tutu ist Träger zahlreicher Ehrendoktorate aus aller Welt, u.a. verlieh ihm auch die Universität Wien 2009 diese Würde.

Die Umweltaktivistin und Parlamentsabgeordnete aus **Kenia** (580.000 km², 52,6 Millionen Einwohner), *Wangari Maathai* (1940–2011), erhielt als erste afrikanische Frau den Nobelpreis (2004): Aus der Erkenntnis, dass Geld allein Afrika nicht helfen kann, trat sie für eine nachhaltige Entwicklung und Demokratie in ihrem Land ein. Zur Durchsetzung ihrer Ideen gründete sie die „Green Belt Movement" und organisierte die Pflanzung von über 30 Millionen Bäumen. Während Maathai auf lokaler Ebene wirkte, erzielte der aus **Ghana** (ehem. Goldküste, 238.500 km², 28,8 Millionen Einwohner) stammende Diplomat *Kofi Annan* (1938–2018) als 7.UN-Generalsekretär in den Jahren 1997 bis 2006 weltweite Aufmerksamkeit. Er wurde als erster Schwarzafrikaner für dieses Amt gewählt, schließlich hatte er fast sein gesamtes Berufsleben im Dienst der Vereinten Nationen verbracht, unter anderem als Sonderbeauftragter für das ehemalige Jugoslawien und in diesem Zusammenhang auch als Sondersandter bei der NATO. Noch während seiner Funktionsperiode bekam er 2001 den Friedensnobelpreis für sein persönliches Engagement bezüglich der Achtung der Menschenrechte, der Bekämpfung des internationalen Terrorismus und auch der Immunschwäche Aids.

Vom Bösen zum Guten – dieses Schicksal erlebte das lange von blutigen Unruhen geplagte **Liberia** (97.700 km², 4,7 Millionen Einwohner). Zuletzt wütete von 1989 bis 2003 ein mit größter Grausamkeit geführter Bürgerkrieg (250.000 Tote), der ein Viertel der Bevölkerung in die Flucht trieb. Augenzeugin des Geschehens war die Sozialarbeiterin und spätere Traumatherapeutin *Leymah Ghowee* (geb. 1972). Weil sie sah, dass Frauen am meisten in diesem Konflikt zu leiden hatten, organisierte sie die „Women of Liberian Mass Action for Peace". Diese multireligiöse und multiethnische Organisation veranstaltete landesweite Friedensgebete und Proteste – sie rief die Frauen sogar zum Sexstreik auf; es gelang ihr zwar, dem Präsidenten (1996–2003) und Kriegsverbrecher, Charles Taylor, ein Versprechen für Friedensgespräche abzuringen, doch führte dies zu nichts. 2011 erhielt Frau Ghowee den Friedensnobelpreis, gemeinsam mit der liberianischen Wirtschaftsexpertin und ehemaligen Weltbankmitarbeiterin *Ellen Johnson Sirleaf* (geb. 1938). Sie war die erste gewählte weibliche Präsidentin Afrikas und regierte von 2006 bis 2018. Mit ihrem Amtsantritt herrschte erstmals Frieden in Liberia – freilich abgesichert durch ein starkes UNO-Kontingent. In gewaltiger Kraftanstrengung gelang es ihr, das völlig zerstörte und demoralisierte Land wieder aufzubauen. Sie bekämpfte erfolgreich die Korruption, sorgte sich um die Rückkehr zehntausender Kriegsvertriebener und bemühte sich um die Wiederbelebung des darniederliegenden Schulwesens, indem sie tausende Kindersoldaten reintegrierte. Da die innere Sicherheit wieder hergestellt war, konnten 2018 die UNO-Soldaten abziehen. In ihrer Regierungszeit wuchs das BIP von 492 Millionen auf 2,2 Mrd. US $.

Der kongolesische Gynäkologe und Menschenrechtsaktivist *Denis Mukwege* wurde 1955 in Bukavu im damaligen Belgisch Kongo, seit 1960 **Demokratische Republik Kongo** (2,3 Millionen km², 86,8 Millionen Einwohner) geboren. Dort erlebte er einen Sezessionskrieg (Katanga, 1961), einen Bürgerkrieg (1964–1965), eine unendlich korrupte Despotie (unter Mobuto Sese Seko 1965–1997) und nicht zuletzt „Afrikas Ersten Weltkrieg" (1998–2003; 5,4 Millionen Tote). Mukweges unentwegter Einsatz im Kampf gegen sexuelle Kriegsgewalt bescherte ihm im Jahr 2019 den Friedensnobelpreis. Zugleich wurde der Friedensnobelpreis auch an Äthiopiens Ministerpräsidenten *Ahmed Abiyi* (geb. 1976) verliehen, weil er unmittelbar nach seinem Amtsantritt 2018 Frieden mit dem Erzfeind *Eritrea* schloss. (**Äthiopien**: 1,1 Millionen km², 112 Millionen Einwohner. **Eritrea**: 117.600 km², 5,8 Millionen Einwohner). Die Bewohner von Äthiopiens kleinem Nachbarland leiden heute unter einer der repressivsten Diktaturen der Erde, welche Männer und Frauen zu unbefristetem Militärdienst bzw. Zwangsarbeit verpflichtet; die Armee hält heute 250.000 bis 300.000 Mann unter Waffen. Eritrea hatte sich nach einem dreißigjährigen blutigen Unabhängigkeitskrieg erst 1993 von Äthiopien lösen können, ein neu aufgeflammter Grenzkrieg in den Jahren 1998 bis 2000 kostete allein 80.000 Menschen das Leben. Abiyi beendete also diesen Konflikt, zugleich begann er mit einem beispiellosen Reformprogramm, das Äthiopien nach jahrzehntelanger Stagnation wieder voranbringen soll. Dazu zählen: Wirtschaftsliberalisierung, Demokratisierung, Stärkung der Frauenrechte, Amnestie für politische Gefangene, Wiedereingliederung von Rebellen in die Gesellschaft und Beendigung der ethnischen Konflikte in dem Vielvölkerreich. Aber gerade Letzteres wird schwierig, da die mächtige und kampferprobte Minderheit der Tigray (nördlichster Bundesstaat mit etwa 6 Millionen Einwohner, 200.000 Bewaffnete) befürchtet, von dem Mehrheitsvolk der Oromo, denen auch Abiyi angehört, ausgebootet zu werden, und das, nachdem die Tigray länger als zwei Jahrzehnte die Regierung in Addis Abeba dominiert hatten. Seit Herbst 2020 lieferte die Volksbefreiungsfront der Tigray (TPLF) der regulären Armee (über 500.000 Mann) heftige Kämpfe. Von seinem Vorgänger hat Abiyi einen anderen Konflikt geerbt, der nahezu unlösbar ist und den er nun neu aufheizt: Es geht um die 4,8 Milliarden US $ teure Staumauer am Blauen Nil, GERD („Grand

Ethopian Renaissance Dam") genannt. Das gigantische Bauwerk wurde 2011 begonnen und soll 2021 fertig gestellt sein. Die Staumauer ist 1.870 m lang und 145 m hoch, das Staubecken umfasst die Wassermenge von 73 Mrd. m³, die Flutung begann schon mit Einsetzen der Regenzeit im Juni 2020 und würde nach längstens fünf Jahren beendet sein. 13 Stromturbinen sind angeschlossen und sollen bei Vollbetrieb 5.000 Megawatt Strom pro Jahr produzieren. Das am Nil liegende Ägypten sieht sich nun in seiner Existenz bedroht, weil die Versorgung von Wasser und Nahrung für 100 Millionen Menschen gefährdet ist. Eine militärische Konfrontation scheint nicht mehr ausgeschlossen. (Zum Vergleich: Das Staubecken des 1971 fertig gestellten Assuandammes umfasst (theoretisch) 130 Mrd. m³ .) Dank der Vermittlung der Afrikanischen Union einigten sich die beiden Staaten vorerst auf eine nur stufenweise Befüllung des Beckens.

11.1.2 Afrikanische Kriegsverbrecher

Als am 20. November 1945 in Nürnberg und wenige Monate später in Tokio je ein internationales Militärtribunal zusammentrat, um die Haupttäter des NS-Unrechtsregimes unter Adolf Hitler sowie des japanischen Unrechtsregimes unter Hideki Tojo zur Verantwortung zu ziehen, hafteten den beiden Verfahren noch gewisse juridische Mängel an: Das Gesetz, nach dem geurteilt wurde, musste erst rückwirkend geschaffen werden (poena sine lege), ferner hatten die Angeklagten keine Berufungsmöglichkeit, und letztlich herrschte keine Gleichheit vor dem Gesetz, weil nur die Verbrechen der Verlierer, nicht auch jene der Sieger zur Anklage kommen durften. Die Vereinten Nationen nahmen sich dieses Problems an und verabschiedeten am 9. Dezember 1948 eine Konvention über die Verhütung und Bestrafung des Völkermordes sowie am 26. November 1968 das Übereinkommen über die Nichtanwendbarkeit gesetzlicher Verjährungsfristen auf Kriegsverbrechen und Verbrechen gegen die Menschlichkeit. Diese beiden UN-Konventionen sollten nicht allgemein, sondern nur für bestimmte Konflikte in Anwendung gebracht werden. Erstmals trat ein solches UN-Sondertribunal anlässlich des Ruanda-Genozids (1994) zusammen, später auch wegen des Jugoslawienkrieges (1991–1995) und auch gegen *Charles Taylor*, den ehemaligen Präsidenten von **Liberia** (1996–2003). Letzterer wurde 2006 auf Veranlassung des UN-Sondertribunals verhaftet; da er in Sierra Leone, dem Sitz des Tribunals, nicht sicher in Gewahrsam gehalten werden konnte, wurde er an den Internationalen Staatsgerichtshof in Den Haag (siehe unten) überstellt und von diesem 2012 zu 50 Jahren Haft verurteilt.[67]

Außerhalb der Vereinten Nationen, aber dennoch als internationale Organisation, wurde bei einer Staatenkonferenz am 17. Juli 1998 das Römische Statut des Internationalen Strafgerichtshofs (IStG) bzw. International Criminal Court (ICC) geschaffen, das uneingeschränkt in allen Unterzeichnerstaaten Geltung besitzt. Belangt können keine Staaten werden, sondern nur Personen, und zwar wegen der drei Kernverbrechen: Völkermord, Kriegsverbrechen und Verbrechen gegen die Menschlichkeit, seit 2018 auch wegen des Verbrechens der Aggression (Angriffskrieg). Es gibt keine rückwirkende Anklage: Taten, die vor dem 1. Juli 2002 bzw. vor dem 1. Juli 2018 begangen wurden, bleiben ungesühnt. Da der IStG in seinem ständigen Sitz in Den Haag über keine Gefängnisse verfügt, werden die von ihm Verurteilen an jenen Staat ausgeliefert, in dem sie ihre Untaten begangen haben und werden dort auch inhaftiert. Am 1. Juli 2002 nahm der IStG die Tätigkeit auf. Seine Wirksamkeit ist allerdings auf jene 123 Staaten (unter ihnen alle EU-Staaten) beschränkt, die das Statut ratifiziert hatten; nicht dabei sind Schwergewichte wie China, Indien, die USA, Russland, die Türkei und Israel. 2017 kündigte Burundi seine Mitgliedschaft auf, 2018 auch Indonesien.

Der erste amtierende Staatsmann, den der Strafgerichtshof anklagte, war **Sudans** Staatspräsident *Omar Hassan Ahmad al-Baschir* (1989–2019): 2009 sprach Den Haag einen Haftbefehl gegen ihn aus, nach seinem Sturz wurde er tatsächlich festgenommen; ein Gericht in Khartum verurteilte ihn wegen Korruption zu zwei Jahren Hausarrest. 2020 wurde er schließlich an den IStG ausgeliefert. Die Anklage lautet unter anderem auf Kriegsverbrechen und auf Völkermord in Darfur (2003–2007, 2014/15). Das Urteil ist noch ausständig. Jedenfalls aber wurde ein Präzedenzfall geschaffen, der zeigt, dass selbst hohe Politiker oder, wie gleich unten gezeigt wird, auch Kriegstreiber, die lange Zeit hindurch allmächtig schienen, eines Tages vom Arm der Gerechtigkeit eingeholt werden können.

Der erste vom IStG rechtskräftig verurteilte Kriegsverbrecher[68] war *Thomas Lubanga* (geb. 1960) aus der **Demokratischen Republik Kongo**. Während des

---

67 Vgl. den zwar fiktiven, aber sehr realitätsnahen Thriller von Edward Twick aus dem Jahr 2006: „Blutdiamant", der den Handel mit Blutdiamanten thematisiert und die meisten jener Verbrechen darstellt, deretwegen Charles Taylor verurteilt worden war.
68 Hier und im Folgenden, wenn nicht anders angegeben, siehe: Wikipedia, Zugriff vom 29. 5. 2020.

sog. Afrikanischen Weltkrieges (1999–2003), in dem landeseigene Rebellen und ausländische Interventionstruppen um den Besitz von Rohstoffvorkommen kämpften und sich zugleich ethnische Konflikte, namentlich zwischen den beiden Völkern der Hema (Viehzüchter) und Lendu (Ackerbauern), blutig entluden, schlug auch die Stunde der lokalen Warlords, wie Lubanga einer war: Er gründete die Miliz „Union des Patriots Congolais" und griff auf Seiten der Hema gegen die Lendu in der Provinz Ituri ein. 2002 eroberte er die Regionalhauptstadt Bunia und richtete dort ein Blutbad unter den Zivilisten an, auch danach verübte er immer wieder Tötungen, Folterungen und systematische Vergewaltigungen, außerdem setzte er hunderte Kindersoldaten ein. Nachdem er 2005 neun UNO-Soldaten ermordet hatte, wurde er schließlich verhaftet und 2006 nach Den Haag ausgeliefert. Der Prozess dauerte von 2009 bis 2012, dabei kam zum ersten Mal auch der Einsatz von sexueller Gewalt als Kriegswaffe im Kongo zur Sprache. Das im März 2012 gefällte Urteil lautet auf 14 Jahre Haft, die er in seiner Heimat zu verbüßen hat. Das zweitinstanzliche Urteil bestätigte 2019 diese Strafe.

Der Konflikt zwischen den Hema und Lendu in der Demokratischen Republik Kongo brachte auch den Milizenführer *Germain Katanga*, alias „Simba" (geb. 1978) vor Gericht. Er galt als einer der wichtigsten Kriegsherren, kommandierte die „Forces de Résistance Patriotique d'Ituri" im Kampf gegen die Hema in der Provinz Ituri und wurde 2004 sogar zum Brigadier der kongolesischen Armee befördert. Auf Grund eines Haftbefehls des IStG wurde er 2005 festgenommen und nach Den Haag überführt. Die Anklage lautete auf Beihilfe zu Kriegsverbrechen und Verbrechen gegen die Menschlichkeit anlässlich eines Massakers in einem Dorf. 2014 wurde er zu 12 Jahren Haft verurteilt und ein Jahr später in den Kongo überstellt.

Einen weiteren Warlord, *Bosco Ntaganda* alias „Terminator" (geb. 1973), sprach der ICC 2019 wegen Kriegsverbrechens und Verbrechen gegen die Menschlichkeit schuldig. Und abermals geht es um die unglückselige Provinz Ituri im Nordosten der Demokratischen Republik Kongo, wo Ntaganda als stellvertretender Stabschef der „Union des Patriots Congolais" (unter dem Kommando des oben erwähnten Lubanga) als einer der grausamsten Rebellenführer in den Jahren 2002 und 2003 sein Unwesen trieb, zumeist auf Kosten der Lendu. Er selbst, ein Tutsi (Banyamulenge) aus Ruanda, war nach dem dortigen Genozid (1994) wie tausende andere Tutsi in den Kongo eingedrungen und hatte sich wie diese an der Ausplünderung des Landes beteiligt. Bereits 2006 sprach der IStG den Haftbefehl aus, aber erst 2013 konnte er tatsächlich verhaftet werden, 2015 begann sein Prozess. Man warf ihm Kriegsverbrechen in 18 Fällen sowie Verbrechen gegen die Menschlichkeit vor, ferner die systematische

Vergewaltigung von Frauen und den Einsatz von Kindersoldaten. Das 2019 gesprochene Urteil lautet auf 30 Jahre Gefängnis – es war die bis dahin höchste Strafe, die der IStG verhängt hatte. Wie schwierig es ist, genügend Beweismaterial für eine Anklage zu sammeln, geht daraus hervor, dass Ntaganda erst der dritte tatsächlich verurteilte Milizenführer in der bis dahin 17-jährigen Geschichte des Internationalen Strafgerichtshofes ist.

Der ehemalige Diktator des **Tschad** (1,28 Millionen km², 14,9 Millionen Einwohner) *Hissène Habré* (1982–1990)[69], wurde wegen seines Terrorregimes der „Pinochet Afrikas" genannt. Lange Zeit sah die Weltöffentlichkeit über seine Verbrechen hinweg, insbesondere wurde er von Frankreich und den USA hofiert, weil er ein politisches Gegengewicht zu Libyens unberechenbarem Diktator Gadhafi dargestellt hatte. Nach seinem Sturz floh Habré nach Senegal. Zwei Jahrzehnte lang bemühten sich seine einstigen Opfer und deren Unterstützer, den verhassten Ex-Diktator endlich vor Gericht zu bringen. Der IStG verfügte, dass dessen Prozess nicht in Den Haag, sondern vor einem Sondergericht in Senegal stattfinden sollte. Die Anklage lautete auf Mord, Folter, Zwangsprostitution und Verbrechen gegen die Menschlichkeit. Das 2016 gefällte und im Berufungsverfahren 2017 bestätigte Urteil lautet auf lebenslange Haft.

Dass auch die Vernichtung von Kulturgütern, die als Weltkulturerbe eingestuft worden sind, vom IstG geahndet werden kann, beweist der Fall des um 1975 in Mali geborenen Dschihadisten *Ahmed al Faqi al Mahdi* aus der Volksgruppe der Tuareg. Er führte seinen „Heiligen Krieg", indem er historische und religiöse Monumente in Timbuktu zerstörte. 2015 wurde er vor Gericht gestellt, 2016 zu neun Jahren Haft verurteilt.

Bisweilen kann der IstG einen Prozess nicht zu Ende führen und muss den Angeklagten mangels Beweisen freisprechen. Zwei Fälle machten Schlagzeilen: Der erste Fall betraf den ehemaligen Präsidenten der **Côte d'Ivoir** (322.500 km², 24 Millionen Einwohner), (2000–2011), *Laurent Gbago* (geb. 1945, Präsident von 2000 bis 2010). Als er im Jahr 2010 seine Wahlniederlage nicht akzeptierte, zettelte er einen Bürgerkrieg an. In der blutigen Schlacht um die Hauptstadt Abidjan starben über 3000 Menschen. Letztlich gewann der Wahlsieger (Alassane Quattara), ließ Gbagbo verhaften und nach Den Haag überstellen. Der Prozess begann 2016; die Anklage lautete auf „indirekte Mittäterschaft an Verbrechen gegen die Menschlichkeit", musste aber zwei Jahre nach Beginn

---

[69] Reed Brody: Lebenslänglich für Diktator Hisséne Habré. Hartnäckigkeit der Opfer zahlt sich aus. Hg.: Brot für die Welt –Evangelischer Entwicklungsdienst. Berlin 2017. Nachzulesen in: www.Analyse_70_Der_Fall_Habre.pdf.

des Verfahrens fallen gelassen werden. Gbagbo darf sich seither in Belgien aufhalten, muss sich aber für eine allfällige neue Anklage verfügbar halten. Beim zweiten Fall wurde der seit 2013 amtierende Staatspräsident von **Kenia**, *Uhuru Kenyatta* (geb. 1961), vor dem ICC angeklagt. Das Internationale Strafgericht konnte ihn aber letztlich nicht für die latente Unsicherheit im Lande, für die grassierende Korruption und für die ethnisch und religiös motivierten Konflikte verantwortlich machen und sprach ihn 2014 frei. Im Jahr 2017 wurde Kenyatta für eine zweite Amtszeit wieder gewählt. Ausschreitungen während der Wahl kosteten 100 Menschenleben.

Im Mai 2020 wurde der „Architekt" des 26 Jahre zurückliegenden Völkermordes in **Ruanda** (26.340 km², 12,6 Millionen Einwohner), *Félicien Kabuga* (geb. 1935), in Paris verhaftet, nachdem viele Jahre mit internationalem Haftbefehl nach ihm gefahndet worden war. In Den Haag muss er sich nun der Anklage wegen Völkermordes und Kriegsverbrechen verantworten. Dieser einst reichste Geschäftsmann Ruandas führte die Hetzpropaganda gegen die Huti-Minderheit an und unterstützte bzw. bewaffnete die am Genozid beteiligte Miliz. Etwa 800.000 Tutsi und moderate Hutu sind 1994 binnen weniger Wochen ermordet worden.[70]

Die Arbeit des Internationalen Strafgerichtshofes beschränkt sich freilich nicht nur auf Afrika, vielmehr werden derzeit auf allen Kontinenten zahlreiche Vorerhebungen durchgeführt (beispielsweise gegen die Regierung von Venezuela). In manchen Prozessen gab es Freisprüche, manche Anklagen wurden auch von den Klägern zurückgezogen, und etliche Angeklagte sind flüchtig.

---

70 Vgl. den auf einer wahren Begebenheit beruhenden Spielfilm „Hotel Ruanda" aus dem Jahre 2004 von Terry George.

12 Krisenzonen in Lateinamerika

Viele Probleme, die Afrika heimsuchen, sind ebenso in Lateinamerika zu finden. Auch hier gereichen die Bodenschätze nicht zum Segen, sondern zum Fluch. Chinas Rohstoffhunger führte ab der Jahrtausendwende zu einem kurzfristigen Wirtschaftsboom, der nach wenigen Jahren in die „holländischen Krankheit" mündete; die Regierungen nutzten den vormaligen Devisenfluss nicht zur Verbesserung der alten Strukturen, sondern sicherten sich durch populistische Maßnahmen ohne Nachhaltigkeit den eigenen Machterhalt. Chile und Uruguay bilden hier die Ausnahme. Spätestens seit 2018 stagnierte die Wirtschaft des Kontinents, 2019 betrug ihr durchschnittliches Wachstum nicht einmal ein Prozent, und das reichte nicht zur Bekämpfung der Armut oder gar zur Schaffung von Wohlstand für einen breiten Bevölkerungsanteil.

Wenn Afrika unter dem Terror der Boko Haram und anderer dschihadistischer Gruppen leidet, so wird Lateinamerika von Drogenkartellen und anderen Gruppen der organisierten Kriminalität heimgesucht; die Ideologie hinter den Morden mag verschieden sein – hier Islamismus, da Geldgier – doch das Ergebnis ist für die Betroffenen dasselbe: Brasilien zählte 2017 an die 64.000 Mordopfer, die höchste Mordrate pro Kopf der Bevölkerung weist El Salvador auf und hat damit Kolumbien überholt, die gefährlichste Stadt dürfte aber nun Venezuelas Hauptstadt Caracas sein. Das Drogenproblem ist überhaupt nicht in den Griff zu bekommen, die Produktionsmenge in Kolumbien, Peru und Bolivien nimmt ständig zu, besonders in Bolivien unter der Präsidentschaft von Evo Morales (2006–2019), der zuvor Präsident der Kokabauern-Vereinigung war. In Mexico hat der Staat 2006 den Drogenbanden den Krieg erklärt; seit damals (bis 2020) wurden 275.000 Menschen getötet, im Jahr 2019 allein 35.600; 60.000 gelten als vermisst.

Die systemimmanenten Schwächen Lateinamerikas haben sich nicht gebessert: Korruption, Nepotismus, Machtmissbrauch, soziale Ungerechtigkeit und schwere innere Unruhen kennzeichnen die meisten Staaten. Viel zu oft mischt sich das Militär in die Politik ein, sei es auf Seiten einer problematischen Regierung wie in Brasilien, Venezuela, Chile und Peru oder gegen diese, wie in Bolivien.

Landgrabbing gibt es auch in Lateinamerika, wenn Großkonzerne (meist aus den USA) riesige Ländereien pachten und mit Monokulturen bepflanzen (vgl. die „Bananenrepubliken" in Mittelamerika) oder tropischen Regenwald abholzen lassen, um dort Rinderfarmen zu betreiben. Die Erträge fließen immer ins

Ausland. So wie nach Afrika streckt China auch nach Lateinamerika seine Fühler aus, für manche Staaten ist das „Reich der Mitte" bereits wichtigster Handelspartner geworden, und die USA haben das Nachsehen. Besonders verärgert war Washington, als Argentinien unter der Regierung von Cristina Kirchner (siehe unten) ein Stück Land in der Wüste Patagoniens an China abtrat, damit dort ein Weltraumbeobachtungszentrum errichtet werden konnte; inzwischen argwöhnt man, dass dort auch eine Abhorchanlage für ganz Südamerika entstand.

Das riesige
12.1 Brasilien (8,5 Millionen km², 211 Millionen Einwohner)

vereint fast alle negativen Aspekte des Kontinents auf sich: eskalierende Gewalt, Unterdrückung, Zwangsarbeit bzw. Sklaverei, Rassismus gegen die Indigenen, Ausbeutung, Drogen und Korruption bis in die höchsten Ränge der Gesellschaft. Unter Präsident *Lula da Silva* (2003–2011) erlebte das Land ein starkes Wirtschaftswachstum, unter seiner Nachfolgerin *Dilma Rousseff* (2011–2016) brach die „holländische Krankheit" aus: Das Land fiel in die schwerste Rezession seiner Geschichte. Erst ab 2017 gab es eine leichte Erholung. Lula da Silva war 2017 wegen Korruption und Geldwäsche zuerst zu neuneinhalb, dann zu 13 Jahren und zuletzt zu 17 Jahren Gefängnis verurteilt worden, von denen er aber nur ein Jahr absaß. Dilma Rousseff wurde wegen Bilanzmanipulationen abgesetzt; das Amtsenthebungsverfahren war aber nichts als eine parlamentarische Farce, denn fast alle Abgeordneten bis hinauf zum Parlamentspräsidenten waren korrupt, während sich Dilma Rousseff keine persönliche Bereicherung zu Schulden kommen ließ. Ihr Vizepräsident Michel Temer übernahm interimistisch die Präsidentschaft, bis 2018 der aggressive, rechtspopulistische *Jair Bolsonaro* zum Präsidenten gewählt wurde. Kaum im Amt, gab es gegen ihn und seine Söhne auch schon Ermittlungen in einem Mordverfahren und wegen Finanzbetrugs.

Bemerkenswerter Weise wurden in Brasilien immer wieder Sozialreformen angegangen, doch wurden durch sie die Verbrechen kaum weniger, nicht selten führten sie sogar zu neuen Protesten: Präsident *Fernando Henrique Cardoso* (1995–2003) machte sich an eine Bodenreform, um das brachliegende Land von Großgrundbesitzern auf Kleinbauern zu verteilen – sowohl die Campesinos, denen die Verteilung zu langsam ging, als auch die Haciendados, die nichts hergeben wollten, sparten nicht mit Gewaltaktionen mit vielen Todesopfern. Unter Lula da Silva erhielt Brasilien als erster Staat der Welt ein Verfassungsgesetz, das allen ein bedingungsloses Grundeinkommen sichert – etwa 13 € im Monat. Bolsonaro kann sich eine Pensionsreform auf seine Fahnen heften, für den Schutz des Regenwaldes hat er aber wenig übrig: Obwohl ein Gesetz von 2018 das illegale Abholzen unter Strafe stellt, ermutigte er Bauern zur Brandrodung und Bergbauunternehmen zur Suche nach Bodenschätzen, was notgedrungen nicht nur zu Lasten der Flora, sondern auch der Regenwaldindianer geht; internationale Proteste bremsten Bolsonaro 2020 diesbezüglich nur scheinbar etwas ein. Denn Satellitenaufnahmen zeigten im Jahr 2019 fast 90.000 Feuer an. Zwischen August 2019 und Juli 2020 gingen 11.088 km² Regenwald verloren, das sind um 9,5 Prozent mehr als im Vorjahr.

Die Corona-Pandemie traf Brasilien mit voller Härte und führte zum Zusammenbruch des öffentlichen Gesundheitssystems; mit 7,8 Millionen gemeldeten Infizierten und 199.000 Toten (Stand Ende Dezember 2020) übernahm das Land die traurige Führerschaft in Lateinamerika. Bemerkenswerter Weise lag die Sterberate der indigenen Völker um 2,5 Mal höher als bei der Gesamtbevölkerung. Präsident Bolsonaro steckte sich selbst an, die Krankheit nahm aber bei ihm einen milden Verlauf. In der weltweiten Coronastatistik belegte Brasilien nach den USA und noch vor Indien den zweiten Platz.

Lateinamerikas zweitgrößter Staat,
12.2 Argentinien (2,8 Millionen km², 45 Millionen Einwohner)

kommt aus seiner Schuldenfalle nicht heraus. Die Wirtschaftsprobleme begannen mit der Ära Peron (1946 bzw. 1973) und den linkspopulistischen Maßnahmen seiner Epigonen. Viele soziale Einrichtungen führten zur Finanzkrise und wurden, sobald das Militär die Macht übernommen hatte, zuletzt zwischen 1976 bis 1982, flugs wieder zurückgenommen. Aber die Militärdiktatur verschärfte mit ihrer Austerity-Politik und vor allem mit dem verlorenen Falkland-Krieg (1982) nur die Wirtschaftsprobleme. Ab den 1990er-Jahren stiegen Arbeitslosigkeit und Kriminalität sowie die in Lateinamerika allgegenwärtige Korruption und Kleptokratie stark an. 2001 schlitterte Argentinien in seinen ersten Staatsbankrott: Die Regierung stellte die Zahlungen an ihre Gläubiger ein, alle Konten und Sparguthaben wurden gesperrt und die Währung um zwei Drittel abgewertet. Präsident *Néstor Kirchner* (2003–2007) konnte einen internationalen Schuldennachlass von 70 Prozent erwirken und anschließend ein Sanierungsprogramm durchsetzen, das freilich nicht sonderlich effizient blieb. Seine Nachfolgerin und Witwe, *Christina Fernández de Kirchner* (2007–2016), ebenfalls eine Linksperonistin, wollte durch übersteigerten Protektionismus das wieder anwachsende Defizit in den Griff zu bekommen: Alle Güter sollten im Land selbst erzeugt werden, „nicht ein Nagel soll importiert werden", so Kirchner. Durch extrem hohe Einfuhrzölle von 50 Prozent verteuerten sich die Konsumgüter enorm, zugleich verringerte sich der Außenhandel. Explodierende

Staatsausgaben und hohe Inflation führten 2014 zum zweiten Staatsbankrott. 2016 wurde die glücklose Christina Kirchner abgewählt, man erhoffte nach dem Ende einer zehnjährigen Ära von linken Präsidenten einen Neuanfang. Doch auch *Mauricio Macri* (2016–2019) konnte der schweren Rezession von Argentiniens Wirtschaft nicht begegnen: 32 Prozent der Bevölkerung leben unter der Armutsgrenze, sechs Prozent zählen zu den absolut Armen. Macris Versuche, durch Steuerreform, Haushaltsreduktion und Kürzungen im öffentlichen Dienst, durch Armutsbekämpfung und Bekämpfung der Korruption den Staat zu sanieren, schlugen fehl. Massendemonstrationen gegen seine vermeintlich neoliberale Politik und mehrere Generalstreiks verstärkten nur die Krise: Die Inflation kletterte 2019 auf 59 Prozent, die Wirtschaft schrumpfte um 5,7 Prozent. Damit stürzte Argentinien 2019 in den dritten Staatsbankrott binnen zweier Jahrzehnte. Ein neuer Präsident, *Alberto Ángel Fernández* (ab Dezember 2019), steht vor unlösbaren Aufgaben: Die Arbeitslosigkeit beträgt 2020 über 13 Prozent, entsprechend gestiegen ist die Zahl der Armen. Das zahlungsunfähige Land ist zum größten Schuldner des IWF geworden und muss ab 2021 einen Kredit von 45 Milliarden US $ zurückzahlen, kann dies aber nicht und bittet um Aufschub, zugleich muss auch mit den privaten Gläubigern des Landes über die ausstehenden 60 Milliarden US $ verhandelt werden. Wenn dies alles nur mit Hilfe der Notenpresse geschieht, droht den Argentiniern eine Hyperinflation.

12.3 Venezuela (910.000 km², 28,5 Millionen Einwohner)

hat sich seit der Regierung des linksideologisch geprägten *Hugo Chávez* (1998–2013) zum Dauerkrisenherd entwickelt.[71] Sein marxistisches Wirtschaftsmodell, das sich an Kuba orientierte, ist auf der ganzen Linie gescheitert, das einstmals blühende, erdölreiche Land ist verelendet und die Gesellschaft zutiefst gespalten. Um seinen Anhängern mehr Gewicht zu verschaffen, schuf Chávez bewaffnete Milizen, die alsbald zu unkontrollierbaren Gangsterbanden mutierten und ebenso wie die vom Regime bewusst verwöhnten Militärs den Drogenhandel unterstützten. Mit dem Erbe von Kriminalität, Versorgungsmängeln, desolater Infrastruktur, Korruption und unzulänglicher Verwaltung trat *Nicolás Maduro* 2013 sein Amt als Staatspräsident an. Er setzte die Politik seines einstigen (verstorbenen) Freundes Chávez bedingungslos fort und trieb die Wirtschaft 2014 in den völligen Kollaps. Ständige Unruhen, eine galoppierende Inflation und ein

---

71 Vgl.: Wolfgang Taus: Die Krise in Venezuela. Geopolitische und geoökonomische Hintergründe. In: ÖMZ 2020, H.2, S. 204–211.

besorgniserregender Mangel an Konsumgütern, insbesondere an Medikamenten und Lebensmitteln, machten Venezuela zu einem „failed state". Zwischen 2015 und 2020 schrumpfte die Wirtschaftsleistung auf die Hälfte, die Inflation stieg auf 1,3 Millionen Prozent. 4,5 Millionen Menschen sind ins Ausland geflüchtet, viele von ihnen ins Nachbarland Kolumbien. Im Stichjahr 2017 lebten 87 Prozent der Bevölkerung in Armut, 70 Prozent der Kinder unter fünf Jahren galten als unterernährt, 15 Prozent von ihnen schwer; mehr als 70 Prozent der Venezolaner haben im Durchschnitt 8,7 kg an Körpergewicht verloren. In diesem Krisenjahr wurde eine von der Opposition boykottierte Wahl zur verfassungsgebenden Versammlung durchgepeitscht und das reguläre Parlament entmachtet. Doch das Parlament existierte weiter, und im Jänner 2019 erklärte sich dessen Präsident, der 35-jährige *Juan Guaidó*, zum Übergangspräsidenten Venezuelas und forderte Maduro zum Rücktritt auf. Da sich ein Großteil der Armee hinter Maduro stellt – die über 2000 Generäle kontrollieren den gewinnträchtigen Handel mit Erdöl sowie Zölle, Importe und Lebensmittelverteilung, kann sich Guaidó bis dato nicht durchsetzen. Die Großmächte mischen sich ein: China und Russland (mit Kuba) stehen auf Maduros Seite und retteten Venezuela mehrmals mit Milliardenkrediten vor dem Staatsbankrott, während die USA dem Gegenpräsidenten den Rücken stärkte, indem sie Wirtschaftssanktionen verschärfte sowie das venezolanische Regierungsvermögens einfror.

Auch auf dem Andenstaat
12.4 Bolivien (1,1 Mill. km^2, 11,5 Mill. Einwohner)

lastet der Fluch Lateinamerikas: Gewalt, Korruption, Kriminalität, Unsicherheit, gespaltene Gesellschaft usw. Diese Liste aller negativen Erscheinungen, die so viele Staaten des Kontinents heimsuchen, ließe sich noch fortsetzen. Bolivien ist übrigens das einzige Land der Welt, das die Kinderarbeit erlaubt. Ein Gesetz des Jahres 2014 legalisierte diesen Missbrauch; wenigstens muss Kindern seither theoretisch der gleiche Lohn wie Erwachsenen gezahlt und ihre Teilnahme an Gewerkschaftssitzungen erlaubt werden. Dies betrifft etwa 870.000 Kinder und Jugendliche zwischen fünf und 17 Jahren, die zur Arbeit gezwungen werden, um das Familieneinkommen aufzubessern. Bis zur Jahrtausendwende folgten Putsch auf Putsch, erst mit dem Präsidenten *Evo Morales* (2006–2019) und seiner „Bewegung zum Sozialismus" (MAS) gab es eine längere Regierungskontinuität. Aber dieser erste indigene Präsident verlieh dem verarmten Land keine Stabilität, vielmehr spaltete er die Gesellschaft: Unter enteigneten Großgrundbesitzern, Fabriks- und Bergwerksbesitzern sowie Stadtbewohnern erwuchsen ihm erbitterte Gegner, während ihn die Indios (49 % der Bevölkerung), insbesondere die Koka-Bauern, anfangs wie einen Heiligen verehrten. Auf der Habenseite seiner 13-jährigen Amtszeit steht ein jährliches Wirtschaftswachstum von fünf Prozent und ein Sinken der Armutsquote von 60 auf 35 Prozent. Aber Morales überspannte den Bogen, als er entgegen der Verfassung am 20. Oktober 2019 zum vierten Mal kandidierte. Aus allen Schichten der Bevölkerung erwuchs ihm gewaltsamer Widerstand, nicht nur wegen der Wahlmanipulationen: Selbst die Indios wandten sich gegen ihn, weil er viele gegebene Versprechungen nicht eingehalten und auch nichts gegen die Ausplünderung und Ausbeutung der Bodenschätze auf Kosten des Urwaldes unternommen hatte – im Gegenteil: Per Dekret hatte er im August 2019 sogar die Brandrodung von einer Million Hektar Regenwald in der Provinz Santa Cruz erlaubt. Bevor die Protestwelle das Land in einen Bürgerkrieg abgleiten ließ, zumal die Polizei ihren Dienst verweigerte, zwang die Armee Morales zum Rücktritt – Mexico gewährte ihm Asyl. Mit Rückendeckung von Polizei und Militär rief sich die zweite Vizepräsidentin des Senats, Jeanine Añez, zur Interimspräsidentin aus. Neuwahlen hievten im Oktober 2020 den ehemaligen Wirtschaftsminister unter der Regierung Morales, Luis Arce, auf den Präsidentensessel. Und dieser ließ seinen Parteigenossen Morales genau ein Jahr nach seiner Flucht im Triumph nach Bolivien zurückkehren. Sogleich übernahm er wieder die Führung der MAS.

Ging 2015 in
12.5 Kolumbien (1,1 Mill. km², 50 Mill. Einwohner)

der mit 52 Jahren längste Bürgerkrieg Lateinamerikas zu Ende? Er hatte 260.000 Menschenleben gekostet und 5,2 Millionen Menschen aus ihren Dörfern bzw. Wohnvierteln vertrieben. Kann eine Regierung überhaupt mit den übermächtigen Drogenkartellen, den schwer bewaffneten Guerillatruppen und den Paramilitärs Frieden schließen? Einst hatte Präsident *Álvaro Uribe Vélez* (2002–2010) mit seinem kompromisslosen Kampf gegen die Rebellen beachtenswerte Erfolge erzielt. Sein Nachfolger, *Manuel Santos* (2010–2018), suchte hingegen die Versöhnung und schloss 2015 Frieden mit den kommunistischen FARC („Fuerzas Armadas Revolucionarios de Columbia"). Obwohl die kolumbianische Bevölkerung in einem Referendum (Oktober 2016) den Friedensschluss ablehnte, wurde Santos mit dem Friedensnobelpreis ausgezeichnet. Schließlich bestätigte auch das Parlament das vertragliche Ende der Kämpfe mit der FARC. 6800 einstige Guerilleros legten ihre Waffen ab, dafür erhielten sie zehn fixe Parlamentssitze, eine auf zwei Jahre befristete monatliche Zahlung von 180 € – die Summe entspricht dem Mindestlohn – und weitere Unterstützung für alle, die sich selbständig machen wollten. Wer keine schweren Verbrechen begangen hatte, wurde amnestiert. 2017 begannen auch Verhandlungen mit den anderen Guerillatruppen, insbesondere mit der auf Kuba eingeschworenen ELN („Ejército de Liberación Nacional"), doch verhießen diese vorerst keine Beruhigung der Lage, weil sich die etwa 2000 Kämpfer an keine Waffenstillstandsvereinbarung hielten, zumal die Entwaffnung der FARC ein Machtvakuum schuf, das sofort von anderen bewaffneten Gruppen genützt wurde. Hinzu kam, dass im August 2019 ein radikaler Flügel der FARC ankündigte, den Kampf erneut aufzunehmen, weil die Regierung das Friedensabkommen nicht eingehalten hätte.

Ex-Präsident Uribe war einer der schärfsten Gegner des Friedensabkommens, weil den Rebellen zu viele Zugeständnisse gemacht worden waren. Sein politischer Ziehsohn, *Iván Duque Márquez*, wurde 2018 zum Präsidenten gewählt. Obwohl auch er den Friedensvertrag mit den FARC-Rebellen ablehnte, wurden dessen Bestimmungen großteils verwirklicht. Aber die gewaltsamen Aktionen anderer Guerillagruppen, insbesondere der ELN, und der Drogenbanden setzt sich fort. Problematisch sind auch die vielen Landminen, welche bedenkenlos von den Drogenkartellen, Milizen, FARC und ELN verlegt worden waren und nun Teile des Landes unzugänglich machen. Korruption in der Verwaltung, hohe Arbeitslosigkeit, vielfache Unterernährung und Kriminalität machen Kolumbien zur Problemzone, insbesondere da der Kokaanbau ständig zunimmt und für die Kleinbauern die einzige Verdienstmöglichkeit darstellt. Die mit Kokapflanzen bebaute Fläche beträgt 146.000 ha, die Jahresproduktion wird auf 900 t geschätzt und erreicht einen Wert von ca. 1,7 Milliarden US $.

12.6 Kuba (110.000 km², 11,3 Millionen Einwohner)

hatte 1989 die große Wende der europäischen Ostblockstaaten nicht mitgemacht – andernfalls hätte der „Líder Máximo" *Fidel Castro* nach 30 Regierungsjahren (seit 1959) seine Macht abgeben müssen. Erst 2008 trat er krankheitshalber zurück und überließ das Amt des Staatsoberhauptes seinem jüngeren Bruder *Raúl Castro* (2008–2018). Dieser hatte ein schweres Erbe übernommen: Nicht nur wegen der Wirtschaftskrise, die 2008 auch in Kuba zu spüren war, und wegen eines verheerenden Hurrikans, der auf der Karibikinsel schwere Verwüstungen angerichtet hatte. Erst nach vier Jahren erholte sich die ohnehin darniederliegende Wirtschaft etwas. Denn seit den 1960er-Jahren war nichts in die Infrastruktur investiert worden, und die Häuser, insbesondere jene Havannas, zerfielen. Kuba kannte nur vier Exportartikel: Soldaten, Ärzte, Tabak und Zucker. Die Sowjetunion hatte alles abgenommen und im Gegenzug Lebensmittel und Maschinen geliefert, sodass keine eigenständige Industrie aufgebaut werden musste und auch nicht konnte. Mit dem Kollaps der Sowjetunion brachen 85 Prozent des Außenhandels weg, Kuba schlitterte in eine schwere ökonomische Krise, die auch noch durch das 1982 wegen Terrorunterstützung von den USA verhängte Embargo verschärft wurde. Um die Wirtschaft anzukurbeln und mehr Devisen ins Land zu bringen, wurde 1992 der Tourismus angekurbelt, die zentralgelenkte Planwirtschaft wurde aber vorerst nicht angetastet. Erst Raúl Castro gestattete einige marktwirtschaftliche Elemente, aber viel zu zögerlich, als dass das Land wirklich erneuert werden könnte. 2013 wurde Privaten der Kauf von Autos erlaubt – das führte zu den ersten Autoimporten seit 1958. Bis zu diesem Zeitpunkt sprach man von der Karibikinsel als von einem einzigen riesigen Oldtimermuseum. Das Jahr 2014 war endlich ein gutes Jahr für Kuba: Russlands Präsident Putin erließ Kuba 90 Prozent der noch aus Sowjetzeiten datierten Schulden, etwa 23 Milliarden €; und US-Präsident Barack Obama nahm diplomatische Beziehungen mit Kuba auf, erleichterte die Embargo-Bestimmungen und gestattete auch US-Bürgern die Einreise in die Karibikinsel. Im Jahr darauf endete das US-Embargo überhaupt, 2016 besuchte Obama als erster US-Präsident seit 88 Jahren Havanna. In diesem Jahr starb Fidel Castro. 2018 trat Raúl Castro als Staats- und Regierungschef zurück und behielt nur noch den Vorsitz in der Kommunistischen Partei. Sein Nachfolger wurde *Miguel Mario Diaz-Canel Bermúdez*. Eine neue Verfassung von 2019 machte erweiterte Formen des Privateigentums möglich und gestattete auch in begrenztem Maße ausländische Investitionen. Ein wirklicher Durchbruch zur Marktwirtschaft war damit allerdings nicht vollzogen worden, daher wuchs die Wirtschaft auch nur sehr zögerlich. Immerhin blieb Kuba bis dato von einer Gewaltwelle verschont, wie sie von vielen Analysten prophezeit worden war, sobald die Castros das Heft einmal aus der Hand geben würden.

13 Im Osten Nichts Neues: Asien

Ähnlich wie im Nahen und Mittleren Osten, in Nordafrika und im Subsahara-Afrika brechen auch in Ost- und Südasien immer wieder die seit Jahrzehnten schwelenden und bislang ungelösten Territorialkonflikte und ethnisch- religiösen Konflikte aus, weil es allerorts am Friedenswillen und an wirksamen Sicherheitsinstitutionen fehlt. Anno 2015 beschlossen die ASEAN – Staaten („Association of Southeast Asian Nations", „Verband Südostasiatischer Nationen") Indonesien, Malaysia, Singapur, Thailand, Philippinen, Brunei, Vietnam, Kambodscha, Laos und Myanmar die Schaffung eines gemeinsamen Binnenmarktes, der zunächst als Gegengewicht zu China gedacht war. In ihm leben 625 Millionen Menschen. Aber die Unterschiede der einzelnen Staaten sind enorm: Es gibt Diktaturen und Demokratien, sehr arme und sehr reiche Nationen. Die ASEAN war 1967 gegründet worden und verfolgt das hehre Ziel, wirtschaftliches Wachstum, sozialen Fortschritt und politische Stabilität zu fördern. Daneben wäre das Handelsabkommen der TTP („Transpazifische Partnerschaft") als Freihandelszone gedacht gewesen und hätte die USA miteinschließen sollen, doch zog sich Amerika unter Präsident Trump 2017 zurück. Nun ergriff China seine Chance, den Einfluss auf die führenden Staaten des Asien-Pazifik-Raumes geltend zu machen: Mit der Gründung des RCEP („Regional Comprehnesive Economic Partnership") im November 2020 dominiert das Reich der Mitte ab sofort die größte Freihandelszone der Welt, der 2,2 Milliarden Menschen aus 15 Staaten, darunter auch Japan, Südkorea, Australien und Neuseeland angehören. Das Abkommen vereinheitlicht die Handelsrichtlinien, verringert die Zölle und regelt Investitionen, Dienstleistungen und den Onlinehandel. Die Mitglieder erwarten sich eine wesentliche Ausweitung der nunmehr zollfreien Exporte und auch sonst wirtschaftliche Vorteile aller Art, sie geraten allerdings in möglicher Weise unerwünschte ökonomische und wahrscheinlich auch politische Abhängigkeit von China.

13.1 Bangladesh (147.500 km², 163 Millionen Einwohner)

hatte sich nach einem blutigen Krieg 1971–1975 von Pakistan getrennt und machte seither wiederholt als überbevölkertes Katastrophenland auf sich aufmerksam, das unter Armut, Überflutungen, Dürre, Heuschreckenschwärmen, Erdbeben und Seuchen zu leiden hat. Allein die katastrophalen Niederschläge der Monsunsaison im Sommer 2004 überschwemmten zwei Drittel des Landes und kosteten 750 Menschenleben, 30 Millionen wurden obdachlos. Das Hochwasser des Jahres 2017 machte 8,5 Millionen Einwohner obdachlos und fordert 140 Tote. Da ein Großteil des wegen seiner Fruchtbarkeit extrem dicht besiedelten Landes im Ganges-Brahmaputra-Delta nur wenige Meter über dem Meeresspiegel liegt, steht bei dessen Anstieg, der durch den Klimawandel entstehen könnte, eine weitere Katastrophe ins Haus. Ein periodisches Vordringen des Meeres ist schon heute mancherorts spürbar, was zur Versalzung des Bodens führt.

Woher beziehen die Menschen ihr Wasser? Üblicher Weise aus den Flüssen, doch sind diese bakterienverseucht und verursachen alle Arten von Infektionskrankheiten, insbesondere von Cholera. Nach der Staatengründung 1971 initiierte die UNICEF ein gigantisches, von der Weltbank finanziertes Projekt und ließ viele Millionen Röhrenbrunnen graben, die derart nach oben verschlossen sind, dass sie auch bei Hochwasser intakt bleiben. Doch gerade diese Brunnen führten zur größten Massenvergiftung der Geschichte, denn das Wasser ist mit Arsen verseucht. 1983 wurde dies erstmals bemerkt, seither versucht man, kostspielige Tiefenbrunnen anzulegen, da man erkannt hatte, dass mit der Tiefe der Bohrung der Arsengehalt abnimmt. Es gibt auch schon Filteranlagen, die das verseuchte Wasser reinigen. Wie immer ist es eine Frage der Protektion, welche Familie/Dorfgemeinschaft einen Tiefenbrunnen bzw. eine Filteranlage bekommt. Noch im Jahr 2016 starben 43.000 Menschen an Arsenvergiftung.[72]

Die innenpolitische Situation ist alles andere als ruhig. Eine systemimmanente Korruption, blutige Unruhen, insbesondere nach jeder Wahl, Politische Morde, religiös motivierte Pogrome an der Hindu-Minderheit sowie Anschläge militanter Muslime belasten einen Alltag, der durch die unzulängliche Menschenrechtssituation und durch die unversöhnlichen Konflikte zwischen den politischen Parteien negativ akzentuiert wird. Im März 2010 setzte die Regierung mit fast vierzigjähriger Verspätung ein Kriegsverbrechertribunal für die Vorgänge während des Unabhängigkeitskrieges ein; damals sollen je nach Schätzung einige Hunderttausend bis zu drei Millionen Menschen umgekommen sein. Die Vorwürfe sind schwerwiegend und lauten auf Völkermord, Massenmord an Unabhängigkeitsbefürwortern, Mord an Wehrlosen, Brandstiftung, Vergewaltigung, Plünderung und Zwangsbekehrung von Hindus. In dem nach internationalen Kriterien nicht ganz einwandfreien Verfahren wurden zahlreiche Angeklagte zum Tod durch Erhängen verurteilt und hingerichtet.

---

72 Siehe Wikipedia: Bangladesch-Tiefenbrunnen. Zugriff am 30. Juni 2020.

Aus dem Nachbarland Myanmar (siehe unten) strömen seit Jahren muslimische Rohingya nach Bangladesh – sie wurden teilweise in der Grenzregion in jenen Wohnorten angesiedelt, aus denen zuvor gemäß Regierungsbeschluss die buddhistischen Jumma vertrieben worden waren. Bevor die letzte Flüchtlingswelle aus Myanmar einsetzte, lebten hier bereits rund 400.000 Rohingya; im Herbst 2017 kamen weitere 655.000 hinzu. Repatriierungsversuche bleiben meist erfolglos, weil die Rückkehrwilligen keinen sicheren Aufenthalt in ihrer alten Heimat vorfinden.

Trotz der vielen negativen Begleiterscheinungen erlebte Bangladesh seit 2009 ein „Entwicklungswunder": Ausländische Investoren hatten erkannt, dass sich in dem bitterarmen Land ein schier unerschöpfliches Arbeitskräftereservoir nutzen lässt. Anlagen der Informations- und Kommunikationstechnologie (ICT) wurden forciert und viele tausend Betriebe der Textilbranche gegründet. Das BIP pro Kopf stieg von 543 US $ im Jahr 2009 binnen zehn Jahren auf über 1600 US $, bis 2021 soll Bangladesh die Gruppe der „Least Developed Countries" (LDC) verlassen (sofern die Corona-Pandemie diesem ehrgeizigen Vorhaben keinen Strich durch die Rechnung macht). Eine derart rasante Wirtschaftsentwicklung zeitigt allerdings auch Nachteile in Gestalt von unmenschlichen Arbeitsbedingungen, Gewalt und totaler Ausbeutung, insbesondere von Frauen und Kindern. Wer dagegen demonstriert oder gar streikt, verliert seinen Arbeitsplatz, Streikführern droht das Gefängnis. Nichtsdestoweniger protestierten 2010 die Massen, weil viele Firmen nicht den gesetzlichen Mindestlohn zahlten. Erst als 2013 eine Fabrikhalle in Dhaka einstürzte und 1135 Beschäftigte unter sich begrub, wurde weltweiter Druck auf die Regierung ausgeübt, für sicherere Arbeitsbedingungen zu sorgen. Europäische Unternehmen wollen seither nur mit jenen Unternehmen zusammenarbeiten, welche puncto Brandschutz und Gebäudesicherheit gewisse Mindeststandards einhalten. Staatliche Inspektoren sollen dafür Sorge tragen; Zweifel sind aber jedenfalls angebracht.

13.2 Myanmar (677.000 km^2, 54 Millionen Einwohner)

gab nach dem Ende der Militärregierung (1988–2011), die das Land in den wirtschaftlichen Abgrund geführt hatte, Anlass zur Hoffnung: Endlich hatte die Protestbewegung unter der Freiheitsaktivistin und Friedensnobelpreisträgerin (1991) *Aung Suu Kyi* Erfolg gehabt: Das Kriegsrecht wurde aufgehoben, Aung Suu Kyi aus dem jahrelangen Hausarrest entlassen, und freie Wahlen wurden zugelassen. Die damals 67-Jährige zog 2012 ins Parlament ein, Neuwahlen anno 2015 brachten ihrer Partei einen derart überwältigenden Sieg, dass ihr das höchste Amt im Staate zugestanden wäre. Auf Grund eines verfassungsrechtlichen Tricks, den die Militärs eingebaut hatten, durfte sie aber weder Präsidentin noch Vizepräsidentin werden, immerhin erhielt sie das Amt einer Außenministerin und ist seither de facto Regierungschefin. Doch nun begannen für sie die Mühen der Ebene, denen sie letztlich nicht gewachsen ist. Auch ihr gelang das nicht, was zuvor noch keiner Regierung gelungen war: die Garantie der Grundrechte, ein sicheres Rechtssystem, eine gerechtere Verteilung der Ressourcen und vor allem die Herstellung der nationalen Einheit in einem Land, in dem mehr als 100 Sprachen gesprochen werden. Die hohen in sie gesetzten Erwartungen erfüllte sie nicht: Allem Anschein nach ist sie hilflos gegenüber den Generälen, denn diese sog. „Eliten" wollen ihre Macht und ihren Zugriff auf die reichen Bodenschätze nicht abgeben, sodass das Land trotz einer halbdemokratischen Verfassung (seit 2008) aus dem Kreislauf von Korruption, Gewalt, Repressionen und Unterentwicklung nicht herausfindet. Die seit Jahrzehnten tobenden Kämpfe gegen die ethnischen Minderheiten der Shan, Kachin, Mon, Jing Hpo usw. gehen in den nördlichen Grenzregionen unvermindert weiter. Weltweites Entsetzen löste das genozid-artige Vorgehen an den Rohingya aus: Während des Zweiten Weltkrieges versprach die britische Kolonialmacht dieser islamischen Minderheit einen eigenen Staat, doch wurde 1945 das Versprechen nicht eingelöst. In dem 1948 unabhängig gewordenen Burma (seit 1989 Myanmar) erhielten die Rohingya nicht einmal die Staatsbürgerschaft und sahen sich einer ständigen Unterdrückung ausgesetzt. 1978 wurden erstmals Hunderttausende ins benachbarte Bangladesch vertrieben, 1992 erfolgte eine zweite Vertreibungswelle. Im Sommer 2017 eskalierten abermals die Ausschreitungen: Bewaffnete Milizen und Armeeeinheiten griffen Dörfer der Rohingya in der Provinz Rakhine an und begannen mit ethnischen Säuberungen, bei denen etwa 20.000 Menschen ums Leben kamen. 688.000 flohen außer Landes. Vergebens fordern die Vereinten Nationen und Bangladesch deren Repatriierung binnen zweier Jahre. Zu all den Vorgängen schweigt Aung Suu Kyi – offensichtlich hatten ihr die Militärs einen Maulkorb verpasst – oder sie will es sich nicht mit der mächtigen Lobby der buddhistischen Mönche verscherzen, die für Moslems keinerlei Sympathie hegen. Oder hatte sie Angst vor einem drohenden Militärputsch? Bei den Parlamentswahlen im November 2020 erreichte ihre Partei NLD laut offiziellen Meldungen die absolute Mehrheit. Die Armee, für die automatisch ein Viertel der Sitze in den Parlamentskammern reserviert ist, sprach dagegen von Wahlbetrug. Das verheißt nichts Gutes, zumal dem Oberbefehlshaber, Min Aung Hlaing, durchaus zuzutrauen ist, gewaltsam die Macht an sich zu reißen.

13.3 Thailand (513.120 km², 70 Millionen Einwohner)

Dem scheinbar freundlichen Urlauberparadies hätte der Durchschnittstourist kaum jene eruptiven politischen Entladungen zugetraut, wie sie seit 2001 offenkundig sind: Die Bevölkerung ist politisch gespalten in die linkspopulistischen Rothemden und die konservativ-nationalistischen Gelbhemden. Beide gingen auf der Straße immer wieder gegeneinander vor, bis sich das Militär zum Eingreifen veranlasst sah. Ein anderes Konfliktpotential bieten die südlichen moslemischen Provinzen, in denen rund 1,5 Millionen islamische Malaiien leben. Sie sind Schauplatz ständiger islamistischer Anschläge und solche rebellierender Nationalisten, die für ihre Eigenständigkeit kämpfen. Premier *Thaksin Sinawatra* (2001–2006) versuchte erfolglos, mit harten Repressionen gegen sie vorzugehen. 2006 mussten sogar Schulen geschlossen werden, weil buddhistische Lehrer Opfer von Attentaten geworden waren. Sinawatras glücklose Befriedungsversuche, vor allem aber auch seine Vetternwirtschaft und die grassierende Korruption entfachten 2006 eine Bürgerbewegung, die bei Großkundgebungen 50.000 bis 100.000 Demonstranten auf die Beine brachte. Thaksin gab dem Druck der Straße nach, trat zurück und setzte Neuwahlen an. Diese zeitigten aber mangels Gegenkandidaten kein Ergebnis. Nach monatelangen Unruhen ergriff das Militär die Macht und schlug auch 2010 eine Demonstration der „Rothemden" nieder. Neuwahlen 2011 hievten Thaksins Schwester, *Yingluck Shinawatra*, auf den Stuhl des Premierministers. Auch ihre Regierung endete 2014 in einer Staatskrise: Wieder protestierten die Massen, über die Hauptstadt Bangkog wurde sogar der Ausnahmezustand verhängt, bis das Verfassungsgericht die Absetzung der Premierministerin verfügte. Wie schon so oft putschte das Militär – es war bereits der 14. Militärputsch seit dem Jahr 1932, als die absolute Monarchie abgeschafft worden war. In Erinnerung geblieben ist das sog. „Thammaset-Massaker", bei dem Militär und Bürgerwehren die Proteste linker Studenten niedergeschlagen hatten. 46 Personen starben dabei. Shinawatra wurde in absentia zu fünf Jahren Haft verurteilt; fadenscheinige Urteilsbegründung: Verschwendung von Steuergeld. Zu all diesen Vorgängen schwieg der konstitutionelle *König Bhumibol Adulyadej (Rama IX.)*; vielleicht genoss er gerade deswegen eine ans Göttliche herankommende Verehrung der Bevölkerung, weil er sich anscheinend ganz aus der Tagespolitik heraushielt. 2016 starb dieses längst amtierende Staatsoberhaupt (1946–2016) im Alter von 88 Jahren. Nachfolger wurde sein 64 Jahre alter Sohn, *Maha Vajiralongkorn (Rama X.)*. Damit es in Zukunft keinen Militärputsch mehr ohne königliche Zustimmung geben könne, unterstellte der König zwei Infanterieregimenter der Garnison Bangkok seinem persönlichen

Kommando; zusammen mit der 5000 Mann starken Palastwache verfügt er seither über genügend bewaffnetes Potential, um die Hauptstadt ruhig zu halten. Nichtsdestoweniger erhoben sich im August 2020 überraschend Protestveranstaltungen gegen ihn, was einem Tabubruch gleichkam: Demokratieaktivisten fordern eine Verringerung der Staatsausgaben für den Palast und die Aufhebung des Majestätsbeleidigungsgesetzes, demgemäß bei Kritik am König strengste Strafen vorgesehen sind. Tatsächlich bietet der König wegen seines Führungsstils und seiner Demokratiefeindlichkeit genügend Anhaltspunkte zur Kritik: Er gilt mit seinem geschätzten 100 Milliarden € Gesamtvermögen als reichster Monarch der Welt; während der Corona-Krise hat er sein Land in Richtung Deutschland, wo er als „Prinz in Oberbayern" seine Ausbildung erfahren hatte, verlassen. Um den Demonstrationen ein Ende zu setzen, erließ Premier und Ex-General Prayut Chan-ocha am 15. Oktober eine Notstandsverordnung mit Versammlungsverbot. Oppositionelle wurden festgenommen.

Abgesehen von den innenpolitischen Wirren steht Thailand grundsätzlich ganz gut da: Die Wirtschaft boomt, vornehmlich dank ausländischer Investoren. Allerdings mangelt es an Fachkräften, und die Schulbildung der Bevölkerung weist erhebliche Mängel auf. Der Tourismus brach 2020 wie in allen Staaten wegen der Covid-19 Pandemie ein.

Sowohl
13.4 Vietnam (331.000 km², 96,5 Millionen Einwohner) als auch
13.5 Kambodscha (181.000 km², 16,5 Millionen Einwohner)

profitieren von ihrem Status als Niedriglohnländer (Vietnam weltweit zweitgrößter Schuhexporteur nach der VR China; Kambodscha vielbeschäftigter Textilexporteur) und beuten in frühkapitalistischer Manier ihre Arbeitskräfte bis zum Äußersten aus, um die globale Wettbewerbsfähigkeit nicht zu gefährden. Im Juni 2020 schloss Vietnam mit der EU ein Freihandelsabkommen, das die Wirtschaft weiter stimulieren soll. Menschenrechte genießen in keinem der beiden Staaten einen hohen Stellenwert (Vietnam jährlich ca. 170 Hinrichtungen). Während Vietnam im endlosen Konflikt mit China verstrickt ist – es geht um die Hoheitsrechte im Südchinesischen Meer –, rechnet Kambodscha mit der wohlwollenden Hilfe Pekings in innenpolitischen Angelegenheiten. Ob die VR China auch bei der Verschleppung der Kriegsverbrecherprozesse gegen Angehörige des Terrorregimes der Roten Khmer (1975–1978) die Hand im Spiel hat, ist nicht erwiesen, aber plausibel, denn die Roten Khmer bauten einst fest auf die chinesische Unterstützung. Erst 2007 wurde Kang Kek Ieu „Duch", der Leiter des berüchtigten Tuol Sleng Gefängnisses („killing fields"[73]), verhaftet und zu 35jährigem Kerker verurteilt. 2014 ereilte den ehemaligen Staatschef Khieu Samphan ebenso wie den Chefideologen Nuon Chea der Arm der Gerechtigkeit: Sie verbüßen seither eine lebenslange Haft. Aber nach diesen und einigen anderen Verurteilungen verebbte das Interesse an weiteren Verfahren gegen einstige Khmer-Funktionäre, denn auf Regierungs- und oberer Verwaltungsebene sitzen heute etliche ehemalige Khmer-Mitglieder auf gut dotierten Posten. Abgesehen von der Corona-Krise erleben Vietnam und Kambodscha einen Boom in der Tourismusbranche, Kambodscha dank seiner fantastischen Tempelanlagen, Vietnam ob seiner unendlich weiten Sandstrände, denen allerdings angesichts der Hotelbauten alsbald ein spanisches Schicksal blühen könnte.

13.6 Die „Jungen Tiger" Philippinen (300.000 km^2, 108 Millionen Einwohner) und 13.7 Indonesien (1,9 Millionen km^2, 270 Millionen Einwohner)

haben zwar 1986 bzw. 1998 den Übergang von der Diktatur zur Demokratie einigermaßen bewältigt, aber beide Präsidialrepubliken leiden unter jenen Eliten, die von ihrer Macht nichts abgeben wollen und entsprechend korrupt sind. Zu schaffen machen ihnen auch die vom islamistischen Terror getragenen Regionalkonflikte – so wurde 2017 die auf Mindanao gelegene philippinische Großstadt Marawi von Islamisten besetzt und bei ihrer Rückeroberung durch die Armee weitestgehend zerstört. Über eine Million Philippinos ziehen als Wanderarbeiter in die Fremde; zum Wohle ihres Landes überweisen sie ihre Einkünfte in die Heimat und bestreiten so 9 Prozent der Wirtschaftsleistung. Männer stellen weltweit ein Viertel aller Schiffsbesatzungen, Frauen werden bevorzugt als Hausangestellte angeheuert.

Seit 2016 regiert *Rodrigo Duterte* als philippinischer Staats- und Regierungschef. Eine seiner ersten Amtshandlungen war ein Mordaufruf gegen Drogendealer; in nur zwei Monaten wurden 2400 Menschen ermordet, bis 2020 tötete die Polizei mindestens 8663 des Drogenhandels Verdächtige, de facto dürften es 27.000 gewesen sein. Desgleichen fordert Duterte den Mord an jedem nicht regierungskonform berichtenden Journalisten, „wenn er ein Hurensohn ist".

---

[73] Siehe den mit drei Oskars ausgezeichneten brit. Spielfilm aus dem Jahr 1984: „Killing fields – Schreiendes Land."

Für Journalisten sind die Philippinen das gefährlichste Land der Welt geworden: Seit Ende der Diktatur (1986) starben bisher 176 Journalisten eines gewaltsamen Todes. Um sich vor ausländischer Kritik zu sichern, ließ Duterte sein Land 2018 aus dem Internationalen Strafgerichtshof austreten.

14 Globalisierung

Grundsätzlich fördert der Wirtschaftsliberalismus trotz mancher Krisen den Wohlstand, während ihn der nationale Protektionismus trotz gewisser Anfangserfolge auf die Dauer bremst. Großräumig gesehen haben in der wirtschaftsliberalen Gründerzeit (vor dem Ersten Weltkrieg) die Weltproduktion und mit ihr auch die Einzeleinkommen enorm zugenommen, während das Handelsvolumen in der protektionistisch orientierten Zwischenkriegszeit deutlich stagnierte. Das liberale Wirtschaftsmodell der Nachkriegszeit bescherte der Welt das größte Wirtschaftswachstum aller Zeiten und mit ihr einhergehend die größte Steigerung des Wohlstandes. Allerdings nicht in allen Regionen in gleicher Intensität: Es gab/gibt Globalisierungsgewinner und Globalisierungsverlierer. Manche Staaten versuchten, sich aus diesem Prozess auszuklinken und scheiterten dabei grundsätzlich.

Der hier beschriebene Vorgang betrifft nur einen Teil der Globalisierung, nämlich den ökonomischen. Verantwortungsbewusste Politiker versuchen, die Auswüchse eines unbegrenzten Wirtschaftswachstums zu steuern – aber nicht, ihn aufzuhalten, weil das sinnlos wäre. Denn Globalisierung lässt sich nicht beenden – wenn einmal die eine oder andere globale Beziehung unterbrochen wird, wird sie über kurz oder lang doch wieder neu geknüpft. Die Staatsmänner (und Frauen) bemühen sich um Währungs- und Preisstabilität, um Vollbeschäftigung und um eine ausgeglichene Handelsbilanz. Diesem Ziel dienen finanzpolitische, arbeitsmarktpolitische und handelspolitische Maßnahmen. Da aber in globaler Hinsicht sowohl für den Umweltschutz (siehe: Klimawandel) als auch für die Abmilderung des Nord-Süd-Wohlstandsgefälles gesorgt werden sollte, kann auf den Protektionismus doch nicht ganz verzichtet werden, wenn zum Beispiel die EU einem Entwicklungsland einseitige Handelsvorteile gewährt.

Die weltweite Vernetzung, also die Globalisierung, ist ein Vorgang, dem sich kein Staat entziehen kann und der grundsätzlich allen einen Vorteil bringt – allerdings, wie gesagt, nicht in gleichem Ausmaß: „Reiche" Industrienationen (hoher Bildungsstandard, Rechtssicherheit, gute internationale Kommunikation) profitieren mehr, arme Länder (mangelnde Bildung, Missachtung der Menschenrechte, Isolationismus) weniger von ihr, aber sie bringt allen eine Steigerung des Wohlstandes.[74]

---

74 Eine ausführliche Zusammenfassung des Themas Globalisierung siehe: Peter E. Fässler: Globalisierung. Ein historisches Kompendium. Köln – Weimar – Wien 2007.

Seit wann gibt es die „Globalisierung"? Eigentlich seit der Entstehung des höheren Lebens, also seit etwa einer Milliarde Jahren: Pflanzen und Tiere eroberten die für sie geeigneten Lebensräume, passten sich an diese an und veränderten sie auch. Dann kam der Mensch, und auch er wanderte in sämtlichen Entwicklungsstufen in alle Kontinente ein. Seit etwa 100.000 Jahren verbreitete sich der Homo Sapiens, ausgehend vom abessinischen Hochland, über die ganze Welt. Nach Ende der letzten Eiszeit, vor 10.000 Jahren, griff der Mensch im Zuge der Neolithischen Revolution erstmals massiv in die Umwelt ein und gestaltete diese um durch Rodung, Besiedelung, Ausrottung oder Züchtung von Tieren und Pflanzen. In der Antike wurden von Phönikern und Griechen Handelsbeziehungen geknüpft, welche bereits über den Mittelmeerraum hinausgingen, andere antike Hochkulturen wie aus China, Indien, Mesopotamien und besonders das Imperium Romanum bildeten die ersten Kolonialreiche der Geschichte. Im Frühmittelalter schufen die Araber ein auf religiöser Motivation basierendes Weltreich, im Hochmittelalter initiierten die christlichen Kreuzfahrer den Handelsverkehr zwischen Abendland und Morgenland, im Spätmittelalter sicherten die Mongolen den Handel von China in den Vorderen Orient entlang der alten „Seidenstraße", China expandierte sogar bis zur afrikanischen Küste. Alle diese Vorgänge fallen noch in die *präglobale Phase*. Mit den europäischen Entdeckern und Eroberern beginnt ab der Frühen Neuzeit (ca. 1500 bis 1840) die *Phase der Protoglobalisierung*.[75] Da die Kommunikationsmöglichkeiten noch relativ bescheiden waren, blieb auch die Interaktion zwischen Europa und den übrigen Erdteilen gering, aber doch nicht so gering, als dass nicht Rohstoffe, insbesondere Lebensmittel (Mais, Erdäpfel, Paradeiser, Tabak, Bohnen, Zuckerrohr, Reis, Gewürze), Nutztiere (Pferd, Rind, Schwein, Ziege, Geflügel) und auch Krankheiten (Pocken, Masern, Grippe, Typhus, Lues) die Weltmeere überwanden. Gravierende gesellschaftliche und auch wirtschaftliche Veränderungen verursachte der transatlantische Dreieckshandel: Europäische Schiffe lieferten Metallwaren, Waffen und auch Alkohol an die afrikanische Westküste, luden dort afrikanische Sklaven auf und führten diese nach Süd- und Mittelamerika; zurück nach Europa ging es mit Edelmetallen und Zucker. Deutlich zeichnete sich ab: Die Globalisierung ging nun von den Europäern aus und war, überspitzt gesagt, eine logische Folge der Ungleichheit auf politischer, ökonomischer, technologischer, militärischer und zivilisatorischer Ebene.

---

75 Ausführlich siehe: Reinhard Wendt: Vom Kolonialismus zur Globalisierung. Europa und die Welt seit 1500. Paderborn – München – Wien – Zürich 2007.

Klassische Nationalökonomen wie *David Ricardo* (1772–1823) begleiteten die *erste Globalisierungsphase*, welche mit der Industriellen Revolution begann und mit dem Ersten Weltkrieg endete. Ricardo erhellte mit seiner „Theorie der komperativen Kosten" die Grundlage für die wirtschaftliche Verflechtung von Staaten: Da die Produktionskosten unterschiedlich seien, wäre es für ein Land günstig, seine billig erzeugten Güter zu exportieren und mit dem Erlös teurere Güter (und Rohstoffe) zu importieren. Dieser profitable Güteraustausch funktioniert aber nur bei liberalen Handelsbeziehungen, er scheitert bei protektionistischen Handelshemmnissen. Heute sehen wir die Gefahr, dass er zu einem ruinösen Wettbewerb der billigsten Standorte (Billiglohnländer) auf Kosten sozialer Standards und des Umweltschutzes gehen kann. Wenn in der Frühen Neuzeit die europäischen Eroberer die Eroberten unterwarfen, so knüpfte der Imperialismus daran an und strebte danach, außereuropäische Imperien zu schaffen. *Georg Wilhelm Friedrich Hegel* (1770–1831) erklärte in seiner Kapitalismuskritik[76] den europäischen Imperialismus als Folge der industriellen Massenproduktion: Durch diese häufte die bürgerliche Gesellschaft zwar Reichtümer an, vergrößerte aber dabei die Not der arbeiteten Klasse. Deren Herabsinken unter das Existenzminimum erzeugte den Pöbel, das Proletariat. Da die bürgerliche Gesellschaft nicht reich genug wäre, um der Massenarmut gegenzusteuern, müsste sie den Weltmarkt erschließen.

Die technische Entwicklung erleichterte den Imperialismus, der dann ab der zweiten Hälfte des 19. Jahrhunderts den Lauf der politischen Geschichte wesentlich bestimmte. Eisenbahn, Dampfschiff und elektrischer Telegraph beschleunigten jede Kommunikation, namentlich in den europäischen Staaten und in den USA. Gegen Ende des 19. Jahrhunderts machte sich Japan als erster nichteuropäischer Staat die Globalisierung zu Nutze und stieg ebenfalls zur Imperialmacht und Wirtschaftsgroßmacht auf. Mit dem steigenden Handelsverkehr ging auch ein zunehmender Kapitalverkehr Hand in Hand, gefördert durch multinationale Unternehmen und durch eine bisher nie dagewesene Mobilität der Menschen. Ein internationaler Technologiestandard erforderte auch einen internationalen Währungsstandard (Goldstandard – alle Währungen gaben ihr Austauschverhältnis zu Gold an) und international angeglichene Rechtsstandards. Vieles sah man nun weltweit, nicht nur den Welthandel; so gab es Weltausstellungen (seit 1851), allerdings auch Weltwirtschaftskrisen

---

76 Erstmals veröffentlicht in: Encyklopädie der philosophischen Wissenschaften im Grundrisse. 1817.

(1856, 1873) und zuletzt einen Weltkrieg, der unter die erste Globalisierungsphase den Schlusspunkt setzte.

Das Wirtschaftswachstum der Gründerzeit war durch den Ersten Weltkrieg jäh zum Stillstand gekommen, ein neuer wirtschaftlicher Protektionismus (hohe Zollbarrieren) der Nationalstaaten beendete nun den Kontinente übergreifenden Wirtschaftsliberalismus. Die Globalisierung wurde aber nur durch eine partielle Deglobalisierung abgelöst, denn allein die Begriffe „Weltkrieg" oder „Weltwirtschaftskrise", beweisen, dass die internationale Vernetzung bestehen blieb. Nichtsdestoweniger hatte die „Urkatastrophe" der Jahre 1914 bis 1918 lang anhaltende negative Folgen: Neu gezogene Grenzen, zerstörte Infrastrukturen, Staatsverschuldung und Arbeitslosigkeit ließen in den beiden Jahrzehnten der Zwischenkriegszeit den Wohlstand sinken, die Weltwirtschaftskrise von 1929 riss manche Gesellschaften vollends in den Abgrund. Währungspolitisch musste der internationale Goldstandard aufgegeben werden, zumal sich viele Währungen einen Abwertungswettlauf lieferten. Einer einheitlichen weltweiten Friedensordnung, wie sie der Völkerbund propagierte, standen nationale und chauvinistische Begehrlichkeiten im Wege. Diese führten unmittelbar zum Zweiten Weltkrieg.

Die Initialzündung zur *zweiten Globalisierungsphase* (1945–1989) setzten die USA: Nach der Erfahrung, zweimal in einen Weltkrieg hineingezogen worden zu sein, beendeten sie ihren außenpolitischen Isolationismus und bekundeten den Willen, selbst aktiv in das Weltgeschehen einzugreifen. Das Programm für eine neue politisch und wirtschaftlich liberale Weltordnung amerikanischen Zuschnitts verkündeten US-Präsident Roosevelt (1932–1945) und Großbritanniens Premierminister Churchill (1940–1945) bereits im August 1941 in der sog. Atlantik Charta.[77] Darin heißt es u.a., dass ein weltweites umfassendes und dauerhaftes System geschaffen werden möge, das sicherstelle, dass allfällige Grenzveränderungen mit den Wünschen der betroffenen Völker übereinstimmen müssen, dass alle Völker ihre Regierungsform selbst wählen dürfen, dass alle Staaten unter gleichen Bedingungen Zutritt zum Handel und zu den Rohstoffen der Welt haben, wirtschaftlich zusammenarbeiten und die Ozeane ungehindert überqueren mögen. Durch die Schaffung eines Internationalen Währungsfonds (IWF) machten die USA den US $ zur weltweiten Leitwährung (bis 1973), mit Hilfe der Weltbank (IBRD) förderten sie ein wirtschaftliches Wachstumsmodell, und dank der Vereinten Nationen (UNO) sicherten sie insgesamt eine neue Weltordnung. Allerdings erwuchs den USA mit der

---

77 Buchmann, Menschenrechte a.a.O., S. 287 f.

Sowjetunion eine mächtige Konkurrenz mit deren eigenem, ebenfalls Kontinente übergreifenden Wirtschafts- und Ordnungsmodell, sodass diese zweite Globalisierungsphase das Bild einer bipolaren Welt zeigt. Der Kalte Krieg zwischen den beiden Polen war ebenfalls ein Weltkrieg, der mit Waffen zwar nicht in Europa, aber in anderen Kontinenten in Form von Stellvertreterkriegen ausgetragen wurde. Das große Wohlstands- und Wirtschaftswunder erlebte vor allem die demokratische westliche Welt mit ihrem liberalen Wirtschaftskonzept, während das planwirtschaftlich-protektionistische sowjetische System sowohl technologisch als auch in Bezug auf den Lebensstandard zurück blieb.

Nach dem Zweiten Weltkrieg durchmaßen amerikanische Waren, Dienstleistungen und Innovationen und mit ihnen die Wirtschaftsform des produktiven Kapitalismus einen unvergleichlichen Siegeszug durch die westliche Welt. Das Schlagwort „Amerikanisierung" wurde – insbesondere von Europäern – als Synonym für Globalisierung gesehen. Auch aus US-amerikanischer Sicht entspricht die Globalisierung mit ihrer politischen, wirtschaftlichen und technischen Vernetzung der Welt einem wesentlichen Bestandteil der eigenen Kultur. Die amerikanische Filmindustrie propagierte den amerikanischen Lebensstil mit seiner Konsum-, Wegwerf- und Überflussgesellschaft und ließ ihn zu einem nachahmenswerten Beispiel für andere Völker emporwachsen. Dem leistete die englische Sprache, die seit 1945 die globale Sprache der Wissenschaft, der Technik und eben auch der Unterhaltungsindustrie geworden ist, weiteren Vorschub. Amerikanische Innovationen verliehen ferner der internationalen Mobilität weitere Impulse: Nach Ende des Zweiten Weltkrieges gab die transatlantische Passagierschifffahrt ihr Monopol an das Flugzeug ab: Schon seit 1939 betrieb die PANAM mit Flugbooten regelmäßige Linienflüge von Washington nach Lissabon, in den 1950er-Jahren verdrängte der Düsenantrieb den Kolbenmotor; mit der Boeing 707 (seit 1958) wurde erstmals ein strahlengetriebenes Passagierflugzeug in großer Stückzahl hergestellt, der ab 1969 in Dienst gestellte Jumbo-Jet Boeing 747 mit einer Kapazität von bis zu 800 Sitzplätzen stellte lange Zeit hinsichtlich seiner Größe alle anderen Modelle in den Schatten; 2020 wurde seine Produktion eingestellt, zumal ihm mit dem AIRBUS A 320 (ab 1972) eine mächtige europäische Konkurrenz erwachsen ist. Gleichbedeutend wie die verkehrstechnische Vernetzung und noch wesentlich schneller umspannt die Telekommunikation die Erdteile. Microsoft wurde 1975 gegründet, Apple 1977. Ab dem Jahr 1984 konnte man einen PC um einen für den Durchschnittshaushalt erschwinglichen Preis erwerben. Seit 1994 konnte man bei Amazon bestellen, seit 1998 die Suchmaschine Google benützen. Facebook gibt es seit 2004, YouTube seit 2005 und Twitter seit 2006.

Das Internet erlebte seine Geburtswehen in den 1980er-Jahren, sein Siegeszug setzte 1990 ein und revolutionierte die Industriegesellschaft. Es leitete die *dritte Globalisierungsphase ein*. Deren Beginn ist auch mit dem Ende des Kalten Krieges fest zu machen. Allerdings rücken durch den Wegfall des West-Ost-Konfliktes globale Fragen wie Armut, Hunger, Bevölkerungsexplosion, Migration, Terrorismus, Umweltverschmutzung und Klimaerwärmung in den Vordergrund des allgemeinen Interesses. Die Globalisierung wurde in verstärktem Maße wahrgenommen. Und damit stellte sich auch eine gewisse Verunsicherung ein. Denn das Tempo der weltweiten Verflechtung übertrifft alles Dagewesene, und die Geschwindigkeit des ökonomischen, technischen und gesellschaftlichen Wandels überfordert oft die Vorstellungskraft vieler Menschen.[78] Finanzielle und geschäftliche Transaktionen können in nahezu Lichtgeschwindigkeit rund um den Globus getätigt werden, und grundsätzlich kann sich jeder Internetnutzer am Kapitalmarkt, an Aktien- und Devisenmärkten bedienen. Dabei gibt es naturgemäß Gewinner und Verlierer, und etliche Globalisierungskritiker sehen nicht nur die Zukunft der Entwicklungsländer, sondern auch manche Angehörige des westlichen Mittelstandes gefährdet.[79] Ob diese Furcht begründet ist, sei dahingestellt. Tatsache ist jedoch, dass bis zum Ausbruch der Corona-Pandemie fast die gesamte Menschheit von der Globalisierung profitierte, wenn auch nicht, wie eingangs erwähnt, im gleichen Ausmaß. Am meisten profitieren jene Staaten und Gesellschaftsschichten, die am besten zu kommunizieren imstande sind: Es geht also heute nicht mehr so sehr um die Überwindung von Distanzen, sondern um die grenzüberschreitende Vernetzung.

Die Finanzkrise 2007/2008 hat dem bis dahin ungebremsten Wachstum der globalen Warenströme einen gewissen Rückschlag versetzt, der Handelskrieg zwischen den USA und China verengt abermals die weltweite Vernetzung ähnlich wie in Zeiten des Kalten Krieges, nur dass sich diesmal gleich drei Akteure auf Kosten Europas ins Spiel bringen: Die USA haben spätestens seit der Regierung Trump ihr Interesse an einem geeinten Europa verloren und unternehmen alles, um die EU zu schwächen. Desgleichen versucht auch Russland, mittels einer gewaltigen Desinformationspolitik die EU zu spalten. Und China, Europas größter Rivale, trachtet danach, die einzelnen europäischen

---

78 Edward Luttwak: Turbo-Kapitalismus. Gewinner und Verlierer der Globalisierung. Hamburg – Wien 1999.
79 Hans-Peter Martin, Harald Schumann: Die Globalisierungsfalle. Der Angriff auf Demokratie und Wohlstand. Reinbek bei Hamburg [7] 1996.

Staaten gegeneinander auszuspielen und nutzt deren Uneinigkeit gezielt aus, auch im Hinblick auf das einseitig China-zentrierte Seidenstraßen-Projekt. Dann kam die Corona-Pandemie, die größte Krise seit dem Zweiten Weltkrieg, und diese ist selbst ein Zeichen internationaler Mobilität. Und sie hat dem Globalisierungsprozess in drastischer Weise seine Grenzen aufgezeigt: Lieferketten wurden zeitweilig unterbrochen, protektionistische Maßnahmen führten zu einer Abschottung von Märkten. Die Welthandelsorganisation WTO registrierte im Jahr 2020 eine Zunahme an handelshemmenden Maßnahmen. Diesbezüglich sind vor allem jene Staaten die Leidtragenden, welche bisher von der internationalen Vernetzung besonders profitiert haben. Das trifft insbesondere die Staaten der Europäischen Union. Es hat sich auf einmal gezeigt, dass es doch auch von Vorteil sein kann, wenn die eigene Volkswirtschaft auf Kosten anderer Volkswirtschaften gestärkt wird. Die Erkenntnis, dass für die eigene Pharmaindustrie 80 Prozent der Wirkstoffe nur aus den beiden Ländern Indien und China stammen, ließ den Wunsch aufkommen, zumindest in sensiblen Bereichen vom Ausland unabhängig zu sein. Der Versuch, eine gänzliche Autarkie wie im Zeitalter des Merkantilismus herzustellen, würde allerdings für ein exportorientiertes Land den wirtschaftlichen Zusammenbruch bedeuten.

15 Europäische Union

Die Europäische Union wird oft kritisiert, teils zu Recht, teils zu Unrecht. Aber eines ist ihr jedenfalls gelungen, und das war auch von Anfang an ihr wichtigstes Anliegen: Sie sollte das größte Friedensprojekt aller Zeiten sein, das nach einer tausendjährigen europäischen Geschichte voller Kriege jeglichen bewaffneten Konflikt auf dem Alten Kontinent oder zumindest unter ihren Mitgliedern verbannte. Für das Verdienst, aus den Erzfeinden zweier Weltkriege dauerhafte Verbündete zu machen, hat die Europäische Union 2012 den Friedensnobelpreis bekommen. Drei Persönlichkeiten standen Pate für dieses Friedensprojekt: Frankreichs Außenminister *Robert Schumann* (1948–52), der französische Leiter des Amtes für wirtschaftliche Planung, *Jean Monnet* (1946–1950), und der deutsche Bundeskanzler *Konrad Adenauer* (1949–1963). Hinter diesen dreien stand aber noch die USA als Geburtshelfer oder „gütiger Hegemon"[80] einer europäischen Integration. Präsident *Dwight D. Eisenhower* (1953–61) hatte erkannt, das Deutschland zwar zwei Weltkriege verloren hatte, über kurz oder lang aber wieder stärkster Faktor in Europa sein würde und daher mit seinen Nachbarn in ein System integriert werden müsse, das eine abermalige Aggression unmöglich macht und außerdem ein Bollwerk gegen die sowjetische Aggression bildet. An sich wollte Eisenhower seinem engsten Verbündeten, Großbritannien, die Führungsrolle der Integration anvertrauen, aber London versagte sich, weil dessen Interessen nicht in Europa, sondern im Commonwealth lagen. Also wurde Frankreich mit der Lösung der Integrationsfrage betraut. Monnet und Schumann arbeiteten den „Monnet-Plan" für die **Montanunion** (Europäische Gemeinschaft für Kohle und Stahl, EGKS) aus: Sie sah unter den sechs Mitgliedern: Belgien, BRD, Frankreich, Italien, Luxemburg und Niederlande die gemeinsame Aufsicht über Schwerindustrie und Kohlevorkommen vor. Deutschland gab also freiwillig die Kontrolle über seine mächtige Kohle- und Stahlindustrie an eine staatenübergreifende Gemeinschaft ab; als Gegenleistung für den Souveränitätsverzicht war die BRD von nun an als gleichberechtigter Partner beim Aufbau Europas anerkannt.

---

80 Beate Neuss: Der „gütige Hegemon" und Europa. Die Rolle der USA bei der europäischen Einigung. In: Politische Studien, Sonderheft 4, 2000, S. 8–29. – Dies.: Geburtshelfer Europas? Die Rolle der Vereinigten Staaten im europäischen Integrationsprozess 1945–58. Baden-Baden 2000. – Pascaline Winand: Eisenhower, Kennedy and the United States of Europe. New York 1993.

Der erste Schritt für ein wirtschaftlich geeintes Europa war mit der Ratifizierung der Montanunion am 18. April 1951 getan.[81] Im Jahr 1957 vereinigten sich die Montanunion-Staaten zur **Euratom** (Europäische Atomgemeinschaft – bis 2002) für die friedliche Nutzung der Atomenergie; dabei handelte es sich um einen Know-how Transfer: Für den Verzicht Deutschlands und Frankreichs auf Gewinnung von waffenfähigem Uran würden die USA spaltbares Material und Erkenntnisse der Atomforschung liefern. Frankreich betrieb dennoch seine eigene Atompolitik.

Im selben Jahr 1957, und diesmal ohne US-Einfluss, gründeten die Montanunion- und Euratom-Mächte mit den „Römischen Verträgen" die **Europäische Wirtschaftsgemeinschaft** (EWG); sie sah ihre Aufgabe in der Freizügigkeit im Binnenmarkt, in der vereinheitlichten Wirtschaftsgesetzgebung und in der Harmonisierung der Sozialpolitik. Obwohl ab den 1960er-Jahren die ersten Handelskonflikte mit den USA auftraten und sowohl die USA als auch die EWG erkannten, dass sie nicht nur Partner, sondern auch Konkurrenten waren, verstand sich die EWG als Teil des Westens und der transatlantischen Gemeinschaft. 1961 stellte Großbritannien ein Beitrittsansuchen an die EWG, aber Frankreichs Ministerpräsident *Charles de Gaulle* (1958–1969) sprach sich entschieden dagegen aus. Er verfocht ein Europa der Vaterländer mit voller Souveränität aller Mitglieder, vor allem wollte er Frankreich zur subhegemonialen Macht in Europa erheben, also eine eigenständige französische Außenpolitik ohne amerikanischen und britischen Einfluss betreiben. Noch einmal wurden die USA aktiv: Präsident *John F. Kennedy* (1961–63) intervenierte bei Kanzler Adenauer, er möge de Gaulle umstimmen, doch stattdessen unterzeichnete dieser am 22. Jänner 1963 den Deutsch-französischen Vertrag (Élysée-Vertrag) zur Koordinierung der Außenpolitik, der Entwicklungshilfe, des Handels, des Informationswesens, der Rüstung, Forschung usw. Kennedy war geschockt und sprach von einem „unfreundlichen Akt". Daran erkannte man, dass aus Washingtons Sicht die europäische Integration eben nicht nur ein Mittel war, um die UdSSR und auch die BRD einzudämmen, sondern auch, um Europa als Teil des amerikanischen Imperiums zu kontrollieren. Dies funktionierte nun nur mehr auf militärischer Ebene im Rahmen der NATO (siehe oben Kapitel 8.12), aber nicht mehr in politischer Hinsicht. Fortan waren

---

81 Claudia Becker-Döring: Die Außenbeziehungen der Europäischen Gemeinschaft für Kohle und Stahl 1952–1960. Die Anfänge einer europäischen Außenpolitik? Stuttgart 2003.

alle weiteren Schritte zur europäischen Integration ausschließlich europäische Schritte.

Für Staaten, die aus politischen oder wirtschaftlichen Gründen der EWG nicht beitreten konnten oder wollten, wurde 1960 die **Europäische Freihandelszone** (EFTA) ins Leben gerufen. Sie zählte die sieben Mitglieder Großbritannien, Norwegen, Schweden, Dänemark, Portugal, die Schweiz und Österreich. In der Folge zeigte sich, dass die EFTA, welche ausschließlich handelspolitische Ziele verfolgte, nicht jene integrative Funktion übernehmen konnte, wie sie für ein geeintes Europa notwendig gewesen wäre.

Am 1. Juli 1967 fusionierten Montanunion, EURATOM und EWG zur **Europäischen Gemeinschaft** (EG). Nach dem Fusionsvertrag wurden gemeinsame Institutionen geschaffen. Seit 1975 treten die Staats- oder Regierungschefs der Mitgliedstaaten vier Mal im Jahr zusammen und bilden den „Europäischen Rat"; in ihm werden die Grundsatzfragen erörtert. Hingegen verfügt der „Rat der Europäischen Union" über legislative und exekutive Befugnisse. Jeder Mitgliedstaat ist durch einen für die jeweils zu beratende Frage zuständigen Minister vertreten. Der im Halbjahresrhythmus wechselnde Ratspräsident übernimmt die Rolle eines Sprechers aller Mitglieder und tritt auf diplomatischer Ebene in deren Namen auf. Die Abgeordneten der „Parlamentarischen Versammlung" (heute: „Europäisches Parlament") wurden erstmals 1979 in den einzelnen Mitgliedstaaten direkt gewählt; sie tagen alternierend in Strassburg und in der EU-Hauptstadt Brüssel. Die „Europäische Kommission" übt das Initiativrecht aus und wirkt als ausführendes Organ; jeder Staat ist durch einen Kommissar vertreten.

Als nach und nach wichtige EFTA-Staaten der EG beitraten, mutierte diese zur größten Wirtschaftsmacht der Welt. Frankreichs Ministerpräsident und Nachfolger von de Gaulle, *George Pompidou* (1969–74), akzeptierte 1973 den EG-Beitritt von Großbritannien, Dänemark und Irland. So wuchs die EG allmählich über rein ökonomische Aufgaben hinaus und zur politischen Union zusammen. Obwohl kein Staat sondern nur ein Staatenbund, nahm sie selbst staatliche Funktionen wahr, indem sie für eine gemeinsame Agrar-, Energie-, Forschungs-, Umweltschutz- und Bildungspolitik eintrat. Die entscheidende Festlegung zur politischen Union erfolgte 1992 in den Verträgen von Maastricht: Als gemeinsame Aufgaben wurden die Außen-, Innen-, Justiz-, Sicherheits- und Währungspolitik vereinbart. Maastricht gilt als entscheidender Schritt zur europäischen Integration. Als Grundlage für die Wirtschafts- und Währungsunion wurde die gemeinsame europäische Währung geplant (ECU = European Currency Unit); an ihr konnten nur jene Länder teilnehmen, welche die Konvergenzkriterien (Maastricht-Kriterien) erfüllten: Demgemäß darf die Inflation nicht höher als 1,5 Prozent über der Teuerungsrate der drei preisstabilsten Mitgliedsstaaten liegen, die Staatsverschuldung darf nicht 60 Prozent des BIP überschreiten, das Haushaltsdefizit darf höchstens drei Prozent des BIP betragen, langfristige Zinssätze dürfen nicht höher liegen als zwei Prozent über dem Durchschnitt der preisstabilsten Länder.

Im Jahr 1994 schlossen sich die inzwischen 12 EG-Staaten mit den sieben verbliebenen EFTA-Staaten zum **Europäischen Wirtschaftsraum** (EWR) zusammen. In diesen gelten die ab sofort für den erweiterten Binnenmarkt essenziellen vier Freiheiten: Freiheit des Waren-, Personen-, Dienstleistungs- und Kapitalverkehrs. Mit der Gründung des EWR änderte die EG ihren Namen in **Europäische Union** (EU). Ein Jahr nach der EWR-Gründung traten die bisherigen EFTA-Länder Österreich, Finnland und Schweden der EU bei. Die „Osterweiterung" des Jahres 2004 vergrößerte die EU um zehn Länder, die meisten aus dem ehemaligen Ostblock. 2007 traten auch Rumänien und Bulgarien der EU bei, obwohl diese beiden Staaten im Hinblick auf ihre mangelnde institutionelle Infrastruktur (Rechtssicherheit, Korruptions- und Kriminalitätsbekämpfung) an sich noch nicht reif dazu waren. Der bisher letzte Beitritt erfolgte 2013 mit Kroatien.

Zwölf EU-Staaten schlossen sich von Anfang der gemeinsamen Währung ECU (European Currency Unit) an. Ihr Wert wurde aus dem Durchschnitt der nationalen Währungen errechnet und hieß fortan Euro (€). Um das Eurosystem zu sichern, nahm 1998 die „Europäische Zentralbank" (EZB) ihre Tätigkeit auf; sie arbeitet mit den nationalen Zentralbanken zusammen. Seit 1.1. 1999 galt der Euro parallel zu den nationalen Währungen im bargeldlosen Zahlungsverkehr, ab 1. 1. 2002 ist er das alleinige gesetzliche Zahlungsmittel. Für die BRD, die mit ihrer D-Mark über die stärkste Währung Europas verfügte, bedeutete der Beitritt zur Eurozone ein zweites Mal die Aufgabe souveräner Hoheitsrechte, so wie seinerzeit beim Eintritt in die Montanunion. Aber ohne den Verzicht auf die D-Mark hätte Frankreich vielleicht nicht der deutschen Einigung zugestimmt. Dänemark, Großbritannien und Schweden wollten am Euroland nicht teilnehmen, hingegen trat Griechenland der gemeinsamen Währung bei, obwohl es die Konvergenzkriterien ganz offensichtlich nicht erfüllt hatte und nur dank einer Fälschung der Bilanzen aufgenommen wurde – was sich später bitter rächen sollte.

Im 2007 geschlossenen Vertrag von Lissabon änderten sich die Satzungen der EU: So werden Demokratie und Grundrechtsschutz gestärkt und auch die Handlungsfähigkeit der EU verbessert. Für Entscheidungen im Europäischen Rat und im Rat der Europäischen Union gilt seither die doppelte Mehrheit: Eine Zustimmung gibt es nur bei 55 Prozent der Mitglieder mit mindestens 65

Prozent der Bevölkerung. Der Vertrag von Lissabon macht ferner die Charta der Grundrechte der Europäischen Union vom 7. 12. 2000 für alle EU-Mitglieder rechtsverbindlich (außer für GB und Polen). Und sie regelte erstmals die Vorgangsweise eines freiwilligen Austritts aus der Union.

2009 erreichte die US-amerikanische Finanzkrise (Subprime-Krise) den Euroraum und teilte den Kontinent in jene nord- und mitteleuropäischen Staaten mit einer verantwortungsvollen Finanzgebarung (allen voran: Deutschland) und in südeuropäische Staaten mit einer hohen Verschuldung (allen voran: Griechenland). Um Letztere vor einem Staatsbankrott zu bewahren, wurde 2010 die „Europäische Finanzstabilitätsfazilität" (EFSF) eingerichtet: Diese half jenen Eurostaaten mit schwerwiegenden Finanzierungsproblemen (Griechenland, Irland, Portugal, Zypern und nicht zuletzt Italien) und verwaltete ausstehende Kredite bis zu deren Rückzahlung. Allerdings war diese Hilfe an harte Sparauflagen gebunden, welche von der betroffenen Bevölkerung nicht immer widerspruchsfrei hingenommen wurden. Um eine dauerhafte Hilfsorganisation für in Schulden geratene Euro-Länder zu schaffen, wurde am 8. Oktober 2012 der „Europäische Stabilitätsmechanismus" (ESM) gebildet. Mit ihm schufen die 17 Euro-Mitgliedsländer einen mit 700 Milliarden € dotierten Rettungsschirm, der sich auch um in Schwierigkeiten geratene Banken kümmert und eventuell auch Staatsanleihen von überschuldeten Staaten ankauft. Die Euro-Währung sollte damit für die nächsten Jahrzehnte gesichert sein. Zur Dotierung dieser Summe wird ein Stammkapital von 80 Milliarden € von den Mitgliedsländern direkt in bar eingezahlt (auf Österreich entfallen davon 2,8 % oder 2,2 Milliarden €), für die restlichen 500 Milliarden € übernehmen die Staaten Haftungen (Österreich haftet für 17,3 Milliarden €). Das Procedere sieht folgendermaßen aus: Wenn ein Euroland Hilfe beantragt, wird diese vom Gouverneursrat, bestehend aus 17 von den Regierungen entsendeten Mitgliedern, gewährt (oder abgelehnt). Nun bewertet eine Troika aus Vertretern der EU-Kommission, der EZB und des IWF, ob diese Hilfe möglich bzw. nötig ist, dann überwacht sie die Einhaltung der Bedingungen. Eurokritiker beanstandeten, dass der ESM geeignet ist, die EU in eine Transferunion zu verwandeln, welche die Schulden Einzelner vergemeinschaftet und außerdem die Souveränität der Staaten beschneidet; dies trifft allerdings erst dann zu, wenn ein Staat den Rettungsschirm in Anspruch nimmt und seinen Finanzhaushalt der Kontrolle der Troika unterwirft. Ein anderer Kritikpunkt liegt darin, dass ESM-Entscheidungen keiner demokratischen Kontrolle durch das EU-Parlament unterliegen; allerdings sind wichtige Vertragsänderungen im ESM an die Zustimmung aller nationalen Parlamente gebunden.

Wie EFSF und ESM funktionieren, wird am Beispiel Griechenlands deutlich: **Griechenland** (132.000 km², 10,7 Millionen Einwohner) hat sich nur mit gefälschten Defizitzahlen die Mitgliedschaft im Euro-Klub erschlichen. Seit 2008 ist das Land in die schwerste Rezession seit der Nachkriegszeit geschlittert; in nur vier Jahren schrumpfte das BIP um 25 Prozent. 2010 drohte der Staatsbankrott; er konnte nur durch Finanzhilfen der Euro-Staaten abgewehrt werden, die Alternative wären ein Verzicht auf die Eurowährung, die Rückkehr zur griechischen Drachme und eine galoppierende Inflation gewesen. Im ersten Rettungspaket 2010 gewährten die Euro-Staaten bilaterale Kredite in der Höhe von 126 Mrd. €, im zweiten Rettungspaket gaben der EFSF einen Kredit von 144,6 Mrd. € und der IWF einen Kredit von 28 Mrd. € frei; hinzu kam ein sog. Haircut, also ein Forderungsverzicht von privaten Gläubigern in der Höhe von 107 Mrd. € – 53 Prozent der Schulden wurden damit gestrichen. Sämtliche Kredite waren an strenge und für die Bevölkerung nur schwer zu verkraftende wirtschaftspolitische Auflagen geknüpft, in Athen kam es sogar zu Straßenschlachten. Die Sparmaßnahmen wurden von Vertretern der EU- Kommission, der EZB und des IWF (Troika) geprüft. Tatsächlich machte Griechenland einige Fortschritte in der Konsolidierung seiner Staatsfinanzen. Im Jahr 2012 brachte dann das dritte Rettungspaket eine Finanzhilfe von weiteren 43 Mrd. €. Bis 2013 sind insgesamt 240 Mrd. € an Finanzhilfe ausbezahlt worden, 2014 kehrte Griechenland auf den Kapitalmarkt zurück.

2015 eskalierte die Flüchtlingskrise (siehe oben Kapitel 3); auch sie war geeignet, die EU nachhaltig zu beschädigen und Europa auseinanderzudividieren. Denn bei der Frage um die Verteilung der Flüchtlinge auf die einzelnen Staaten, um das Asylverfahren und um den Schutz der Außengrenzen schieden sich die Geister und fanden bis heute keine befriedigende Lösung. Keine Lösung fand die EU auch hinsichtlich jener Mitgliedstaaten, die, wie Polen und Ungarn, den Rechtsstaat systematisch aushebeln. Erst im November 2020 gelang der Durchbruch durch einen neu geschaffenen „Rechtsstaatsmechanismus": Jenen Ländern, deren semiautoritäre Regierung die gemeinsamen EU-Grundwerte untergraben, die Gewaltenteilung demontieren und die rechtsstaatlichen Prinzipen missachten, drohen fortan finanzielle Konsequenzen, indem sie keine EU-Fördermittel mehr erhalten. Die beklagten Regierungen haben allerdings die Möglichkeit, die Rechtmäßigkeit des Rechtsstaatsmechanismus beim Europäischen Gerichtshof anzufechten, und diese Chancen werden sie auch nutzen, sodass sich dessen Anwendung (die mit Stimmenmehrheit beschlossen werden kann) um zwei Jahre verzögern wird. Daher sahen Polen und Ungarn davon ab, den EU-Haushalt (bei dem das Einstimmigkeitsprinzip gilt) für die Jahre 2021 bis 2027 in der Höhe von 1,8 Billionen € (inklusive der 750 Milliarden schwere Corona-Aufbaufonds, siehe unten) zu blockieren.

Als **Großbritannien** (243.610 km², 66,8 Millionen Einwohner) im Jahr 1973 der damaligen EG beigetreten ist, geschah dies nicht aus emotionaler Verbundenheit mit Festlandeuropa, sondern aus wirtschaftlichen Erwägungen. Im Laufe der Jahrzehnte gewannen allerdings jene Europaskeptiker, die um Englands Unabhängigkeit bangten, ein immer größeres Gewicht; sie gaben sich der Illusion einer völligen ökonomischen und politischen nationalen Freiheit hin und übersahen die enge Interdependenz mit den EU-Staaten. Sie übersahen, dass das Königreich mehr als zwölf Prozent seines BIP aus EU-Exporten lukriert, ganz abgesehen von der engen Vernetzung auf dem Dienstleistungssektor. Sie konnten sich nicht vorstellen, was die Abkehr eines Marktes von 67 Millionen Einwohnern von einem Binnenmarkt mit 500 Millionen Einwohnern bedeutet. Eines ist jedenfalls unbestritten: Es gibt Großmächte (USA, Russland, China), denen jede Schwächung der EU mehr als gelegen kommt und die durch Propaganda, auch durch „Fake news", Stimmung unter der britischen Bevölkerung für das Austrittsvotum machten. Am 23. Juni 2016 entschieden sich die Briten also für den „Brexit". Es folgten dreieinhalb Jahre quälender Verhandlungen mit der EU. London hatte anfangs versprochen, dass die Teilnahme am EU Binnenmarkt mit den vier Freiheiten unangetastet bleiben würde. Immerhin gingen 2019 43 Prozent aller britischen Exporte (294 Milliarden £) in die EU, die britischen Importe aus der EU betrugen 52 Prozent (374 Milliarden £), woraus sich allerdings ein erhebliches Handelsbilanzdefizit ergab. Bald nach dem Votum hieß es, Großbritannien stünde vor dem Scheideweg eines „weichen Brexit" mit engen wirtschaftlichen Beziehungen zur EU, aber ohne die Möglichkeit, Handelsverträge mit Drittstaaten abzuschließen, und einem „harten Brexit" nach dem Muster des Handelsabkommens EU-Kanada. Die Verhandlungen zogen sich endlos hin, das Austrittsdatum wurde mehrmals verschoben und schließlich mit 31. Jänner 2020 fixiert – nach 47 Jahren britischer Mitgliedschaft. Das Jahr 2020 sollte als Übergangsfrist gelten, doch blieb diese von britischer Seite ungenutzt. Auf einmal stand man vor der Alternative eines weitaus abgespeckten Handelspaktes und einem vollständigen Abbruch aller Beziehungen zu Jahresende 2020. Großbritanniens Premier, Boris Johnson (seit 2019), spielte ein riskantes Spiel: Wider besseres Wissen, und nur um seinen Wählern gefällig zu sein, brach er ein Ende 2019 von ihm selbst noch unterzeichnetes Abkommen mit der EU und rückte von bereits getätigten Zusagen wieder ab. Er und seine Anhänger träumen von einer allumfassenden britischen Souveränität, die es freilich angesichts der internationalen Vernetzung niemals geben kann. EU-Chefverhandler Michel Barnier verglich die Haltung Johnsons mit „Rosinenpicken" und betonte, dass der Zugang zum EU-Binnenmarkt durch

Brüssel bestimmt würde und nicht durch London. Zuletzt drehten sich die Verhandlungen auch um die Frage einer offenen Grenze zu Irland, wie sie einst im Karfreitagsabkommen (10. April 1998) zwischen London, Dublin und den nordirischen Parteien vereinbart worden war und den seit 1969 andauernden blutigen Nordirland-Konflikt beendet hatte; sollte es wie früher Grenzkontrollen zu Irland an der künftigen EU-Außengrenze geben? Bei einer Teilnahme Großbritanniens am EU-Binnenmarkt wäre diese Frage wohl obsolet. Andere Streitpunkte betreffen einen neuen wirtschaftlichen Protektionismus mit staatlichen Beihilfen, ferner das Streitschlichtungsverfahren und nicht zuletzt das Fischereiabkommen, welches französischen Fischern die Fangerlaubnis in britischen Gewässern sichert; dabei geht es zwar nur um ein Wirtschaftsvolumen von 700 Millionen €, aber Frankreichs Präsident Macron will angesichts bevorstehender Wahlen nicht auf die Wünsche seiner Fischerlobby verzichten. Die Verhandlungen zwischen London und Brüssel standen mehrmals vor dem Abbruch und gelangten erst am 24. Dezember 2020 zu einem vorläufigen Ergebnis, sodass auch nach dem 1. Jänner 2021 ein einigermaßen freier Warenhandel zwischen dem Königreich und der EU stattfinden kann. Bedingung ist allerdings die Einhaltung von europäischen Normen und Regeln; sollten die Briten diese verletzen, hätten sie nur einen reduzierten Zugang zum Binnenmarkt. Auch dürfen nur jene Waren zollfrei in die EU exportiert werden, welche in Großbritannien erzeugt oder zumindest „veredelt" worden sind. Das umstrittene Fischereiabkommen gilt für fünf Jahre, in denen die EU-Fangquoten stufenweise eine 25-prozentige Kürzung vornehmen werden. Die Verhandlungen werden 2021 jedenfalls weitergehen und betreffen umfangreiche Materien wie Klimaschutz, Datenschutz oder Zugang britischer Finanzdienstleister zum EU-Binnenmarkt.

Der Brexit wurde am 31. Jänner 2020, vollzogen.

Die Corona-Pandemie erwischte die EU auf dem falschen Fuß: Sie hat zwar im Juli 2020 sehr viel Geld in die Hand genommen und das größte EU-Budget aller Zeiten und einen Wiederaufbaufonds beschlossen (siehe unten). Auch hat die EU-Kommission bereits im Jänner 2020 den Mitgliedstaaten Hilfe bei der Beschaffung von Schutzmasken, Testkits und Beatmungsgeräten angeboten, allein, die Regierungen lehnten das Angebot zunächst ab, um wenige Wochen später zu erkennen, dass sie doch jede Art von Unterstützung nötig gehabt hätten. Also blieben fortan alle Mitgliedstaaten sich selbst überlassen und trafen höchst unterschiedliche Maßnahmen. Ob es Reisewarnungen gab oder nicht, ob die Grenzen geschlossen wurden oder nicht, welche Quarantänebestimmungen verhängt wurden – das bestimmten die Staaten individuell und nach ganz verschiedenen Kriterien. Dass es zu Beginn der Pandemie zu unschönen Szenen gekommen ist, als für Österreich bestimmte Maskenlieferungen an der deutsch-österreichischen Grenze aufgehalten wurden, hätte in einer Europäischen Union nicht passieren dürfen. Mehr denn je war und ist die Kommission gefordert, dass sie für alle EU-Staaten verbindliche und klar nachvollziehbare Bestimmungen erlässt. Immerhin hat sie während der zweiten Infektionswelle festgelegt, dass allfällige Impfstoffe gegen das Virus gemeinsam beschafft werden sollen. Mit sechs Pharmakonzernen wurden Lieferverträge abgeschlossen. Geplant ist die Bereitstellung von 1,8 Milliarden Dosen Impfstoff für die Versorgung der 450 Millionen EU Bürger und sogar für jene der Nachbarregionen. Österreich soll zwei Prozent der Präparate erhalten.

Die Europaskepsis ist weit verbreitet,[82] denn wie jede von Menschen gemachte Institution ist auch die EU vor Fehlern nicht gefeit. Man kritisiert die Fülle an Regeln, die teilweise massiv in den Alltag der Menschen eingreifen, man steht dem 60.000 Seiten umfassenden EU-Recht oft verständnislos gegenüber und stößt sich ganz allgemein an der Bürokratie der EU-Organe. Global gesehen ist die EU zwar ein Marktakteur, aber kein politischer Akteur. Sie verfügt über keine Strategie, um einen weltumspannenden Machtfaktor abzugeben, ihr fehlt es vor allem an militärischer Schlagkraft und an einheitlicher Willensbildung.[83] Dieses Manko wird von anderen Großmächten ausgenutzt: Die USA, Russland und China lassen keine Gelegenheit aus, um die EU zu schwächen und zu spalten. Zu diesem Zweck versuchen sie, einerseits durch direkte Sympathiewerbung (z.B. Corona-Hilfen), andererseits durch Großinvestitionen (z.B. Nord-Stream, siehe Kapitel 8.13) Stimmung zu machen. Hinzu kommen Desinformationskampagnen ohnegleichen, welche via soziale Medien (Instagram, Facebook usw.) die öffentliche Meinung in eine antieuropäische Stimmung lenken sollen.

Kann die Europäische Union die weitgesteckten Erwartungen, die man in sie hegte und hegt, überhaupt erfüllen? Ist sie von ihrer Konstruktion her als Staatenbund mit 27 souveränen Staaten, die jeweils ihre eigenen Interessen verfolgen, überhaupt imstande, einheitliche innereuropäische Regeln durchzusetzen und als außenpolitischer Machtfaktor aufzutreten? Vielleicht erwartet man einfach zu viel von ihr.[84] Vielleicht sollte man sich damit begnügen, in einer friedlichen, demokratischen Wohlstandszone zu leben, die es den Menschen erlaubt, ihre Lebenschancen optimal zu nützen.

---

82 Kichael Keading, Johannes Pollak, Paul Schmidet: Euroscepticism and the Future of Europe. Basel 2020.
83 Christoffer Kølvraa: Imaging Europe as a Global Player. The Ideological Construction of a New European Identity within the EU. Brüssel 2012.
84 Vgl.: Geert Mak: Große Erwartungen. Berlin 2020.

16 Das Ende einer Epoche: Die Corona-Pandemie des Jahres 2020

Die beiden ersten Jahrzehnte des neuen Jahrtausends brachten vielen Menschen dieser Erde eine Steigerung des Wohlstandes, eine Verringerung der extremen Armut und bessere Zukunftsaussichten. Gewiss gab es außerhalb Europas Krisen, Kriege und Rückschläge aller Art, und die Umweltproblematik sowie die Gefahr der Klimaerwärmung schürte neue Ängste. Aber insgesamt erlebte man eine Phase des Wachstums und der Zukunftshoffnung. Doch dann brach mit der Corona-Pandemie eine Weltkatastrophe aus, die uns die Gewissheit verschaffte, dass nach ihr nichts mehr so sein würde wie zuvor. Die Seuche hat den Welthandel in der ersten Jahreshälfte 2020 fast zum Erliegen gebracht und in der zweiten Jahreshälfte schwerst beeinträchtigt. In allen Staaten der Erde zog sie tiefgreifende soziale Verwerfungen nach sich, ganz besonders in den Entwicklungsländern.

16.1 Pandemie 1. Welle

Das Coronavirus (COVID-19, SARS-CoV-2) verbreitete sich seit Ende 2019. Wie bei schon vielen Seuchen zuvor wurde auch diesmal China als Ausgangspunkt festgemacht, und zwar die Millionenmetropole Wuhan. Offiziell wird eine Tier-zu-Mensch-Übertragung vom Huanan-Markt am 17. November 2019 als Beginn der Infektionskette genannt: Der Augenarzt Li Wenliang berichtete in seiner WeChat-Gruppe von einer Besorgnis erregenden Anzahl von Patienten mit SARS-Ähnlichen Symptomen. Als er die Behörden warnte, verhängte ihm der Sicherheitsapparat einen Maulkorb; dann infizierte sich Li Wenliang selbst bei der Behandlung von Covid-Patienten und starb wenig später an dem Virus. Viel zu lange versuchte das Regime, die Existenz einer aufkommende Epidemie zu verschweigen, und als dies nicht mehr ging, stilisierte es den verstorbenen Arzt zum Volkshelden. Gerüchte (von den USA ausgestreut) halten aber auch ein entkommenes Virus aus dem nahe Wuhan gelegenen Institut für Virologie, das Asiens größte Sammlung von Viruskulturen unterhält, für die Ursache. Peking hingegen kontert mit anderen „fake news", das Virus sei von einem US-Soldaten nach China gebracht worden. Nach monatelangen Untersuchungen kam allerdings die Erkenntnis, dass der wahre Ursprung der Seuche gar nicht so einfach zu finden ist: Wissenschafter halten es inzwischen für möglich, dass sich das Virus schon Wochen oder gar Monate unentdeckt in

Südwesteuropa vermehrt haben könnte, bevor es im Jänner 2020 erstmals nachgewiesen worden war. Abwasserproben legen nahe, dass in Italien schon Ende 2019 das Coronavirus verbreitet war. Ein nachträglich untersuchter Abstrich an einem Vierjährigen, der im November 2019 wegen starken Hustens in ein Mailänder Krankenhaus eingeliefert worden war, ergab eine eindeutige Infektion des Kindes mit Covid-19. Solche Erkenntnisse erklären die besonders hohe Zahl von Erkrankten und Verstorbenen in Italien, Frankreich und Spanien. SARS-CoV-2 könnte aber auch bereits im Oktober 2019 in China aufgetaucht sein. Die Gefährlichkeit von Corona liegt am zumeist milden Verlauf, 50 % der Infizierten merken ihre Ansteckung gar nicht, sind aber selbst ansteckend, auch während der bis zu 14 Tage dauernden Inkubationszeit – daher konnte sich das Virus weltweit verbreiten. Die Sterblichkeitsrate wurde mit 0,3 Prozent ermittelt. Anfangs nannte man Covid-19 eine Lungenkrankheit, aber im Laufe des Jahres 2020 erkannten die Ärzte, dass es sich um eine Multisystemerkrankung handelt, von der nicht nur die Lunge betroffen ist, sondern daneben auch Herz, Leber und Nieren geschädigt werden können und dass das Virus unter Umständen auch den Magen- und Darmtrakt sowie das Gehirn befällt. Die Folgewirkungen können mehrere Monate oder sogar Jahre andauern.

Wie gesagt, vertuschten die chinesischen Behörden anfangs aus politischen Gründen die Gefahr, obwohl die Weltgesundheitsorganisation WHO schon frühzeitig durch Taiwan gewarnt worden war. Aber es schien dieser UNO-Organisation nicht opportun, China gegen Taiwan auszuspielen. Erst ab 20. Jänner 2020 führte die Volksrepublik derart rigorose Quarantänemaßnahmen ein, wie sie nur in einer Diktatur möglich sind; der Erfolg blieb nicht aus, nach offiziell 84.000 Erkrankungen und 4600 Toten gab es ab März im Reich der Mitte angeblich keine Neuinfektionen mehr, und die stillgelegte chinesische Wirtschaft arbeitete wieder, allerdings mit gedrosselter Kraft, weil die weltweite Nachfrage nach chinesischen Produkten eingebrochen ist. Wie hoch die Dunkelziffer der Infizierten und Toten war, kann freilich niemand sagen, zumal es Ende April wieder Neuinfektionen in lokalen Risikoregionen gab.

Es ist nun interessant zu beobachten, wie die einzelnen Mächte zu Beginn der Pandemie reagierten und mittels „Corona-Diplomatie" versuchten, politisches Kleingeld zu lukrieren: Demonstrativ schickte China Schutzausrüstung und Masken nach Serbien, Italien und Spanien, auch 20 Millionen Masken nach Österreich, wofür die Volksrepublik überschwänglichen Dank von den jeweiligen Regierungen erntete und Staatschef Xi Jinping auch in der eigenen Bevölkerung punktete, die nun stolz auf ihre Führung ist. Aber es wäre nicht China, wenn sich nicht hunderttausende Masken als unbrauchbar erwiesen hätten und zurückgeschickt werden mussten. China und Kuba entsendeten auch dringend benötigte Ärzte und Pfleger nach Italien. Russland wurde erst mit sechswöchiger Verspätung, dann aber schwer von der Seuche gebeutelt: Ende April zählte man dort bereits 114.000 Infizierte und 1200 Tote, täglich kamen 6000 Neuerkrankungen hinzu, Anfang Mai stieg die Zahl auf 155.000 Fälle bei täglich 10.000 Neuerkrankungen; Mitte Juni lag Russland mit 600.000 Infizierten und täglich 7600 Neuerkrankungen weltweit an dritter Stelle. Am 1. September überschritt Russland die Ein-Millionen-Grenze an Infizierten, über 17.000 sind bis dahin an der Seuche gestorben. Von Moskau ging zwar eine unerfreuliche Desinformationskampagne aus, nichtsdestoweniger entsendete Putin publikumswirksam Seuchenschutzexperten und Desinfektionsmaterial nach Italien und lieferte demonstrativ am 1. April Schutzmaterial in die USA. US-Präsident Trump reagierte ganz anders: Ihm war sein Ansehen vor der Weltöffentlichkeit sichtlich egal, ihn kümmerte vor allem sein bevorstehender Wahlkampf. Daher ignorierte er die ihm unbequem scheinende Seuche viel zu lange: Gemäß einer Studie der Columbia University hätte es 54.000 Todesfälle weniger gegeben, wenn der Präsident nicht erst Mitte März, sondern bereits zwei Wochen früher den „Lockdown" (dieses neue Wort machte nun die Runde) angeordnet hätte. Getreu seinem Wahlspruch: „America first" ließ er das Schutzmaterial auf dem Weltmarkt aufkaufen und verursachte damit eine insbesondere in Europa beunruhigende Knappheit an diesen Gütern. Am 20. April verblüffte er seine demokratischen Parteigegner damit, dass er radikale Tea-Party-Anhänger (Republikaner) zu Demonstrationen gegen die verordneten Quarantänemaßnahmen nachgerade ermutigte. Denn zu diesem Zeitpunkt hatten bereits 22 Millionen US-Bürger ihren Job verloren, bis Anfang Mai waren es schon 30 Millionen, die Arbeitslosenrate stieg auf 15 Prozent (zur Zeit der Amtsübernahme Trumps herrschte noch Vollbeschäftigung). Deretwegen ließ er zugleich ein zwei Billionen Dollar schweres Hilfspaket verabschieden (siehe unten). Ende April zählten die USA bereits eine Million Infizierte und über 57.000 Tote (etwa so viele wie Gefallene im Vietnamkrieg), Mitte Mai stieg die Zahl der Infizierten auf 1,5 Millionen und jene der Verstorbenen auf mehr als 100.000 – damit lagen die USA nun an der Weltspitze. Mitte Juni verzeichneten die USA 2,4 Millionen positiv Getestete, Mitte Juli bereits 3,6 Millionen. Täglich kamen 77.000 Neuinfizierte hinzu, insgesamt starben bereits 140.000 Amerikaner an oder mit Corona. Präsident Trump versuchte allzu lange, die Gefährlichkeit der Seuche herunterzuspielen und vorbeugende Medikamente zu empfehlen, die keinerlei Wirkung zeigten; nach einiger Zeit aber trug er zwar selbst die Schutzmaske, aber nur sporadisch, was ihm im Oktober zum Verhängnis werden sollte (siehe unten). Brasiliens eigenwilliger Präsident Jair Bolsonaro lehnte ähnlich wie Trump die längste Zeit alle Schutzmaßnahmen ab, bis er sich im Juli selbst mit Covid-19 infizierte. Ende August verzeichnete Brasiliens Corona-Bilanz 3,6 Millionen Infizierte und 115.000 Tote, das war weltweit die zweithöchste Zahl. Die Schlagzeile einer Zeitung in São Paolo lautete: „Jede Minute ein Toter!" Das bedeutete tatsächliche 54.000 Neuinfizierte und 1200 Tote binnen 24 Stunden. Nichtsdestoweniger erntet Bolsonaro hohen Zuspruch in der Bevölkerung, weil er Nothilfezahlungen für jene, die nur einer informellen Arbeit nachgehen (z.B. Straßenhändler), anordnete.

Europa reagierte auf die bereits Anfang des Jahres 2020 in Fernost als Pandemie erkannte Seuche erst mit zweimonatiger Verzögerung: Schwer betroffen waren Großbritannien, Spanien, Frankreich und insbesondere Italien, wo es im März bereits mehr Tote als in China gab. In der stärker als andere Regionen heimgesuchten Lombardei, speziell in der Provinz Bergamo, ging fast die gesamte ältere Generation verloren. Mitte Juni meldete Rom 234.000 positiv Getestete und 34.000 Tote – darunter 16.400 allein in der Lombardei.

In nahezu allen Staaten der Welt wurde im März der Lockdown angeordnet: Die Wirtschaft wurde stillgelegt, es herrschte eine allgemeine Ausgangssperre, Grenzen wurden dicht gemacht und der Flugverkehr eingestellt. Staatliche Rettungsmaßnahmen liefen an, um Firmen vor dem Konkurs und Mitarbeiter vor der Arbeitslosigkeit zu retten: Reiche Staaten wie Österreich oder die USA versprachen im März, vorerst einmal 10 Prozent des BIP bereit zu stellen (das sind in Österreich 38 Mrd. €, in den USA 2.000 Mrd. oder 2 Billionen $) und damit das größte Konjunkturpaket der Geschichte – und zugleich das größte Budgetdefizit vorzubereiten. Deutschland plante sogar 20 % des BIP (750 Mrd. €) aufzuwenden, das mit seinem enormen Budgetdefizit kämpfende Italien ermöglichte hingegen nur 1,4 % des BIP (25 Mrd. €). Alsbald stellte sich heraus, dass die angepeilten Summen zur Stützung der Wirtschaft nicht ausreichen. So machte US-Präsident Trump (Mit Zustimmung des Kongresses) Anfang Juni schon ein Konjunkturpaket von 2,7 Billionen US $ flüssig; jedem volljährigen Bürger wurden 600 US $ versprochen – man nennt dies „Helikoptergeld", das, wie vom Flugzeug abgeworfen, auf alle Menschen ohne Unterschied herabregnet, um den Konsum zu stimulieren – aber auch, um gute Stimmung für seine Wiederwahl zu machen; Arbeitslose erhielten noch einen Zuschuss von 300 $ pro Woche. Japan will gewaltige 1700 Milliarden €, das sind 40 Prozent seines BIP, zur Wiederbelebung seiner Wirtschaft investieren. Österreichs Regierung glaubte im Juni noch, zur Bewältigung der wirtschaftlichen Folgen der Corona-Krise mit 45 bis 50 Milliarden € das Auslangen zu finden (11 bis 13 Prozent des BIP) und diese unter anderem für Kurzarbeit, Zuschüsse an Unternehmen, für Senkung der Mehrwert- und Einkommenssteuern, für Eigenkapitalstärkung, Investitionsprämien usw. zu verwenden;

Einmalzahlungen für Arbeitslose und für Familien entsprachen dem „Helikoptergeld". Nachdem dann die zweite Pandemiewelle ausgebrochen war (siehe unten), errechnete man im Dezember 2020 staatliche Kosten von 61 Milliarden €, womit sich das Budgetdefizit um über 10 Prozent erhöhen und die Staatsverschuldung auf 84,8 Prozent des BIP klettern wird.

Tatsache ist, dass bereits nach dem zweimonatigen (ersten) Lockdown die europäischen Volkswirtschaften den schwersten Absturz seit der Weltwirtschaftskrise von 1929/30 erlebten: Das EU-Bruttoinlandsprodukt schrumpfte allein während der ersten Welle insgesamt um 7,4 Prozent (Eurozone: -7,5 %, Spanien -9,4 %, Italien -9.5 %, Frankreich -8,2 %, Deutschland -6,5 %, Österreich -5,5 %). Für das gesamte Jahr 2020 wurde errechnet, dass die Weltwirtschaft um 4,2 Prozent abstürzen, die Erholung für 2021 langsamer erfolgen und nur ein Plus von 3,2 Prozent ausmachen wird.

Da in Österreich frühzeitig flächendeckende Maßnahmen ergriffen worden waren, kam die Alpenrepublik während der ersten Infektionswelle relativ glimpflich davon: Nachdem sich am 12. März die Zahl der bestätigten Fälle alle 2,34 Tage verdoppelte, wurde der rigorose Lockdown beschlossen. Zu diesem Zeitpunkt waren 986 Personen Corona-positiv getestet; Ende April verzeichnete die Republik 569 Corona-Tote (das sind 63 pro Million Einwohner). Die Schließung von Schulen (14. März bis 18. Mai) und Universitäten (ab 11. März bis Semester-Ende) und die gleichzeitig verordnete Heimquarantäne brachte allerdings viele Familien vor nicht geringe Probleme – abgesehen von der sich nun häufenden häuslichen Gewalt, über welche die UNO bereits von einer weltweiten „Schattenepidemie" sprach – sie betrifft vor allem China und Italien (aber kaum Deutschland und Österreich). Home-schooling und home-office waren nicht immer leicht unter einen Hut zu bringen, dafür wurden zwangsläufig auch die Jüngsten mit den digitalen Medien vertraut. Aber ihnen fehlten die Sozialkontakte, die nur eine Schule gewähren kann. Kurzarbeit und Arbeitslosigkeit erinnerten an die dunkle Epoche der Zwischenkriegszeit. Im April zählte Österreich 1,37 Millionen Kurzarbeiter und 588.000 Arbeitslose (Anfang September: 422.910 Arbeitslose, 452.500 Menschen in Kurzarbeit, Ende Dezember 521.000 Arbeitslose inklusive Schulungsteilnehmer). Deutschland rechnete im April mit 2,7 Millionen Arbeitslosen und 1,4 Millionen Kurzarbeitern – im Laufe des Sommers gingen auch hier die Zahlen rasch zurück. Zum Glück taten die am 22. März angelaufenen staatlichen Maßnahmen zur Eindämmung der Infektion und zur Reduzierung der Todesrate ihre Wirkung und ließen Österreich besser dastehen als andere europäische Staaten: Belgien erreichte mit 728 Toten pro eine Million Einwohner den Negativrekord, danach kam Spanien mit 590, Italien mit 523 und Großbritannien mit 511

Corona-Opfern. Die Schweiz meldete 178 Verstorbene pro Million, Deutschland 98 und Österreich am erfreulichen Ende der Statistik 71 Todesfälle (Zahlen von Mitte August).

Das Corona-Virus breitete sich wie gesagt mit beängstigender Geschwindigkeit über die ganze Erde aus: Mitte März 2020 gab es weltweit 400.000 Infizierte, von ihnen starben 16.000; Ende März waren es bereits 650.000 Erkrankte und 30.000 Tote. Mitte April verzeichnete die in Genf angesiedelte WHO 120.000 Corona-Tote. Die Johns Hopkins Bloomberg School of Public Health (Washington) gilt als wichtigste Quelle für die Pandemie-Statistik;[85] sie meldete am 28. April weltweit 212.500 Tote, das waren damals 27 pro Million Einwohner. Das am stärksten betroffene Land war damals noch Italien mit 27.000 Toten, gefolgt von Spanien mit 25.000 und Frankreich mit 23.000 Toten. Deutschland verzeichnete 6100 Verstorbene. Am 5. Mai zählte man in allen Staaten der Erde zusammen 236.000 Corona-Tote, davon in Europa 140.000. Mitte Juni lautete die Bilanz auf weltweit ca. 8 Millionen Infizierte und 500.000 Tote, Ende Juni meldete die Johns Hopkins University die Überschreitung der Grenze von zehn Millionen Infizierten. Ende Juli verkündete die WHO den Rekordwert von täglich 284.000 Neuinfektionen. Spitzenreiter waren die USA mit 77.000 Neuerkrankungen, gefolgt von Brasilien mit 60.000, Indien mit 49.000 und Südafrika mit 14.000 pro Tag. Fast die Hälfte aller bis Ende Juli registrierten Fälle konzentrierte sich auf die drei Länder USA, Brasilien und Indien.

Schweden, das nur wenig mehr Einwohner als Österreich hat, machte einen interessanten, aber letztlich gescheiterten Feldversuch, indem die Herdenimmunität (erreichbar bei 50- bis 60-prozentiger Infektion der Bevölkerung) herbeigeführt werden sollte: Kindergärten und Schulen bis zur 8. Schulstufe blieben daher offen, nur höhere Schulen und Universitäten mussten schließen, und Versammlungen von mehr als 50 Menschen wurden ebenso wie der Besuch von Pflegeheimen verboten. Es war ein „weicher" Lockdown, der großteils auf die Eigenverantwortung der Bevölkerung setzte, aber nichtsdestoweniger enorme Kollateralschäden in der Wirtschaft hinterließ. Denn allmählich lief dieser Versuch aus dem Ruder, nachdem über 3500 Corona-Tote, also ein Vielfaches der österreichischen Wertes, gezählt worden waren. Die Herdenimmunität stellte sich jedenfalls nicht ein. Mitte Juni ermittelte Stockholm 48.000 positiv getestete Corona-Fälle und 4800 Tote. Kranke, Alte und Immigranten

---

85 Siehe den jeweiligen Tag in Wikipedie unter: „Johns Hopkins Coronavirus Resource Center."

waren besonders betroffen. Man begründete die hohe Mortalität mit der miserablen Qualität der Pflegeheime, insbesondere von jenen in Stockholm.

Wie Zeitungsberichte im März 2020 die größte Wirtschaftskatastrophe seit 1929 beschreiben, liest man so:[86] *„Mit der größten Krise seit dem Zweiten Weltkrieg läuft eines der radikalsten gesellschaftlichen Experimente aller Zeiten. Zum Schutz von Menschenleben werden wir fast unter Hausarrest gestellt, das reale wirtschaftliche und kulturelle Leben wurde auf null gedreht..." „Das Coronavirus stürzt Österreich in die schwerste Wirtschaftskrise seit Ende des Zweiten Weltkriegs. Während die Immobilienkrise 2008/2009 in erster Linie die Finanzwelt traf, trifft es diesmal die Realwirtschaft: Von der Autofabrik bis zur kleinen Tischlerei, überall ruht die Arbeit, Kaffeehäuser, Modegeschäfte, Restaurants sind geschlossen, Friseure, Einzelhändler, Masseure haben keine Kunden..."„ In den Wolkenkratzerschluchten zwischen East River und Hudson River in der sonst so pulsierenden Metropole herrscht Ruhe vor dem Sturm. New York gleicht in weiten Teilen einer Geisterstadt. Beinahe menschenleer sind die üblicherweise von Touristenmassen bevölkerte Fifth Avenue, die Central Station, der Times Square, die Freiheitsstatue und die U-Bahn. Vom Broadway über die Restaurants bis zur Staten-Island-Fähre ist alles geschlossen...".* Eine Situationsschilderung aus Spanien berichtet von „apokalyptischen Zuständen", weil Tausende ältere Coronainfizierte von den überfüllten Spitälern abgewiesen werden und ohne ärztliche Hilfe sterben, weil Sporthallen zu Leichenhäusern umfunktioniert und in Madrids Messepalast 5000 Betten aufgestellt werden müssen.[87]

Die Bekanntgabe von der Schließung aller Geschäfte ab 15. März mit Ausnahme der Lebensmittelgeschäfte veranlasste die Menschen zu Hamsterkäufen. Ein politischer Witz machte die Runde: Womit deckten sich die Italiener ein? Mit Rotwein. Die Franzosen? Mit Präservativen. Die Niederländer? Mit Cannabis. Und die Österreicher? Mit Klopapier. Heute wissen wir, dass die Hamsterkäufe unnötig waren, denn die Nahversorgung funktionierte immer. Engpässe gab es hingegen bei elektronischen Geräten und Papierwaren, wodurch das angeordnete home-office und das home-schooling bisweilen auf Schwierigkeiten stießen.

Die oben genannte Situationsschilderung unterscheidet sich allerdings ganz wesentlich von den Beobachtungen zum zweiten und dritten Lockdown gegen Jahresende 2020: Auch wenn Schulen, Geschäfte und Restaurants abermals

---

86 Kurt Kotrschal, in der Tageszeitung „Die Presse", 25. März 2020, S. 26; Norbert Rief, ebenda, 26. März 2020, S. 1; Thomas Vierregge, ebenda 26. März 2020, S. 1.
87 Die Presse, 22. September 2020 S. 5.

geschlossen bleiben mussten und eine allgemeine Ausgangssperre galt, waren die Straßen von Fußgängern und Autos fast so dicht belebt wie in coronafreien Zeiten. Die Bevölkerung war der strikten Maßnahmen müde geworden und spielte nicht mehr mit. Beim ersten Lockdown hingegen hielten sich die Menschen noch an die Vorschriften, daher gingen im Mai und Juni die Infektionszahlen in Europa langsam zurück. Inzwischen verlagerte sich das Epizentrum der Pandemie nach Lateinamerika und Südasien. Auch die USA litten unter stetig zunehmenden Zahlen: Anfang September meldete die Johns Hopkins University dort bereits 6,3 Millionen nachweislich Infizierte und 189.000 Tote. Täglich steckten sich 32.000 Amerikaner neu an. Zahlenmäßig am stärksten traf es aber die drei „Weltarmenhäuser" Nigeria, Indien und die Demokratische Republik Kongo. Der Nord-Süd-Konflikt verschärfte sich durch die Corona-Krise dramatisch. Wer bisher von den Ärmsten der Armen einer informellen bzw. irregulären Arbeit, also beispielsweise als Kuli, Straßenhändler oder Garküchenbetreiber, nachgegangen war, stand bei einem Ausgehverbot vor dem Hungertod; und das betraf etwa 1,6 Milliarden Menschen. In dicht besiedelten Slums ließen sich Quarantänebestimmungen ohnehin nicht kontrollieren – das Ansteckungsrisiko stieg entsprechend. Von den weltweit insgesamt 3,3 Milliarden Werktätigen war die Hälfte in ihrer Existenz bedroht. Wer schon bisher in prekären Verhältnissen gelebt hat, sah oft im illegalen Grenzübertritt in reichere Länder seine Chance: Schlepper und Menschenhändler hatten hier Hochkonjunktur, aber wer in deren Fänge geriet, den erwarten hohe Verschuldung und sklavenähnliche Arbeitsbedingungen. Aus Südostasien hörte man, dass Kinder für die Prostitution und für die Herstellung von Pornovideos missbraucht wurden, damit deren Eltern finanziell über die Runden kamen. Gerade in den Schwellenländern Afrikas und Lateinamerikas schien die wirtschaftliche und soziale Katastrophe nahezu unabwendbar. Wenn sich dank der Etablierung der Marktwirtschaft in den letzten drei Jahrzehnten über eine halbe Milliarde Menschen aus der bitteren Armut befreien konnte, so wirft die Corona-Krise bis zu hundert Millionen wieder unter die Armutsgrenze mit einem täglichen Verdienst von weniger als 1,9 $ zurück.

Österreich beschloss den Lockdown, wie erwähnt, ab Mitte März, am 3. April vermeldete das Gesundheitsministerium mit 9123 die höchste Zahl an Infizierten. Gegen Ende April zeichneten sich in den reichen Industriestaaten leichte Besserungen ab, die ersten Abschwächungen der rigorosen Quarantänemaßnahmen konnten bereits angeordnet werden. Am 1. Mai fielen in Österreich die Ausgangsbeschränkungen, ab Mitte Mai begannen die Lockerungen in 14-Tage-Schritten, denn so lange, so meinte man damals, dauert die Inkubationszeit. Die Schulen öffneten wieder, zuerst nur von der ersten bis zur achten

Schulstufe und nur unter extremen Sicherheitsmaßnahmen (Desinfektion am Schultor, Maskenpflicht auf den Gängen, Klassen zweigeteilt und alternierend nur jeden zweiten Tag in der Schule, kein Turnunterricht usw., Entfall der mündlichen Reifeprüfung.) Die Alpenrepublik zählte Mitte Juni 17.000 Infizierte und 670 Todesopfer – die rigorosen Sicherheitsmaßnahmen hatten sich also gelohnt, denn im europäischen Vergleich stand das Land immer noch sehr gut da. Am 15. Juni endete die Maskenpflicht in Geschäften und Schulen, nicht aber in öffentlichen Verkehrsmitteln und im Gesundheitsbereich. Erstmals in der Geschichte der Zweiten Republik kam es zur Teilmobilmachung von Milizeinheiten des Bundesheeres; insgesamt rückten mit 4. Mai 1250 Milizsoldaten ein, ihr Einsatz dauerte bis Ende Juli; die Milizkräfte wurden zudem von einem Jahrgang der Militärakademie unterstützt.

Anfang Juni lief die Produktion in den meisten Staaten wieder an, in Europa fielen nach und nach die Grenzkontrollen, sodass die Reisefreiheit wieder hergestellt werden konnte, Mitte Juni sogar auch nach Italien, verspätet selbst nach Spanien, nicht aber nach Schweden und Großbritannien. Überall hatte die devisenbringende Fremdenverkehrswirtschaft (Beherbergung, Gastronomie) eine schwere Krise erlitten, tausende Betriebe standen vor dem Nichts. Dies betraf auch und besonders das Touristenland Österreich: Auslandstouristen kamen kaum ins Land, und der propagierte Inlandstourismus machte dieses Manko nicht wirklich wett. Beliebte Urlaubsziele wie die Kärntner Seen, das Salzkammergut oder die Tiroler Bergdörfer wurden zwar gut besucht, der Städtetourismus brach jedoch völlig ein.

Inzwischen haben Untersuchungen ergeben, dass im lombardischen Bergamo (120.000 Einwohner) bereits eine Art Herdenimmunität eingetreten ist, ebenso wie im Tiroler Schiort Ischgl, dem österreichischen Hotspot der Pandemie. Um diese Zeit brachte es Russland wieder zu einer Schlagzeile: Präsident Putin verkündete die Freigabe des in russischen Labors entwickelten anti-Corona Impfstoffes „Sputnik V". Virologen reagieren mit größter Skepsis, denn Medikamente müssen nach WHO-Standard vor ihrer Zulassung eine breit angelegte Testung durchmachen, um allfällige Nebenwirkungen festzustellen – und diese hat Moskau im Rekordtempo mit der Testung von lediglich 78 Probanden absolviert. Die Massenimpfung begann dann doch erst am 14. Dezember, also etwa gleichzeitig mit Großbritannien und den USA. Weltweit arbeiteten alle großen Pharmakonzerne mit höchster Intensität an der Entwicklung eines Impfstoffes gegen Covid-19. Üblicherweise dauert ein solcher Vorgang viele Jahre, nun aber musste er binnen weniger Monate bewerkstelligt werden. An 202 Impfstoffen wurde experimentiert, 155 Projekte erreichten die präklinische Phase (Tierversuche), aber nur 22 gelangten in die klinische Phase

I mit 20 bis 100 Versuchen an Menschen, im Herbst wurden 15 Impfstoffe auf ihre Sicherheit an mehreren hundert Personen getestet (klinische Phase II) und unmittelbar vor Winterbeginn traten 10 Produkte in die klinische Phase III mit der Testung von etwa 30.000 Probanden. Die EU hat im November mit sechs Pharmafirmen Lieferverträge von knapp zwei Milliarden Impfdosen geschlossen – wann deren Zulassung durch die EMA erfolgt, war allerdings noch ungewiss.

Konsequenzen für Europa, Österreich gilt hier als pars pro toto: Mindestens die Hälfte aller in den Apotheken verkauften Medikamente stammt aus China und Indien, weil dort die Produktionskosten günstiger sind. Lieferengpässe angesichts der Corona-Krise waren die Folge. Künftig sollen Pharmakonzerne beispielsweise durch Steuererleichterungen und Forschungsförderungen veranlasst werden, ihre Produktionen wieder nach Europa zu verlagern. Am 20. Juni kündigten Deutschlands Bundeskanzlerin Angela Merkel und ihr französische Amtskollege, Emmanuel Macron, die Gründung eines EU-Wiederaufbaufonds (Recovery Plan „Next Generation") an: Sein Umfang wurde ursprünglich mit 500 Mrd. € bemessen. Dabei handelte es sich um nicht rückzahlbare Zuschüsse. Nutznießer sollten die von der Pandemie am härtesten getroffenen Regionen und Branchen werden. Das Vorhaben stieß nicht auf ungeteilte Zustimmung, denn die sog. „frugalen Vier" (Österreich, Schweden, die Niederlande und Dänemark) waren nicht bereit, so viel Steuergeld in die maroden Wirtschaften südeuropäischer Länder zu pumpen. Nach zähem Ringen einigte man sich im Juli auf 390 Mrd. Euro. Zu diesen direkten Zuschüssen kommen noch 360 Mrd. € an Krediten, die von der Europäischen Investitionsbank verwaltet werden. Erstmals sollen europäische Schulden direkt an den Finanzmärkten aufgenommen und in den Jahren 2028 bis 2058 zurückgezahlt werden. Den Löwenanteil des Wiederaufbaufonds (fast ein Drittel) erhält Italien (196 Milliarden), auch Spanien und Frankreich werden reichlich bedacht werden, für Österreich gingen sich etwa drei Mrd. € an nicht zurückzahlbaren Zuschüssen aus. Zusätzlich zum Wiederaufbaufonds beschloss die EU Anfang Juni ein EZB-Anleihekaufprogramm in der Höhe von 1,35 Billionen € (alle Zahlen zu den Preisen von 2018). Für die EU bedeutet dies insgesamt, dass sich die bisherige Wirtschafts- und Währungsunion um eine Fiskalunion (Schuldenunion) erweitert – Kritiker befürchteten sogar die Erweiterung zur Transferunion, in der die reichen Staaten mit geordneter Budgetgebarung – allen voran Deutschland, aber auch Österreich – die Ärmeren mit zerrütteten Finanzen – wie Italien oder Spanien – unter die Arme greifen müssen. Über die ab Oktober herausgegebenen Sozialanleihen von 100 Milliarden € siehe unten.

Bereits im April hatten sich in den USA Proteste gegen die Beschränkungen des privaten und öffentlichen Lebens und gegen den behördlich verfügten Stillstand gehäuft. Präsident Trump feuerte die Demonstranten regelrecht an. Im Mai schwappte diese Protestwelle auf Europa über: In Warschau, London, Madrid, in etlichen Schweizer und deutschen Städten gingen alle jene auf die Straße, welche die Krise dazu nutzten, um den Staat zu schwächen. Ende August machten Demonstranten in Berlin nicht einmal vor dem Reichstagsgebäude Halt. Die Gruppen sind höchst unterschiedlich motiviert, handelt es sich doch um Rechtsextreme und Linksradikale, um Ausländerfeinde und Antisemiten, um Globalisierungsgegner und Impfgegner sowie um sonstige Anhänger diverser Verschwörungstheorien. Sie alle eint lediglich ihr Hass auf die herrschende liberal-demokratische Gesellschaftsordnung, die es Regierungen erlaubt, in Notsituationen auch Repressionsmaßnahmen zu verordnen, welche – zugegebener Maßen – auf bedenkliche Art in die Menschenrechte eingriffen.

16.2 Corona-Pandemie 2. Welle

Hat man die Corona-bedingten Einschränkungen zu früh gelockert? Begann bereits im Sommer die gefürchtete zweite Infektionswelle? In Wahrheit war ja die erste Welle nie ganz verebbt, sondern nur stark abgeschwächt. Die intensive Reisetätigkeit im Sommer mochte mit ein Grund für das Anschwellen der Infektionszahlen im Herbst 2020 sein, denn die Lockerung der Sicherheitsmaßnahmen in allen Ländern ließ wieder eine heftige Vermehrung des Virus zu. Weltweit betrug die Todesziffer Mitte Mai 71 pro Million Menschen, Mitte Juli bereits 79, allein in den USA machte der Anstieg in diesen zwei Monaten fast 50 Prozent aus und lag nun bei 408. Mitte August verschärfte sich das Bild noch deutlicher: Die WHO meldete den bisher höchsten Stand an Neuerkrankungen mit knapp 300.000 binnen 24 Stunden. Bis dahin waren schon 21 Millionen Infektionen erkannt worden, 756.000 Menschen sind gestorben. Auch Europa blieb von der zweiten Infektionswelle nicht verschont, zumal im Herbst die Auslandsurlauber heimgekehrt waren und das Virus mitbrachten. Fast 30 Prozent der Neuinfektionen in Österreich gingen auf ihr Konto. Reisewarnungen für Kroatien und für die Balearen beendeten jäh die dort gerade erst angelaufene Touristensaison.

Die zweite, noch weitaus schwerere Infektionswelle hatte Israel und den Iran, aber auch China schon im Juni erreicht, Australien im Juli. Besonders dramatisch gestaltete sich die Lage in Indien, obwohl das riesige Land Ende März den denkbar längsten und strengsten Lockdown eingeführt hatte. Mitte Oktober verzeichnete Indien mit mehr als 7,2 Millionen Infizierten und 72.000

Corona-Toten die weltweit zweithöchste Zahl an Erkrankungen. Mit dem beginnenden Monsunregen öffnete sich auf dem asiatischen Subkontinent das zusätzliche Problem durch die von Mücken übertragenen Seuchen Malaria und Dengue-Fieber. Anfang November zählte man bereits über 8,5 Millionen Corona-Fälle. In Brasilien, das im Oktober mit 4,2 Millionen Infizierten und 126.000 C-19 Toten weltweit an dritter Stelle stand, steckte sich Präsident Jair Bolsonaro selbst an, die Krankheit nahm bei ihm aber einen milden Verlauf. Im Gegensatz zum Präsidenten der USA, Donald Trump, den es im Oktober, just in der Endphase des Wahlkampfes, so schwer erwischt hatte, dass er ins Spital eingeliefert werden musste. Nach wie vor führten die USA die Corona-Statistik an: 7,8 Millionen Erkrankungen und 213.000 Verstorbene im Oktober, über zehn Millionen Covid-Kranke im November, 18 Millionen Erkrankte und 316.000 Verstorbene im Dezember. Die noch vor den USA, Indien und Brasilien am stärksten betroffene Region war allerdings Europa, im November mit 13 Millionen Infizierten und 305.000 Toten.

Auch in Österreich verschlechterte sich die Lage dramatisch: Nachdem der 708. Erkrankte gestorben war, führte man im Juli die Maskenpflicht wieder ein, und Flugzeuge aus den Balkanstaaten erhielten keine Landeerlaubnis mehr. Ausgerechnet Großbritannien, wo mit 41.000 Toten schon mehr Menschen als in anderen europäischen Staaten dem Virus erlegen sind, sprach Ende August eine Reisewarnung gegen Österreich aus. Anfang September sperrte Ungarn alle Grenzübergänge für Ausländer. Wie im Frühjahr stand auch nun wieder Spanien an vorderer Stelle der Corona-Statistik, mit täglich 12.000 Neuinfektionen und 40 Toten. Genauso viele Neuinfektionen meldete auf einmal auch Frankreich bei bisher insgesamt 354.000 Fällen und 31.000 Toten. Israel, das lange Zeit als Vorbild in der Corona-Abwehr galt, beschloss bereits am 13. September einen zweiten Lockdown. Mit Herbstbeginn überlegte auch Großbritannien einen zweiten Lockdown, da sich die Zahl der Neuansteckungen jede Woche verdoppelte; Mitte Oktober bezeichnete London angesichts von 14.000 Neuansteckungen binnen 24 Stunden die eigene Lage als katastrophal. Italien hingegen behielt zu Beginn der zweiten Welle noch alles unter Kontrolle, denn nach den bösen Erfahrungen der ersten Welle mit fast 36.000 Todesfällen war die Bereitschaft zur Eigenverantwortung der Menschen derart hoch, dass keinerlei Reisewarnung mehr nötig schien. Aber auch hier änderten sich rasch die Zeiten. Trotz anhaltender strikter Maßnahmen schlug das Virus ab Spätherbst wieder voll zu, und abermals vor allem in der Lombardei. In Schweden war ja während der ersten Welle nur ein „weicher" Lockdown durchgeführt worden, und allfällige Beschränkungen und Vorsichtsmaßnahmen erfolgten vielfach auf freiwilliger Basis. Da sich jedoch, wie erwähnt, keine Herdenimmunität eingestellt hatte, setzte Anfang Oktober die zweite Welle mit voller Intensität ein. Täglich wurden wieder 750 Neuinfektionen gezählt, insgesamt verzeichnete Schweden bis Mitte Oktober 100.000 Fälle und 5900 Tote (bei einer Gesamtbevölkerung von 10,2 Millionen Einwohnern). Die Sterblichkeitsrate pro Million Einwohner betrug in Schweden 583 und wurde nur noch von Belgien (878), Spanien (704) und Italien (598) übertroffen. Ende Oktober hatte Schweden angesichts von fast 6000 Corona-Toten erkannt, dass es während der ersten Welle auf das falsche Pferd gesetzt und die freiwillige Selbstkontrolle nicht funktioniert hatte; daher wurde auch dort der Lockdown eingeführt – ohne diesen aus Rücksicht auf die Befindlichkeit der Staatsbürger direkt beim Namen zu nennen. Knapp vor Weihnachten bekannte allerdings König Carl Gustaf XVI. angesichts der bereits 7900 Corona-Toten wörtlich: „Wir haben versagt."

Um für den Schulbeginn am 8. September gerüstet zu sein, hatte Österreich das sog. Ampelsystem (grün – gelb – orange – rot) beschlossen, das den Infektionsstand bis auf Bezirksebene herunter rechnen und die entsprechenden Sicherheitsmaßnahmen vorschreiben sollte. Allein, die Ampel funktionierte nicht, weil ihre Berechnung zu kompliziert und doch zu ungenau war und vor allem, weil die Bundesländer die vereinbarten Maßnahmen nicht umsetzten. Man hoffte, einen einigermaßen normalen Schulbetrieb aufrecht halten zu können. Bis dahin verzeichnete Österreich 27.600 positiv auf Covid Getestete und über 700 Todesfälle; am 8. September meldete das Gesundheitsministerium überraschende 500 Neuinfektionen binnen 24 Stunden, drei Tage später schon mehr als 900 – so viele zählte man das letzte Mal im April. Es gab auf einmal eine hohe Dynamik in der Entwicklung der Erkrankungen, insbesondere in den städtischen Ballungszentren. Daher sprach Deutschland für Wien eine Reisewarnung aus, die Regierungen der Niederlande, Schweiz, Belgien und Dänemark schlossen sich dem an. Dies stieß zwar in Wien auf Unverständnis, was aber nichts nützte; noch bangte man vor der nächsten Schisaison, die unbedingt gerettet werden sollte. Alle Vorsichtsmaßnahmen wurden wieder verschärft, den Betrieben verstärktes home-office empfohlen, öffentliche Veranstaltungen hinsichtlich der Besucherzahlen stark eingeschränkt, ab 21. September mussten auch private Feiern mit zehn Personen limitiert bleiben, Restaurantbesucher mussten ihre Namen und Telefonnummern bekannt geben, usw. Der für den Februar 2021 geplante Opernball wurde sicherheitshalber gleich abgesagt. In den ersten Oktobertagen bilanzierte Österreich mit bisher 50.000 positiven Testergebnissen und 800 an Covid Verstorbenen (die Todesrate betrug hier 1,9 % der Infizierten), an manchen Tagen überstieg die Zahl der täglichen Neuinfektionen die 1000-er Marke, am 15. Oktober stellte man über 1500 Neuinfektionen binnen 24 Stunden fest, 870 sind bis dahin der Seuche erlegen. Im Bezirk Innsbruck Stadt und Land, in Wels sowie im Salzburger Tennengau wurde die Corona-Ampel auf rot gestellt, über die Marktgemeinde Kuchl wurde ab 17. Oktober für 14 Tage die Quarantäne verhängt. In Tirol und Salzburg galt für alle Schüler ab der neunten Schulstufe wieder das „distance learning".

Ein kurzer Blick zurück: Mitte August hatte die WHO bereits weltweit 300.000 Neuerkrankungen binnen 24 Stunden gemeldet. Bis dahin waren schon 21 Millionen Infektionen gezählt worden, 756.000 Menschen waren an oder mit Corona gestorben. Einen derartigen Anstieg hatte es während der ersten Infektionswelle nicht gegeben, wobei allerdings zu bedenken ist, dass nunmehr die Anzahl der Getesteten viel höher lag. Bis Anfang Oktober konnte man bereits 35 Millionen Fälle und eine Million Tote nachweisen. Der größte Wirtschaftseinbruch seit Ende des Zweiten Weltkrieges dürfte in der Dritten Welt die bisher erzielten Fortschritte der Armutsbekämpfung um zwei bis drei Jahrzehnte zurückwerfen. Während die Industrieländer über 10 Prozent, die Schwellenländer um die drei Prozent ihres BNP zur Covid-19 Bekämpfung aufwenden können, bringen es die ärmsten Staaten auf lediglich ein Prozent. Wie wird sich der Wirtschaftseinbruch bemerkbar machen? Wirtschaftsprognosen sehen ein Schrumpfen der Weltwirtschaft für das Jahr 2020 um 4,2, Prozent, allerdings mit deutlichen Unterschieden: Das Minus der Eurozone sollte 7,3 Prozent ausmachen, jenes der USA nur 4,3 Prozent, während man für die Wirtschaft Chinas einen gegenläufigen Trend mit einem leichten Wachstum von 1,9 Prozent prognostiziert. Für Österreich nimmt man eine Schrumpfung des BIP von 7,1 Prozent an (Basis 2019: 399 Milliarden €) an; der Tourismus verzeichnete einen Rückgang von 37 Prozent der Nächtigungszahlen, allein der Wintertourismus um 70 Prozent). Für den großen, weniger vom Fremdenverkehr abhängigen Nachbarn Deutschland schätzte man ein „Minuswachstum" von 5,4 Prozent. Nichtsdestoweniger errechneten Ökonomen, dass die Pandemie die deutsche Volkswirtschaft 391 Milliarden € kosten werde. Das Hauptproblem wird die gestiegene Arbeitslosigkeit sein. Die Regierung der Alpenrepublik versuchte, diese durch extra Schulungen und durch staatlich subventionierte Kurzarbeit in den Griff zu bekommen. Noch im März war die erste Phase der Kurzarbeit angelaufen (im Mai: 1,35 Millionen Kurzarbeiter), im Juni die zweite und ab Oktober die dritte. Das Arbeitsmarktservice (AMS) zählte Ende September 408.000 Arbeitslose (hinzu kommen noch 40.000 Schulungsteilnehmer), das waren um 22 Prozent mehr als im Jahr zuvor. Im November kletterte die Arbeitslosenzahl auf 424.000, im Dezember auf 457.000 – 30 Prozent mehr als im Vergleichsmonat des Vorjahres. Besonders betroffen waren

Arbeitsnehmer in der Baubranche und im Tourismus. Die Regierung hat bis Ende Oktober bereits rund 50 Milliarden € für Kurzarbeit, Härtefallfonds und andere Hilfsmaßnahmen ausgegeben, bis Dezember erhöhte sie die Zahlungen auf knapp 61 Milliarden; somit hat sie ein Budgetdefizit in Kauf genommen, das es in dieser Höhe noch nie gegeben hat. Die EU beschloss, ab Mitte Oktober für das Kurzarbeitsprogramm SURE bis zu 100 Milliarden € auf dem Kapitalmarkt aufzunehmen und solcherart Firmen mit Krediten zu versorgen, damit sie ihren Mitarbeitern die allfällige Kurzarbeit finanzieren können. Diese Sozialanleihen werden den oben erwähnten 750 Milliarden des EU-Recovery Plans „Next Generation" hinzugezählt.

Wie ging es weiter? Katastrophal in Madrid, besorgniserregend in Paris und anderen europäischen Metropolen. Anfang Oktober wurden in Prag und Moskau die Schulen wieder geschlossen. Gegen Ende Oktober verschärften alle Staaten Europas ihre Maßnahmen zur Corona-Abwehr: Tschechien wurde nun Spitzenreiter an Neuinfektionen und führte am 22. Oktober einen neuerlichen Lockdown ein (nur bis 3. Dezember), Belgien hatte bereits einen Teil-Lockdown beschlossen, Verschärfungen inklusive zweitem Lockdown hatten insbesondere die Schweiz (täglich 9400 Neuinfektionen), England, Deutschland, Griechenland und auch wieder Italien angekündigt. Einen interessanten, später von Südtirol und Österreich nachgeahmten Feldversuch führte die Slowakei durch: Sie ließ alle Einwohner über zehn Jahre, also rund fünf Millionen Menschen, auf Covid-19 testen – eine gewaltige logistische Herausforderung. Um diese zu bewältigen, entsandte sogar das Österreichische Bundesheer 30 Sanitätssoldatinnen und Soldaten als Nachbarschaftshilfe nach Bratislava. Unmittelbar nach dem Test wurden die strengen Beschränkungen aufgehoben, doch die Enttäuschung war groß, als die Infektionszahlen sogleich wieder anstiegen und ein neuer Lockdown nötig war (am 18. Dezember erkrankte Ministerpräsident Igor Matovič). Die Ursache für das Scheitern der Massentests lag einerseits an einer zu hohen Fehlerquote der angewendeten Antigen-Schnelltests, andererseits am Mangel an Personal für die Nachverfolgung von Kontakten der positiv Getesteten.

In Österreich explodierten plötzlich die Zahlen an Neuinfektionen binnen 24 Stunden: Waren es am 19. Oktober etwas über 1700, zählte man am 23. Oktober bereits 2400 Fälle; insgesamt sind bis dahin 1000 Menschen an oder mit dem Coronavirus gestorben, die Sterberate wurde auf 0,3 Prozent geschätzt. Die Johns Hopkins-Universität meldete am 27. Oktober weltweit 43,526.000 bestätigte Erkrankungen und 1,160.000 Tote. Tschechien, die Slowakei und Italien hatten bereits einen partiellen Lockdown verhängt. Am 28. Oktober kündigten Deutschland und Frankreich einen zweiten Lockdown für die Dauer des gesamten November an – die Schulen sollten aber zumindest bis zur achten Schulstufe offen bleiben. Nun folgten auch andere europäische Staaten diesem Beispiel, wie Großbritannien, Irland, Portugal und Griechenland. Österreichs Semi-Lockdown begann am 3. November, nachdem am 31. Oktober 5600 Neuinfektionen gemeldet worden waren. Ab sofort wurden alle Restaurants, Kultur- und Bildungsstätten geschlossen (ausgenommen Kindergärten und Pflichtschulen), es galt das Versammlungsverbot auch in privaten Räumen und eine nächtliche Ausgangssperre von 20 bis 6 Uhr. Der vorläufig noch gemäßigte Lockdown kam keine Minute zu früh, im Gegenteil, er hätte schon ein bis zwei Wochen früher beginnen müssen, doch wäre er von der Bevölkerung nicht mitgetragen worden. Bis zu diesem Zeitpunkt gab es in Österreich insgesamt 125.000 positive Testergebnisse. Allein vom 1. bis 6. November erlagen 260 Menschen der Seuche. Am 6. November zählte man 7400 Neuinfektionen binnen 24 Stunden, am 12. November bereits katastrophale 9300. Die Spitäler standen vor der Leistungsobergrenze. Mit Stichtag 15. November waren in Österreich 1700 Menschen an Covid-19 gestorben. Ab 17. November begann der volle Lockdown: Geschäfte (ausgenommen für Lebensmittel, Drogerien, Trafiken und Apotheken) wurden ebenso wie alle Kultur-, Bildungs- und Freizeiteinrichtungen geschlossen, desgleichen herrschte ein allgemeines Ausgeh- und Besuchsverbot; am schwersten zu ertragen war die de facto Schulschließung auch für Volks-, Pflicht- und Unterstufenschüler (mit Ausnahmen bei Notwendiger besonderer pädagogischer Förderung, etwa bei Kindern aus prekären Verhältnissen). Von da an stabilisierte sich die Zahl der Neuinfektionen auf täglich etwa 7100 bei 30.000 bis 40.000 Testungen und 100 Corona-Toten binnen 24 Stunden, womit Österreich bereits 2000 Corona-Tote zu beklagen hatte. Die Schweiz hatte bisher nur sehr moderate Coronamaßnahmen getroffen, dort wurden seit Beginn der Pandemie 275.000 Infektionen bestätigt, 3300 Menschen starben an oder mit Covid-19.

Das aufschlussreichste Kriterium über die erfolgreiche Bekämpfung der Pandemie liefert ein Vergleich der Todesfälle pro eine Million Einwohner. Diesbezüglich schnitt Österreich mit 220 recht gut ab; besser lagen Deutschland (161), die Slowakei (102), Australien (36), Japan (15), Südkorea (10) und China (3). Auf dem anderen Ende der Skala belegte Belgien (1247) den Spitzenplatz, gefolgt von Spanien (825), Großbritannien (794), Italien (745), den USA (743), Frankreich (665) und Schweden (610). Eine weltweite Statistik meldete zum 13. November, dass erstmals über 10.000 Covid-Tote binnen 24 Stunden zu beklagen waren. Fast die Hälfte der Fälle gab es in Europa, 1900 in Lateinamerika und 1300 in den USA. Bemerkenswert war die Handhabung des Lockdowns in Frankreich: Trotz der durchschnittlich 800 Toten pro Tag blieben alle

Schulen geöffnet. (Am 16. Dezember erkrankte Präsident Emmanuel Macron und begab sich in Selbstisolation.)
 Es hatte den Anschein, dass sich in Österreich der volle Lockdown seit dem 17. November gerechnet hat, denn die Zahlen der Neuinfektionen und Toten halbierte sich binnen einer Woche, am 1. Dezember wurden „nur" noch 2800 Neuinfizierte gemeldet, am 14. Dezember 2500, die Sieben-Tage Inzidenz lag jetzt bei 213 pro 100.000 Einwohnern; 3200 Personen sind bis dahin der Pandemie erlegen, davon 42 Prozent in Alters- und Pflegeheimen. Das sog. Contact Tracing, bei dem jeder Infizierte angeben sollte, mit welchen Personen er in den letzten Tagen nahen Kontakt gehabt hat, damit man behördlicherseits die Infektionskette bis zum „Patienten Null" zurückverfolgen kann, funktionierte nicht. Denn die Bevölkerung spielte nicht mit, nur 19 Prozent der Infizierten gaben die Quelle der Ansteckung bekannt. Daher ordnete die Regierung Massentests nach slowakischem und inzwischen auch Südtiroler Vorbild an. Man hoffte, dadurch Infizierte ohne Symptome zu erkennen und zu isolieren. Weil Anfang Dezember die Reproduktionszahl nur noch bei 0,87, also unter eins lag (eine Person steckt weniger als eine andere an), entschloss sich die Regierung, den strengen Lockdown etwas abzumildern. Ab 7. Dezember öffneten die Pflichtschulen (und die Maturaklassen) wieder ihre Pforten, auch der Einzelhandel konnte wieder aufsperren, geschlossen blieben Hotels und die gesamte Gastronomie. Zwar durften ab 24. Dezember Seilbahnen und Schilifte ihren Betrieb aufnehmen (was im Ausland für hämische Schlagzeilen sorgte), mangels Nächtigungsmöglichkeit konnten diese aber nur Tagestouristen und das bei vorzeitiger digitaler Anmeldung nutzen. Für den Wintertourismus war der späte Saisonbeginn nur schwer zu verkraften. Daher sprang die Republik ein: Bis November erhielten knapp 72.000 österreichische Hotel- und Gastronomiebetriebe vom Staat 80 Prozent der Einkünfte des mit dem Vorjahr vergleichbaren Monats, ab Dezember nur noch 50 Prozent – die Kosten werden das Budget mit über zwei Milliarden € belasten.
 Die erste Corona-Testung rund um das Wochenende vom 11. bis 13. Dezember stellte Österreich vor enorme Herausforderungen. Die Organisation oblag dem Bundesheer, das 5400 Soldatinnen und Soldaten aufbot, dazu kamen 1100 Freiwillige (meist aus den Blaulicht-Organisationen). Die Kosten wurden mit 67 Millionen € veranschlagt. Allein in Wien sollten in den drei aufgebauten Teststraßen ab 5. Dezember täglich 150.000 Tests durchgeführt werden – nur machte die Bevölkerung kaum mit, denn lediglich 13,5 Prozent aller Wiener Testberechtigten ließen sich testen (in ganz Österreich 22,6 Prozent, durchschnittlich erwiesen sich etwa 0,2 Prozent als positiv). Die Organisation hatte jedenfalls vorzüglich geklappt, denn es gab keine Wartezeiten. Die zweite

Testung unmittelbar zu den Weihnachtsfeiertagen erfreute sich wesentlich größeren Interesses, die Teststraßen waren in ganz Österreich nahezu ausgebucht, und auch die Apotheken kamen mit dem Bedarf an Schnelltests kaum zurecht. Ab 26. Dezember begann der dritte harte Lockdown. Da das von der Regierung geplante Gesetz zur „Freitestung" von der Opposition blockiert wurde, sollte der harte Lockdown bis zum 24. Jänner 2021 dauern. Aber niemand kann aktuell sagen, wie sich die Dinge weiter entwickeln.

Alle Hoffnungen sind auf die Zulassung und Verfügbarkeit neuer Impfstoffe gerichtet. Aber wie lange wird es dauern, bis alle Menschen geimpft werden können? Reichere Länder mit zusammen nur 14 Prozent der Weltbevölkerung haben bei den 13 führenden Impfstoffherstellern für das Jahr 2021 bereits die Hälfte der Produktionskapazitäten für sich reserviert, sodass hier eine allgemeine Durchimpfung (zwei Dosen pro Person) möglich sein wird. Die EU sicherte sich, wie erwähnt, bei sieben Anbietern insgesamt knapp zwei Milliarden Impfdosen und wird die Verteilung auf die EU-Mitglieder besorgen, zahlen müssen die Einzelstaaten allerdings selbst. Für den ärmeren Teil der Menschheit ist die Versorgung mit Impfstoffen durch die bis dahin zu erwartenden 21 Hersteller vermutlich erst bis zum Jahr 2024 gewährleistet. Die WHO hat ein Impfprogramm für 91 arme Länder aus Afrika, Asien und Lateinamerika auf die Beine gestellt („COVAX") und dieses mit 500 Millionen € dotiert. Eine Dosis des Arzneimittelherstellers Biontech & Pfizer kostet 15,5 €, von Moderna etwa 21 €. Israel hatte sich früher als die EU und andere Staaten und angeblich zu einem überhöhten Preis eine ehebaldige Impfstofflieferung gesichert, bot sich auch als „Testlabor" an und konnte daher schon Mitte Dezember mit der Massenimpfung beginnen – Israel ist somit „Impfweltmeister" geworden. In Russland begannen am 6. Dezember die Corona-Impfungen mit dem selbst entwickelten Vakzin Sputnik V. Putin belieferte „als Freundschaftsdienst" Argentinien mit 300.000 Dosen, was in Russland selbst für Unmut sorgte, weil dort auch nicht viel mehr Dosen zur Verfügung standen (Argentinien: 1,6 Millionen Infektionen, 43.000 Tote). Großbritannien folgte mit den ersten Impfungen am 8. Dezember. Bis zu diesem Zeitpunkt meldete die britische Press Association schon mehr als 75.000 Corona-Tote. Aber damit nicht genug: Am 21. Dezember schreckte das Königreich die Weltöffentlichkeit auf, als eine Mutation des Coronavirus (N501Y) mit möglicher Weise höherer Ansteckungsgefahr aufgekommen ist. Auch in anderen Ländern Europas und selbst in Australien konnte dieser Virusstamm bereits nachgewiesen werden. In Europa reagierte man sofort: Kein aus England kommendes Flugzeug erhielt Landeerlaubnis, der Post- und Frachtverkehr wurde ohne Vorwarnung unterbrochen, sodass sich Zehntausende LKW an der Kanalküste stauten.

Auch die USA, das Land mit den meisten Corona-Toten, verabreichten am 15. Dezember die ersten Impfungen; dort hatte bereits die dritte Corona-Welle eingesetzt, welche täglich mehr als 3000 Todesopfer kostete. In absoluten Zahlen führten die USA mit 316.000 an oder mit Corona Verstorbenen die Sterbestatistik zwar an, relativ, bezogen auf die Einwohnerzahl, gingen allerdings in anderen Ländern mehr Menschenleben verloren. Selbst in Österreich lag Anfang Dezember die Zahl der Verstorbenen und Intensivpatienten um ein Drittel höher. Deutschland wies eine wesentlich günstigere Corona-Statistik als die meisten anderen Staaten auf, daher schien dort ab November ein „sanfter Lockdown", bei dem lediglich die Gastronomie und die Freizeiteinrichtungen betroffen waren, zu genügen. Die Sieben-Tage-Inzidenz, also die Zahl der Neuinfizierten binnen einer Woche und pro 100.000 Einwohner, lag Anfang Dezember bei 156, in Österreich dagegen noch bei 522. Als aber in Deutschland auf einmal die Zahl der Infektionen und Toten sprunghaft anstieg (28.000 Neuinfektionen und über 900 Tote Mitte Dezember, insgesamt knapp 25.000 Tote) ordnete die Regierung gemeinsam mit den Bundesländern einen harten Lockdown vom 16. Dezember bis zum 10. Jänner an – sofern dann die Infektionsraten wieder zurückgehen. In der emotionalsten Rede ihrer 15-jährigen Kanzlerschaft stimmte Angela Merkel am 9. Dezember die Bevölkerung auf verlängerten Weihnachtsurlaub und stille Festtage ein: „Wenn das das letzte Weihnachten mit unseren Großeltern ist, so werden wir es im Nachhinein bereuen, jetzt zu wenig getan zu haben." Dieser Satz lief durch alle Medien.

Die europäische Arzneimittelbehörde EMA hat inzwischen den ersten Corona-Impfstoff freigegeben, sodass ab 27. Dezember in allen EU-Staaten das Impfprogramm anlief. Allerdings wird es noch Monate dauern, bis andere Pharmafirmen die Zulassung erhalten und genügend Dosen erzeugt haben, damit allen Interessenten eine Impfung (mit einmaliger Wiederholung) verabreicht werden kann. Das österreichische Impfprogramm sieht so aus, dass in der ersten Phase (ab Jahresende) Menschen in Alten- und Pflegeheimen sowie Gesundheitspersonal und Hochrisikogruppen geimpft werden, in der Phase 2 (ab Februar 2021) Personen über 65 Jahre sowie solche, die in der kritischen Infrastruktur wie Sicherheit, Bildung und Justiz arbeiten, in der Phase 3 (ab April 2021) kommt die restliche Bevölkerung an die Reihe. Als am 27. Dezember medienwirksam die ersten Corona-Impfungen verabreicht wurden, zählte man 1400 Neuansteckungen und 50 Tote binnen 24 Stunden. Bis dahin sind 5900 Menschen an oder mit Corona gestorben.

Die Corona-Krise wird in allen Staaten, in allen Gesellschaften und in allen Ökonomien unübersehbare Spuren hinterlassen. Alle Menschen, Kinder, Erwachsene und Alte haben zwangsweise neue Erfahrungen gemacht, neue Gewohnheiten angenommen und einen neuen Wertekanon entwickelt.

Leben, Lernen und Arbeiten im eigenen Wohnbereich und nur mit dem Computer als Ansprechpartner kann der neue Standard für Wirtschaft und Bildung sein, er kann aber auch die schon früher beobachtete und befürchtete digitale Isolation des Einzelnen weiter beschleunigen. Werden die Globalisierungs-, Kapitalismus- und Konsumkritiker Recht behalten, oder werden wir sehr bald unsere alten Lebensformen wieder aufnehmen? In Österreich erwarten Analytiker für das Jahr 2021 wieder ein Wirtschaftswachstum von 3,6 Prozent, wenn nicht eine Virusmutation alle Prognosen hinfällig werden lässt, und ab 2022 sollte das BIP wieder auf Vorkrisenniveau steigen. Ähnliche Prognosen treffen auch andere europäische Staaten. Eines weiß man jedenfalls bereits jetzt: Die Pandemie wird nicht 2021 verschwinden, und die wirtschaftlichen und sozialen Folgen werden noch in vielen Jahren zu spüren sein, ganz abgesehen von den Schuldenbergen, welche die Staaten zu deren Abfederung aufgenommen haben und irgendwann auch zurückzahlen müssen. Und niemand kann vorhersagen, ob nicht bald eine nächste Pandemie die Menschheit heimsuchen wird. Werden auch dann die Regierungen mit großzügigen Geldspritzen zur Bekämpfung der Seuche aufwarten, oder werden sie die Kosten in Relation zum Nutzen stellen und die Erfordernisse der Wirtschaft höher bewerten als jene der Gesellschaft?

Zum Abschluss ein Blick auf die Statistik der Johns Hopkins-Universität mit Stand vom 31. Dezember 2020:

Weltweit wurden 82,745.324 Infektionen gemeldet; 1,805.521 Menschen erlagen der Seuche.

	bestätigte Fälle	mit oder an Corona Verstorbene
USA	19,910.674	344.877
Brasilien	7,874.539	199.043
Indien	7,619.970	193.940
Russland	3,159.297	57.019
Frankreich	2,600.498	64.381
Großbrit.	2,432.888	88.151
Italien	2,083.689	73.604
Spanien	1,910.218	50.689
BRD	1,719.737	44.172
Mexiko	1,413.935	124.897
Österreich	358.535	6.149

Nachwort

Die Geschichte der Vergangenheit können wir erforschen, die Geschichte der Gegenwart haben wir selbst erlebt oder wir können sie in kurzer Form im vorliegenden Buch nachlesen. Für die Zukunft vermögen wir allerdings nur vage Vermutungen anzustellen. Was in den nächsten zehn Jahren passieren könnte, liegt noch im Bereich unserer Vorstellungskraft, wie das Erleben der nächsten Generation aussehen würde, lässt sich kaum mehr andenken. So wie wir heute mit den Menschen, die noch den Ersten Weltkrieg mitgemacht haben, keine Gesprächsbasis mehr fänden, so hätten Menschen des beginnenden 22. Jahrhunderts kaum mehr ein Verständnis für unsere gegenwärtigen Argumentationen.

Anhänger der Evolutionstheorie zeichnen ein faszinierendes Bild von den Wirkungszusammenhängen seit der Entstehung unseres Universums, unserer Erde, unseres Lebens, und sie zeigen auch ein mögliches Ende der Welt. Aber alle diese Schritte, diese Kausalitäten, bewegen sich in Milliarden oder Millionen von Jahren. Die physikalische Kausalität beginnt mit dem Urknall vor 13,8 Milliarden Jahren, als Materie, Raum und Zeit entstanden. Erst vor etwa 4,6 Milliarden Jahren bildete sich unser Sonnensystem mit der Sonne und ihren Planeten. Sobald die verschiedenen Elemente miteinander reagieren, leiten sie zur chemischen Kausalität über. Unter den speziellen Umständen, wie sie nur auf unserer Erde gegeben waren, konnte vor etwa dreieinhalb Milliarden Jahren aus der chemischen die biologische Kausalität erwachsen (höheres Leben seit etwa 800 Millionen Jahren). Die Evolution des Lebens stieg auf zur bisher höchsten Stufe, zur geistigen Kausalität. Diese kennzeichnet den Menschen, den es in unserer heutigen Gestalt seit zumindest hunderttausend Jahren gibt.

Der Mensch sollte aber nicht die Endstufe der Evolution sein. Die geistige Kausalität ist vermutlich noch lange nicht abgeschlossen. Zwei Wege sind vorstellbar: Der Mensch kann sich selbst vernichten – diese Möglichkeiten besitzt er bereits – er kann auch durch äußere Einflüsse, etwa durch einen Meteoriteneinschlag, vernichtet werden. Der andere Weg führt in eine Weiterentwicklung der geistigen Kausalität, die sich ständig potenziert, bis am Ende ein Wesen entstanden sein könnte, das in der Lage ist, alle irdischen bzw. alle diesseitigen Kausalitäten zu begreifen und zu beherrschen (das Jenseitige muss ihm wohl für immer verschlossen bleiben und ist eine Angelegenheit der Religion). Das Wissen über alle diesseitigen Kausalitäten umfasst drei Bereiche: die sehr großen Dinge (Universum), die sehr kleinen Dinge (Atom) und die sehr komplexen

Dinge (Leben). Ein Wesen, das diese drei Bereiche nicht nur erkennt, sondern sich diese auch dienstbar zu machen versteht, hat mit uns nichts mehr gemein, es unterscheidet sich derart von uns wie wir uns vielleicht von den Reptilien unterscheiden.

Die Verfolgung aller Phasen der Evolution mag faszinierend sein, das Wissen um sie bleibt aber für den Alltag ohne Relevanz. Den Alltag bestimmen die gegenwärtigen Ereignisse, Strukturen und Tendenzen. Um sich in ihnen zurechtfinden zu können, möge dieses Buch einen kleinen Beitrag geliefert haben.

Abkürzungen

ABGB: Allgemeines Bürgerliches Gesetzbuch (1811)
ABM-Vertrag (anti ballistic missiles, 1972)
AEMR: Allgemeine Erklärung der Menschenrechte (1948)
AfCFTA: African Continental Free Trade Area (seit 2019)
AKP: Partei für Gerechtigkeit und Entwicklung (Türkei)
AMS: Arbeitsmarktservice
ANC: Afrikanischer Nationalkongress (Republik Südafrika)
AQAP: Al-Qaida auf der Arabischen Halbinsel
ASEAN: Association of Southeast Asian Nations (seit 1967)
BeNeLux: Zollunion von Belgien, Niederlande und Luxemburg (1948)
BIP: Bruttoinlandsprodukt
BNP: Bruttonationalprodukt
BRD: Bundesrepublik Deutschland (ab 1949)
Brexit: Austritt Großbritanniens aus der EU (2020)
BRT: Bruttoregistertonne = 2,8 m^3 (bis 1994 gültiges Raummaß für Schiffe)
CEEC: Comitee on European Economic Cooperation (Marshallplan; 1947–1960)
CHR: Comission of Human Rights (1974–2006)
COP: Conference of the Parties (seit 1992)
COVAX: Covid-19 Vaccines Global Address
COVID: Coronavirus Desease
DARS: Demokratische Arabische Republik Sahara (Marokko)
EDA: Europäische Verteidigungsagentur (2009)
EEA: Einheitliche Europäische Akte (1987)
EFSF: Europäische Finanzstabilitätsfazilität (seit 2020)
EFTA: European Free Trade Association (seit 1960)
EG: Europäische Gemeinschaft (1967–1994)
EGKS: Europäische Gemeinschaft für Kohle und Stahl (Montanunion, 1952–2002)
EGMR: Europäischer Gerichtshof für Menschenrechte (seit 1952)
ELN: Ejército de Liberación Nacional (Kolumbien)
EMA (auch: EAA): Europäische Arzneimittel Agentur (in Amsterdam)

EMRK:	Europäische Kommission zum Schutz der Menschenrechte (seit 1950)
EPZ:	Europäische Politische Zusammenarbeit (seit 1969)
ERP:	European Recovery Program (Marshallplan, 1947)
ESA:	Europäische Weltraumagentur
ESM:	Europäischer Stabilitätsmechanismus (seit 2012)
ESVP:	Europäische Sicherheits- und Verteidigungspolitik (seit 2003).
EU:	Europäische Union (seit 1994)
EUPM:	European Police Mission (2003–2005)
EURATOM:	Europäische Atomgemeinschaft (seit 1957)
EUROFORCE:	Europäische Eingreiftruppe (2003)
EVG:	Europäische Verteidigungsgemeinschaft (1952/54)
EWG:	Europäische Wirtschaftsgemeinschaft (1957–1967)
EWR:	Europäischer Wirtschaftsraum (ab 1994)
EZB:	Europäische Zentralbank (seit 1988)
FAO:	Food and Agriculture Organization (Ernährungs- und Landwirtschaftsorganisation, seit 1945)
FARC:	Fuerzas Armandas Revolucionarios de Columbia
FCKW:	Fluorchlorkohlenwasserstoff
FJP:	Muslim-Bruder Partei für Freiheit und Gerechtigkeit (Ägypten)
FRONTEX:	Frontières extérieures. Europ. Agentur für die Grenze und Küstenwache (seit 2004)
G7:	Gruppe der sieben größten Industrienationen (seit 1975)
G8:	G7 inklusive Russland (1998–2014)
GASP:	Gemeinsame Außen- und Sicherheitspolitik (1992)
GATT:	General Agreement on Tariffs and Trade (1948–1994)
GERD:	Grand Ethiopian Renaissance Dam (Baubeginn 2011)
HIRAK:	Jemenitische Unabhängigkeitsbewegung
HIV:	Human Immunodefiency Virus (AIDS)
IAEA:	Internationale Atomenergieagentur (seit 1956)
IBRD:	Internationale Bank für Wiederaufbau und Entwicklung (Weltbank, ab 1944)
ICC:	International Criminal Court – siehe IStG
ICT:	Informations- und Kommunikationstechnologie
IFOR:	International Peace Implementation Force (Bosnien-Herzegowina, 1995–1996)

Abkürzungen 201

INF:	Intermediate Range Nuclear Forces (1987–2019)
IS:	Islamischer Staat (seit 2014)
ISAF:	International Security Asistance Force (ab 2001)
ISI:	Islamischer Staat im Irak (2006)
ISIS:	Islamischer Staat im Irak und in Syrien (2013)
IStG:	Internationaler Strafgerichtshof (seit 1998) [siehe ICC]
IWF:	Internationaler Währungsfonds (seit 1944)
KGB:	Russischer Geheimdienst
KSZE:	Konferenz für Sicherheit und Zus.arbeit in Europa (1973 ff; 1977 f, 1980 ff, 1986 ff)
KVAE:	Konferenz für Vertrauens- und Sicherheitsbildende Maßnahmen (1986)
LDC:	Least Developed Countries
LNA:	Libysch Nationale Armee
MAS:	Bewegung zum Sozialismus (Bolivien)
MERS:	Middle East Respiratory Syndrom
NATO:	North Atlantic Treaty Organization (Nordatlantikpakt, seit 1949)
NMD:	National Missiles Defense (2001)
NGO:	Non Government Organization
OAU:	Organisation afrikanische Einheit (Afrikanische Union, seit 1963)
OECD:	Organization for Economic Cooperation and Development (ab 1960)
OSZE:	Organisation für Sicherheit und Zusammenarbeit in Europa (1990)
ÖMZ:	Österreichische Militärische Zeitschrift
PANAM:	Pan American World Airways (1927–1991)
PC:	Personalcomputer (ab 1984)
PESCO:	Permanent Structured Corporation (2017)
PfP:	Partnerschaft für den Frieden (1994–2014)
PKK:	Kurdische kommunistische Partei
PLO:	Palestine Liberation Organization (seit 1964)
RAF:	Rote Armee Fraktion (1968–1993)
RCEP:	Regional Comprehensive Economic Partnership (seit 2020)
SAL1:	Strategic Arms Limitation (1972–1977)
SAL 2:	Strategic Arms Limitation (1979–1986)
SARS:	Severe Acute Respiratory Syndrom

SDI:	Strategic Defense Initiative („Star Wars", 1983)
START:	Vertrag über Abrüstung strategischer Waffen (1989, New START 2010)
TD:	Transatlantic Declaration (1990)
TPLF:	Volksbefreiungsfront der Tigré, Äthiopien
TPP:	Transpazifische Partnerschaft (2016/17)
TROIKA:	polit. Führungsgruppe aus drei Personen
UdSSR:	Union der sozialistischen Sowjetrepubliken (1918–1991)
UNESCO:	United Nations Educational, Scientific and Cultural Organization (Organisation für Erziehung, Wissenschaft und Kultur, seit 1945)
UNHRC:	Human Rights Council (seit 2006)
UNICEF:	United Nations Children's Fund (Kinderhilfswerk der Vereinten Nationen, seit 1946)
UNIDO:	United Nations Industrial Development Organization (seit 1967)
UNO:	United Nations Organization (Vereinte Nationen, seit 1945)
USA:	United States of America (Vereinigte Staaten, seit 1776)
VAE:	Vereinigte Arabische Emirate (seit 1971)
VKSE:	Verhandlungen über konventionelle Streitkräfte in Europa (1989)
WEU:	Westeuropäische Union (1954–2010)
WHO:	World Health Organization (Weltgesundheitsorganisation, seit 1948)
WTO:	World Trade Organization (seit 1994)
YPG:	Syrisch-kurdische Volksverteidigungseinheiten

www.ingramcontent.com/pod-product-compliance
Lightning Source LLC
Chambersburg PA
CBHW032227230426
43666CB00033B/1629